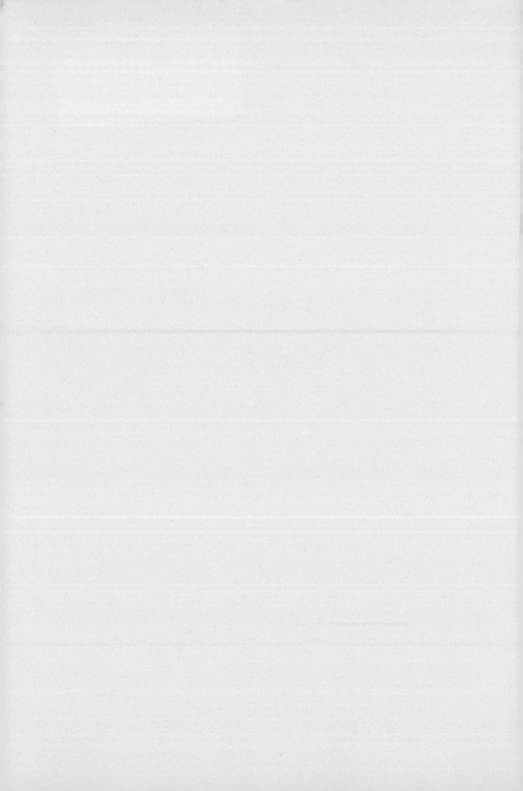

この1冊ですべてわかる

新版

マネジメントの
基本

The Basics of Management

手塚貞治 [編著]
Tezuka Sadaharu

浅川秀之・安東守央・岡田匡史・吉田賢哉 [著]
Asakawa Hideyuki　Ando Morio　Okada Masashi　Yoshida Kenya

日本実業出版社

序章

マネジメントとは何か？

[1] 企業社会の変化

　本書の前身である『マネジメントの基本』の初版（旧版）が発刊された
のが2012年3月、あれから10年超が経過しました。
　では、この10年間で企業社会はどのような変化を経験したのでしょうか。
大きくまとめると、次の3つの側面にまとめられるでしょう。

　第1は、テクノロジーの進歩です。
　どんな業界においてもビジネスモデル再構築によるイノベーションが待
ったなしの状況となり、AIやIoTの活用は当たり前になりました。「DX（デ
ジタル・トランスフォーメーション）」という言葉も単なるバズワードに
留まらず、本格的に取り組むべきものととらえられてきました。これらは、
一部の研究開発部門や情報システム部門の人間ではなく、企業にかかわる
すべての人間が関与すべき事柄となりました。

　第2は、サステナビリティに対する関心の高まりです。
　あれだけ自明のことのように言われていた株主至上主義はすっかり色褪
せたものとなり、「ステークホルダー資本主義」が注目されるようになり
ました。投資家からも、ESG（Environment：環境、Social：社会、
Governance：ガバナンス）が重視される時代となっています。気候変動
への対応、脱炭素化の流れも顕著になりました。我が国でもコーポレート
ガバナンス・コードが定着し、ガバナンスのあり方、組織のあり方も変化
しつつあります。

　第3は、不確実性の高まりです。
　言うまでもなく、コロナ禍によって社会は一変しました。移動が制限さ
れる時代が来るとは、誰が予想したでしょうか。誰もが無理だと思ってい
た在宅勤務が当たり前となり、組織や人材マネジメントのあり方は大きく
変化を求められました。
　また、コロナ禍だけでなく、ロシアによるウクライナ侵攻などにより、
従来当然視されていた「グローバル・サプライチェーン」や「デフレ経済」
も一気に過去のものとなりました。原材料や在庫をどれだけ確保できるか
という議論があらゆる業界で起ころうとは、多くの人が予想もしなかった
ことでしょう。

　これらの想定外事象の経験によって、VUCA（Volatility：変動性、Uncertainty：不確実性、Complexity：複雑性、Ambiguity：曖昧性）の時代という言葉も、ますます説得力を増しています。世界のどこかで起こった想定外事象によって企業経営が一変するということを、私たちはまざまざと思い知らされたのです。

　しかし、そんな時代であっても、いや、そんな時代だからこそ、「マネジメント」に対する関心は、ますます高まっています。

[2] 知っているようで、曖昧な「マネジメント」

　Google日本語版で「マネジメント」という言葉を検索すると、なんと1億2,100万件もヒットします（2022年10月末現在）。本書の初版を出版したときが4,800万件（2012年1月末現在）でしたから、10年間でざっと2.5倍となりました。どんなにテクノロジーが闊歩する時代となっても、この古くて新しい「マネジメント」というものに対する関心は高まりこそすれ、決して衰えることはないようです。

　それにしても、この「マネジメント」という言葉は、何を指しているのでしょうか。実に曖昧だと思いませんか。日本語で表せないのでしょうか。

- 経営？
- 管理？
- 統率？
- 経営管理？
- 組織運営？

　いろいろ考えてはみたものの、どうもしっくりきません。それほど対象範囲が拡散してしまっているということでしょう。
　それは、実際の使用場面でも見てとれます。たとえば、次のような使い方はいかがでしょうか。

> A（課長が係長に対して）
> 「メンバーを一人ひとりしっかりマネジメントしておけよ」
>
> B（経営企画室長が開発部長に対して）
> 「開発部門は、特許だけはたくさん保有しているのに、全然、商品開発が進んでいません。マネジメントができていないんじゃないでしょうか」
>
> C（アナリストのコメント）
> 「A社は技術力があるものの、マネジメントに弱みがある」
>
> D（居酒屋にて）
> 「うちら現場の問題じゃなくて、マネジメントがしっかりしてないのが問題だ！マネジメントの責任なんだよ！」

　Aは、「メンバー一人ひとりをよく見ておけよ」ということです。一人ひとりのレベルに対する「指導」「監視」などを含んだ表現だと言えるでしょう。

　Bは、開発部門の運営が不十分だと言っているのでしょう。それは、上司の「指導」だけでなく、「仕組み」の問題もあるでしょう。さまざまな意味での「部門運営」を指していると考えられます。

　Cは、「会社全体として経営能力が弱い」ということを言っているのでしょう。組織全体の「会社経営」を指しているわけです。

　Dは、行動主体を指していると思われます。現場の従業員に対する概念ということですから、「経営者」「経営陣」「経営層」などを含んだ表現ということになります。

　では、本家のP・F・ドラッカーはどう定義しているのでしょうか。

　実は彼の著作全体が「マネジメント」を説明しているものであって、簡潔明快な定義をしているわけではありません。彼自身が、「『マネジメント』という言葉は、奇妙なほど難しい言葉である」（『マネジメント（上）』ダイヤモンド社）と言っているくらいなのです。

　彼自身も、使用する場面によって、「管理者」や「経営層」という行為主体を指していたり、管理する仕組みを指していたり、微妙にニュアンスが変わっているところがあります。

そうしたなかで、あえて彼の定義を探すと、マネジメントは「組織に成果を上げさせるもの」（『マネジメント【エッセンシャル版】』ダイヤモンド社）というフレーズに集約されるでしょう。企業組織に限らず、あらゆる組織において、その組織の成果を上げさせるためのもの、ということです。

というわけで、「マネジメント」という言葉がここまで拡散しているのは、本家本元のドラッカー自身が、実に広範な対象を指しているからだということがわかります。

したがって本書でも、無理に絞り込んだ定義づけをすることはなく、ドラッカーを踏襲して、次のように「マネジメント」を定義します。

■「マネジメント」とは？

> 組織の成果を上げるための手法、仕組み、行動、およびその行動主体

もちろん、その対象は、ドラッカーも言うように企業組織とは限りません。公的機関や学校・病院などの非営利組織は言うに及ばず、学生サークルやボランティア組織といった非公式組織も、組織である以上、その対象となるわけです。

[3] 本書におけるマネジメントの区分

しかし、先ほどの定義ではあまりに抽象的であるため、本書での今後の記述は、組織の代表として、やはり「会社」を前提とします。そして、階層ごとにマネジメントのあり方が異なるだろうということから、階層別に考察をしていきます。具体的には、次の5つの視点から検討していきます。

■本書におけるマネジメント：5つの視点

> ①メンバーのマネジメント【チームリーダーの視点】
> ②部署のマネジメント【ミドルマネジャーの視点】
> ③部署間のマネジメント【プロジェクトリーダーの視点】
> ④会社全体のマネジメント【経営スタッフの視点】
> ⑤会社全体のマネジメント【経営者の視点】

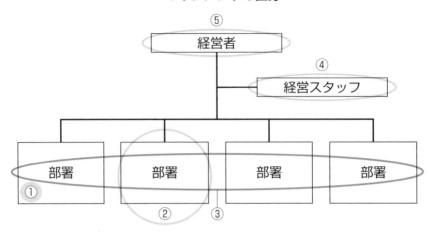

■マネジメントの区分

⑤ 経営者

④ 経営スタッフ

① 部署　② 部署　③ 部署　部署

　①は、チームリーダーが、メンバー一人ひとりをどのようにマネジメントするかという視点です。企業組織に限らず、サークルのような非公式組織であっても、組織である限りは、メンバー（部下）とそれを統率するリーダー（上司）との２種類の人間によって構成されているはずです。そのため、リーダーがメンバーをどのように動かして、どのように成果を上げてもらうかということは、あらゆる組織にとって普遍的な課題となります。

　そこで必要となるのは、一人ひとりのメンバーとコミュニケーションを図り、目標を共有し、やる気を出してもらうということです。具体的には、リーダーシップの考え方やコーチングなどの対人スキルが大切となるでしょう。また、今日的なテーマとしては、メンバー一人ひとりの心のケアも欠かせません。これらに関しては、チームリーダーの視点から第１章で取り上げていきます。

　②は、「部」や「課」といった部署をどのようにマネジメントしていくかという視点です。通常の会社は、何らかの形でラインごとに部署が分かれているはずです。「営業部」「製造部製造１課」「東京営業所」などが例として挙げられます。これらの部署の長は、「部長」「課長」「所長」「グループリーダー」など名称はさまざまですが、本書ではこれらを総称して「ミドルマネジャー」と呼ぶことにします。経営層以下の長がこれに相当しますから、いわゆる「管理職」が該当すると思っていただいて結構です。

　野中郁次郎教授をはじめ、さまざまな論者が言及しているように、日本

企業の強みは、（もう過去形かもしれませんが）ミドルマネジャーに起因していました。彼らが現場を統率しながら企画を立案し、経営層を動かしながら、実態として会社を回していたわけです。したがって、彼らミドルマネジャーの役割とはどのようなものか、どのように部署の成果を上げていくのかについて、改めて考察していくことは、日本企業の復活に向けてもきわめて重要なことです。これらについては、第2章で取り上げていきます。

　③は、部署をまたがった横断的プロジェクトをどのようにマネジメントしていくかという視点です。今日の企業運営では、②で取り上げた既存部署だけで完結することは少なく、何らかのプロジェクトを立ち上げることが通例です。それは、「中期経営計画策定プロジェクト」や「業務改善プロジェクト」といった一時的なものに限りません。たとえば、プロダクトマネジャーが、営業・技術・製造など各部門からメンバーを集めて商品企画を継続的に実施する、といったプロジェクト型組織が常態化しているケースも珍しくありません。つまり、恒常的に部門横断型の組織が立ち上がっているということです。

　そこで大切になるのが、多様性のマネジメントです。多様な出自や価値観をもつメンバーを集めて成果を上げるには、②の既存部署内のマネジメントとは異なる手法が必要です。ファシリテーション手法などを使って合意形成を行ない、目標を達成していくことが望まれます。これらについては、第3章で取り上げていきます。

　④と⑤は、会社組織全体のマネジメントです。

　④は、経営企画部などの経営スタッフの視点です。一定規模以上の会社であれば、「経営企画室」や「財務部」といった、会社全体のマネジメントにかかわるスタッフ部署があるはずです。会社全体の運営を統括するわけですから、言うまでもなく、きわめて重要な任務です。

　一方、これらの組織が「単なる調整屋にすぎない」と揶揄されることも少なくありません。会社によっては、単なる資料取りまとめの部署で、機能として形骸化していることもあるでしょう。

　しかし、会社組織が本来の成果を上げるためには、やはり会社全体をマネジメントするような役割が不可欠であると考えます。本書では、経営スタッフとしてマネジメントのあるべき姿を考察し、その役割を明確にして

いきます。これらについては、第4章で取り上げていきます。

　最後の⑤は、経営者の視点です。会社全体のマネジメントという意味では、ここにこそ究極のマネジメントがあるはずです。本当の意味で会社の命運を決めるような意思決定は、経営スタッフにはできません。経営スタッフは答申案を企画立案するまでであって、それを意思決定できるのは経営者だけです。

　経営者は実際にどのようなマネジメントを実施するのか、実施すべきなのかについては、第5章で取り上げていきます。

　本書が皆さまの「マネジメント」を理解するうえでの一助となるようであれば幸いです。

2023年2月
著者を代表して　手塚　貞治

序章　マネジメントとは何か？

第1章　メンバーを動かす チームリーダーのマネジメント

第2章 部署の成果を上げるミドルマネジャーのマネジメント

第 **3** 章 | プロジェクトリーダーのマネジメント

第4章 事業の推進を導く 経営スタッフのマネジメント

第5章 会社全体のパフォーマンスを向上させる経営者のマネジメント

カバーデザイン　志岐デザイン事務所／秋元真菜美
本文ＤＴＰ　一企画

メンバーを動かす
チームリーダーのマネジメント

部や課のマネジメントとは異なり、
対人関係を意識したマネジメントが重要

チームリーダーは、状況に応じて
コミュニケーションスキルを使い分ける必要がある

[1] チームリーダーとして最初に求められるスキル

　本章における「チーム」は、一般的な部や課よりさらに小さな単位の組織（4～5人程度）を想定しています。チームのリーダーは、もっとも現場に近い担当メンバーに直接接しながら、チームという組織のマネジメントをしなければなりません。部や課のマネジメントとは異なった、より対人関係を意識したマネジメントが重要になります。

　チーム結成当初は、各メンバーとの個別のかかわりよりも、まずはチームを動かす「骨組み」をつくることが重要です。「骨組み」は、3つのステップによってつくります。

　初めに、チームの進むべき方向性を示すためにも「①目的意識の明確化」をチーム内で行なわなければなりません。次に、ある程度、緊張感をもったうえで、チームを推進させるための「②危機意識の醸成」が必要になります。最後に、各メンバーの相互努力によって危機は克服することが可能という道標を示す、つまり「③克服可能性の提示」を行なうことが重要になります。この「チームの骨組みをつくる」スキルが、チームリーダーとして最初に求められるスキルです。

[2] リーダーとしてのあるべきスタイルは4つ

　チームの骨組みが形づくられた後は、いよいよリーダーとしてのあるべきスタイルを意識しなければなりません。この際にポイントとなるのは、必ずしもリーダーのスタイルは固定的ではないということです。チームの進化プロセスや、チームメンバーの状況に応じてスタイルを柔軟に使い分けなければなりません。

　選択すべきスタイルとしては、K・ブランチャードによる「①コーチ型」「②指示型」「③援助型」「④委任型」の4つのスタイルがあります。この

ような各スタイルを柔軟に使い分けられるスキルがチームリーダーには求められます。

　もちろん、リーダーのスタイルがうまく使い分けられたとしても、各メンバーとのコミュニケーションが円滑に進まなければ、組織としてはうまく機能しません。この際、リーダーが身につけるべきスキルとして、「アサーションスキル」や「コーチングスキル」が挙げられます。

　アサーションスキルとは、リーダーが自分の主張だけを一方的にメンバーに押しつけるのではなく、メンバーのことも十分に配慮した、リーダーもメンバーも、お互いを大切にするコミュニケーションスキルのことを指します。

　一方、コーチングスキルとは、自信がないメンバーや、ミスを繰り返すメンバー、積極性がないメンバーなど、さまざまなメンバーの状況に応じて適切な方向へ導くためのコミュニケーションスキルです。

　チームリーダーは、このようなスキルを身につけておく必要があります。

図表　チームリーダーに必要なスキル

チームリーダーに求められるスキル

リーダーのスタイルを使い分けるスキル
→チームメンバーを助け、支援することに重点を置くスタイル
→チームメンバーに対して指示することに重点を置くスタイル

アサーションスキル
→リーダーもメンバーもともにそれぞれの考えを大切にするコミュニケーションスキル

コーチングスキル
→メンバーの状況に応じて適切な方向へ導くためのコミュニケーションスキル

1-2

チームを動かす骨組みをつくる

メンバーの考え方や思いをまとめる３つの骨組みを押さえる

[1] メンバーの意見や思いがバラバラだとチームは動かない

　チームの発足後、リーダーはメンバーに具体的な指示を出し、うまくチームを先導して動かしていかなければなりません。

　では、最初にリーダーは、何をしなければならないのでしょうか。

　チーム発足時には、チームの各メンバーの考え方や思いがバラバラだったりすることが多いものですが、そうした場合、チームはうまく機能しません。

　チームを動かすためには、リーダーが各メンバーの考え方や思いをまとめる必要があります。そのためには、リーダーは前節で取り上げたチームを動かす３つの骨組みをつくらなければいけません。

　すなわち、リーダーは、①目的意識の明確化、②危機意識の醸成、③克服可能性の提示に手をつける必要があります。

図表　チームを動かす３つの骨組み

①目的意識の明確化
→顧客ニーズの変化が激しく、競合他社との競争も激しさを増すような状況では、目的や目的達成のための個別目標をメンバーで共有することが重要

②危機意識の醸成
→チーム内での適度な危機意識の醸成は、チームとして目的や目標を達成していくための大きな原動力となる

③克服可能性の提示
→リーダーは「危機は克服できる」というシナリオや戦略を考え、メンバー間でこれを共有する

[2] チームを動かす骨組みづくり

①チームの目的意識を明確にする

　今から取り組もうとしているチームの目的や、その位置づけについて、最初の段階で、チーム全員で共有する必要があります。とくに新製品開発のような業務の場合、「決められたタスクをこなすだけ」では、よい結果を生むことはできません。このような業務の場合は、とくに目的意識の明確化が重要になります。

　新製品開発の場合、その製品が「どのような顧客をターゲット」とするのかといった顧客視点（マーケットイン志向）に加えて、「どのような自社の強み」を活かせるのかといった提供者視点（プロダクトアウト志向）の両視点が重要です。

　市場には、これから開発しようとする製品やサービスのニーズがどの程度存在するのか、そのニーズを訴求する際に、自社の強みをどの程度活かすことができるのか（他社に比べた優位性）、それを金額換算すると、どの程度の売上高目標となるのかといった、製品やサービスの提供によって達成されるべき具体的な数値をチームメンバー全員で共有することが重要です。

　顧客ニーズの変化が激しく、また競合他社との競争も激しさを増す昨今においては、目的や目的達成のための個別目標をメンバー間で共有することは大変重要になります。たとえば、製品開発の途中であっても、新たに見えてきた顧客ニーズや、競合他社の情報などに応じて、製品開発のプロセスや仕様の一部を変更しなければならない状況は容易に想定されます。むしろ、そうした変化に柔軟に対応することができるチームとしての能力が問われているのです。

　外部環境の変化に柔軟に対応するためには、揺らぐことのない明確なチームとしての目的や目標が必要です。目的や目標がしっかりと共有されていれば、個々の細かいチームのアクションや個人の判断は、結果的に全体として整合がとれていることになります。

　チームの行動として、とくに柔軟性やスピードが重視されるような場合においては、初期の段階で目的や目標をメンバーでいかに共有できているかが重要になります。

②現状を把握して危機意識を醸成する

　チームメンバーの間で目的や目標が明確に共有された次の段階として重要なことは、チーム内での「危機意識」の醸成です。過度な危機意識をもつことはかえってメンバーのやる気をそぎ、悪影響となることもありますが、チーム内での適度な危機意識の醸成は、チームとして目的や目標を達成していくための大きな原動力となります。

　危機意識を醸成するためのきっかけには、いくつかのパターンがあります。ここでは、2つのパターンを紹介します。

●売上高や利益率の実態把握

　1つは、全社もしくは事業部単位での「売上高や利益率の実態把握」により危機意識を醸成するパターンです。

　日本の大手企業のなかには、慢性的に売上高や利益率が減少傾向にある企業が散見されます。上場企業であれば、そうした業績に関して、株主や債権者たちからステークホルダー視点で当該企業の経営陣が厳しく追及されることは当然ですが、社内の現場に近いレベルになると、そういった実態を把握して危機感を各社員が感じることは、実は難しいことです。

　もちろん、現場に近いレベルの社員も言葉では「厳しい」ということは幾度となく聞かされ、認識はしていますが、自らの問題として本当に危機意識をもっていることは多くはないでしょう。

　とくに大企業の場合、上層部から「危機感」を煽（あお）られるようなことがあったとしても、新製品開発などの現場においては、その感じ方に温度差があることは否めません。その結果、研究開発のスピード感や、アウトプットとしての品質に悪影響を及ぼす可能性も出てきます。

　そこで、売上高や利益率といった実態をチームメンバーが常時把握できるにようにすれば、自分事として危機意識が醸成されます。

●目標と現状との乖離（かいり）

　もう1つは、「目標と現状との乖離」からチーム内の危機意識を醸成するパターンです。目標が定まれば、そのゴールに対して現状の進捗を比較することで、どれくらいの乖離が存在しているか、といった危機意識が明確になります。その乖離を認識することが、危機意識を醸成し、チームアクションの原動力の1つとなります。

　「現状」には、自社の新製品開発などの進捗だけでなく、他社の動向も含まれます。「他社が、自社を圧倒するような技術開発をしている」という実態が見えてきたのであれば、それを上回る製品開発を実行するために、

これまでの製品開発戦略を大幅に変更しなければならない場合もあります。

③チームで活動することで危機を克服する道筋を描く

　最後のステップは、「危機は克服できる」というシナリオや戦略を考え、メンバー間でこれを共有することです。

　単に危機意識を醸成するだけでは、かえってメンバーの士気や、やる気を損ねる結果になりかねません。あまりにも目標との乖離が大きいような場合、メンバーによっては「がんばっても、どうせ無理だろう…」といったネガティブな反応を示す場合があります。一度、ネガティブな反応を示すと、これを克服することは大変難しくなります。

　目的が壮大で、目標も高く、達成の可能性がないように見えたとしても、チームリーダーには、その目的や目標に対して、「こうすれば必ず到達できる」という道筋を描き、リーダーとして、その道筋をロジカルにメンバーに説明する必要があります。

　チームメンバー全員に理解してもらい、「たしかに難しいかもしれないが、未達という危機を克服できる可能性もある」といった意識をもってもらうことが重要です。それによって、チームのモチベーションが高まり、同じ目的および方向に向かって邁進することが可能になります。

　チームメンバーに「これだったら、われわれでもなんとか克服できるな」という感覚をもってもらえるかが重要であり、そのためにはチームリーダーとして、危機を克服するシナリオや戦略を綿密に考えなければなりません。

　ここまで説明してきたチームを動かす骨組みづくり整理すると、次のような流れになります。

　まず、「目的意識の明確化」を行ない、ゴールのイメージをメンバー全員で共有します。次に、「危機意識の醸成」を行ない、「自らの取り組もうとしているプロジェクトが危機に瀕している」現状を認識してもらいます。最後に、単に危機意識を煽るだけでなく、「その危機は乗り越えることが可能」という具体的な戦略プランを示すことになります。

リーダーシップのスタイルを使い分ける

4つのスタイルは「指示的行動」と「援助的行動」によって分けられる

[1] チーム形成の初期段階では具体的に目標を設定して指示をする

　これまでまったく面識のないメンバーたちと、ゼロからのチームづくりをする場合は、リーダーとしては、最初の段階から手取り足取り、詳細に指示を出さなければならないことが想定されます。チームとして、ある程度経験や蓄積があれば、リーダーの負荷もその分低くなります。

　徐々にチームが業務に慣れてくると、一般的には、リーダーからの指示は詳細なものから概略的なものへと徐々に変化していきます。チーム内においてもサブリーダー的なメンバーが現れ始め、リーダーはチームの全体的な方向性や外部環境を注視し、チームとして方向性が間違わないように指示を出すことに注力し、細かい業務レベルの判断などは各メンバーに委任するようなプロセスが徐々に形成されていきます。

　このように、リーダーの役割やスタイルは固定的ではなく、チームの成長とともに、また各メンバーの性格などに応じて柔軟に変化させていかなければなりません。

図表　2つのリーダースタイルの概観

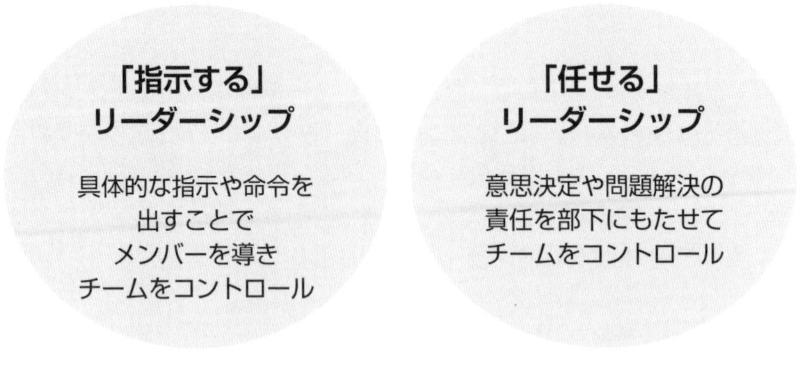

「指示する」リーダーシップ

具体的な指示や命令を
出すことで
メンバーを導き
チームをコントロール

「任せる」リーダーシップ

意思決定や問題解決の
責任を部下にもたせて
チームをコントロール

［2］「指示する」リーダーシップ

　チームをある程度、うまくコントロールできるようになってきたら、次のステップに進みます。

　チームをうまくコントロールできるようになると、リーダーはメンバーに対して少し距離を置く必要が出てきます。指示型リーダーシップの場合、どのように仕事を進めるのかといった具体的な指示に加えて、仕事そのもののやり方や行動を指示する必要があります。場合によっては、リーダー自身が仕事の一部を行なうといった援助も必要になります。

　しかしながら、ある程度メンバーが仕事に慣れてきた段階では、リーダーの具体的な援助が徐々に不要になってきます。メンバー自身も、いつまでもリーダーに仕事を手伝ってもらっていてはなかなか成長もできませんし、また本当の意味で「仕事の面白み」を体感することができません。できるだけ、メンバーが自分の力で仕事を進めることが本人にとっては大切になります。

　ただし、チームという組織単位から見ると、まだまだ経験の浅いメンバーにすべてを任せることは逆にリスクをともないます。経験の浅いメンバーに仕事を任せた場合、たとえば、仕事は進んでいたとしても、その方向性が間違っていることもあります。経験の浅いメンバーに対して、仕事の方向性の判断までを任せることが難しいことは言うまでもありません。

　このような場合、リーダーとしては、具体的な仕事の援助は差し控えるとしても、仕事の方向性については引き続き、的確な指示を出していくといったスタンスが求められます。

図表　「指示する」リーダーシップの特徴

「指示する」リーダーシップ

⇒具体的な指示や命令を与えメンバーを導く

⇒メンバーが主体的に仕事を進めるための最低限の
　業務上のノウハウなどを「教育」する必要がある

また、仕事の主体は「メンバー」になるため、メンバーが独自で仕事を進められるようになるための最低限のノウハウや手法などを「教育」されている必要があります。まったく業務の知識がないメンバーに対して、単に指示を出しただけでは、実際の業務を進めることはできません。

このようなスタンスのリーダーのスタイルを「『指示する』リーダーシップ」と呼びます。リーダーはあくまで指示に徹し、実際の仕事を行なうのはメンバーの役割です。

[3]「任せる」リーダーシップ

その他のリーダーシップスタイルとして「『任せる』リーダーシップ」があります。このようなスタイルがうまく機能するチームは、かなり理想に近い状態と言えるかもしれません。

この場合、リーダーは、意思決定や問題解決のための手法の判断など、かなりの部分をメンバーに任せることになります。チーム発足当初から、この「任せる」リーダーシップのスタイルをとることは難しいかもしれませんが、メンバーの各タスクやプロジェクトの方向性がある程度固定化した場合に可能となるスタイルです。

この「任せる」リーダーシップのスタイルをとる場合、信頼のおけるサブリーダーの存在が欠かせません。たとえば、新製品開発プロジェクトのようなイノベーティブなタスクを対象とするチームにおいては、完全にメンバーに委任してしまう「任せる」リーダーシップは、適用が難しいスタイルと言えるでしょう。

図表　「任せる」リーダーシップの特徴

「任せる」リーダーシップ

⇒意思決定や問題解決の多くの責任を部下にもたせる

⇒メンバーの判断や業務の手法が間違っていないか
　リーダーとして全体の方向性を「監督」する必要がある

1-4

メンバーとの接し方
（対人コミュニケーションスキル）

３タイプのアサーションで円滑なコミュニケーションを図る

[1] トラブルが起こっても自分の感情をぶつけてはいけない

メンバーとコミュニケーションをとる場合、自分の感情をどうしても優先してしまい、自分の主張ばかりを伝え、相手の状況を確認しない人や、話そのものを聴かない人が散見されます。とくに、何かトラブルが発生すると、相手に対して威圧的な言い方をしたり、叱責したりすることがあります。

このような対応をした場合、当然のことながら相手は不快な思いをします。メンバーに対して、このような対応をする人は「アサーション」の観点からは、よいチームリーダーとは言えません。

アサーションでは、相手の心情や悩みを聴き（傾聴し）、相手のことを思いやりながらコミュニケーションをとることがポイントになります。日本では、よく「丸く収める」や「角が立たないようにする」といった表現をすることがありますが、そのような考え方に近い面があります。

[2] 自分とメンバーの双方を大事にするアサーション

アサーション（assertion）は直訳すると、「主張」や「表明」という意味で、リーダーからだけでなく、メンバーからもお互いに大切にするかかわり方や自己表現の方法のことを指します。つまり、アサーションは自分の主張や意見を一方的に表明するだけではなく、自分と相手の両方の考え方や権利などを尊重するコミュニケーション手法と言えます。

職場や家庭、地域コミュニティにおいて、さまざまな人々とのコミュニケーションは避けて通ることができません。

昨今では、携帯電話やeメール、さらにはオンライン会議でのコミュニケーションの割合が増えてきましたが、まだまだ対面で言葉を交わしてコミュニケーションをとることが多いでしょう。しかし、対面でのコミュニ

ケーションでも、発言者自身の意図がそのまま相手に伝わるとは限りません。

　人によっては言葉の受け取り方が異なり、理解の仕方も人によって違います。リーダーがほめるつもりで発した言葉が、メンバーにネガティブに受け取られることもあります。また、説明が不十分で、誤解を招いたりもします。

　このような場合、チームメンバー同士が不仲になったり、うまくチームが回らなくなったりすることがあります。このようなことを回避するためにも、自分も相手も大切にする、相手を思いやりながらコミュニケーションをとるアサーションの考え方が大変重要になります。

[3] アサーションの３つの分類

　アサーションでは、コミュニケーションのタイプを大きく３つに分類することが一般的になってきています。①アグレッシブ（攻撃的自己表現）、②ノンアサーティブ（非主張的自己表現）、③アサーティブ（アサーティブな自己表現）の３タイプです。

図表　アサーションの３タイプ

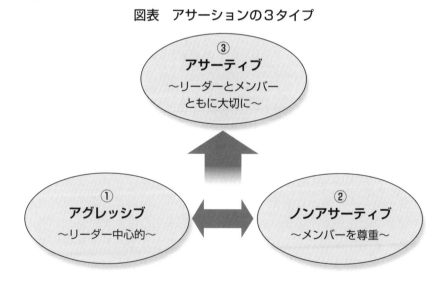

①アグレッシブな方法

　アグレッシブな方法とは、自分自身がリーダーである場合、まずはリーダー自身のことを中心に考え、メンバーのことはあまり考えずに自己表現を行なうコミュニケーションタイプです。たとえば、失敗したメンバーに対して、その背景や理由などをまったく聞かず、叱責するような場合が挙げられます。

　この場合、リーダー自身の考えや感情をそのまま表現し、一方でメンバーの気持ちを考慮しておらず、メンバーは非常に不愉快な思いをすることになります。また、リーダーとして威圧的な態度をとり、たとえ優しい口調で発言したとしても、結局は自分の要求や考えを押しつけて、メンバーを操作し、リーダーの思いどおりに動かそうとする態度とも言えます。職場内の「パワーハラスメント」が問題視されていますが、パワーハラスメントを生みやすいコミュニケーションのタイプとも言えます。

☑ リーダー自身の意見や考え、気持ちをはっきり伝える一方で、メンバーの意見や気持ちを軽視
➡ メンバーにリーダーの気持ちを押しつける形

☑ メンバーは押しつけられた不快感を抱き、軽視・無視された気持ちになる
➡ メンバーは支配されたようなストレスを感じる

☑ リーダーとしての指示は通っても、押しつけがましさがチーム内に残る
➡ チーム全体に後味の悪さが残る

---

②ノンアサーティブな方法

　ノンアサーティブな方法とは、リーダーの考えはできるだけ抑え、メンバーの考えや気持ちを重視するコミュニケーションタイプです。たとえば、リーダーがメンバーから本当は嫌なことを頼まれても、断れずに引き受けてしまうような場合です。

　一見すると、メンバーを配慮しているようにも考えられますが、リーダー自身の感情にも、メンバーに対しても率直ではありません。自分の気持ちを抑え続けていると、次第にストレスが募り、相手に対して「私が折れてあげたのに」という気持ちや、「人の気も知らないで」という恩着せがましい思いをもってしまいます。

> ☑ リーダーの感情や考えを抑えて、素直に自己表現しない
> ➡ 結果的に、リーダー自身に正直ではなく、メンバーに対しても率直ではない
>
> ☑ 自己否定的な気持ちや自信のなさが根底にある
> ➡ メンバーに対して、「私が折れてあげた」という恩着せがましい気持ちを与えてしまう

③アサーティブな方法

　アサーティブな方法とは、リーダー自身の感情や考えを相手にはっきりと伝える一方で、メンバーのことも十分に配慮し、リーダーもメンバーもともにお互いを大切にする方法です。

　しかしながら、どんなにアサーティブに表現したとしても、それがメンバーに必ずしも受け入れられるとは限りません。お互いの意見を出し合えば、当然のことながら、それぞれの意見がぶつかる場面も出てきます。その際に、攻撃的（アグレッシブ）に相手を打ち負かしたり、非主張的（ノンアサーティブ）に相手に迎合したりするのではなく、両者がともに歩み寄って、もっともよい落としどころ（納得点）を探ることがアサーティブなコミュニケーションです。

> ☑ リーダーもメンバーも大切にした自己表現
> ➡ リーダーの気持ち、考え、意見などが、正直に、率直に、その場に相応しい方法で表現される
>
> ☑ リーダーとメンバーとの間で、意見や考えの食い違いが起こったときは、お互いの意見を出し合って、譲ったり、譲られたりしながら、両者にとって納得のいく結果を出そうとする
> ➡ リーダーもメンバーも満足でき、お互いにさわやかな気持ちになれる

1-5

メンバーのあらゆる状況に対応する方法

数か月経過してメンバーの個性をつかんだら、
ケースバイケースで対応できるようになる

[1] メンバーの個性に合わせてコーチングを行なう

　基本的なコミュニケーションスキルとしてアサーションを理解し、なんとか実際の仕事上でもうまく使うことができるようになったら、徐々にチームリーダーとしての立場も板につくようになってきます。

　また、付き合いがある程度長くなると、個々のメンバーの個性もわかるようになってきます。

　メンバーの個性としては、なかなか自信がもてないメンバー、何度も同じミスを繰り返してしまうメンバー、積極性が薄れてしまうメンバー、反抗的な態度をとるメンバーなど、さまざまなタイプが考えられます。

　そして、それぞれのタイプに適したコーチングを行なう必要があります。以下では、上記4つのタイプのメンバーへの最適なコーチング方法について説明します。

[2] なかなか自信がもてないメンバーへのコーチング

　プロジェクトが進む過程では、さまざまなことが起こります。たとえば、チームの各メンバーがやる気を出してバリバリ仕事を進めることもあれば、メンバーの何人かは自信を失ってしまう場合もあるでしょう。そのような場合、リーダーとして、どのように自信を失ったメンバーに接することが望ましいのでしょうか。

　自信を失ったメンバーがチームに存在する場合、リーダーとしては「しっかりしろ！」や「なぜできないのだ！」と強く叱責しがちです。しかしながら、コーチングの考え方からは、そのようなアプローチは決して好ましいとは言えません。

　このような場合、なぜ自信をなくしたのか、その原因をリーダーとしてしっかり理解したうえで、その原因を克服するための具体的な方法を本人

に気づいてもらうことが重要です。

　たとえば、あるメンバーの開発設計指示書のミスが発覚した場合、リーダーとしては、そのメンバーに対して「原因は何だったのか」「どのようにすれば開発設計指示書のミスを避けることができるのか」といった具体的な原因や解決方法を理解してもらえるよう指導します。そうすれば、そのメンバーは自分でミスの原因を克服する方法を見い出し、自分の力で自信を取り戻すことができます。

　このときに重要なポイントは、リーダーはできるだけメンバーが自力で解決できる方法を示すことです。ミスをしたメンバーが、自力ではなく、リーダーから示された方法どおりにミスを解決したとしても、メンバーの自信は回復しません。具体的な解決方法のヒントをリーダーが示し、できるだけメンバー自身がその方法を導き出したように思わせる工夫が重要になります。

[3] ミスを繰り返してしまうメンバーへのコーチング

　ミスを繰り返してしまうメンバーもいます。どうすればいいのでしょうか。

　ミスを繰り返すメンバーに対して、リーダーはついつい「何度繰り返せばわかるんだ」「成長しないな」などと言ってしまいがちです。とくにプロジェクトが忙しいときなどは、口調が強くなってしまいがちです。しかしながら、メンバーはあまりにも強く責められると、萎縮してしまいます。そして、ますます自信を失ってしまう可能性が懸念されます。

　もちろん、ミスを繰り返している当初は、リーダーとして、前述の「指示する」リーダーシップやコーチングの手法などを使い、メンバーに適切な注意を促すことは必要です。しかし、それでも改善の兆しが見られない場合は、なぜメンバーがミスを繰り返すのか、その根本的な原因を考える必要があります。

　ミスをどうしても繰り返してしまうメンバーは、ミスをしない、つまり「成功する感覚」や「成功への道すじ」を自分の頭の中で描けていないと推定されます。このような場合、リーダーはまず、できるだけメンバーに成功する感覚をもってもらえるように工夫しなければなりません。日々のメンバーへの声がけでも工夫は可能です。

　たとえば、「この部分は、こういう風に考えれば答えが見えるんじゃな

いかな」という具合に声がけをすれば、メンバー自身が成功する感覚をもつことができ、しかも成功した場合には、メンバー自身の力で達成できたと思ってもらえるようになります。

　それでもミスを繰り返すような場合は、メンバー側ではなく、リーダー側の接し方に問題がないかを検証する必要があります。「また同じミスをして…」というような一方的な言い方だと相手は萎縮してしまい、モチベーションが下がってしまいます。メンバーが成功の感覚をもてるように、うまく誘導するコミュニケーションが成功へのカギと言えます。

［4］ 積極性がないメンバーへのコーチング

①積極性がないこと自体を責めてはいけない

　プロジェクト発足当初はやる気満々のメンバーであっても、時とともにその積極性が薄れてくることもあります。このような場合、メンバーの積極性がないことを責めて、それ自体を否定することはよくありません。たとえ本人の積極性が薄れていたとしても、チームメンバーとして必要な人材であることを本人にしっかりと伝えることが重要です。

　さらに、本人に「きちんとできている部分がある」ことを認識してもらい、自信をもってもらうことも重要です。たとえば、「リーダーが指示したこと」はきっちりこなせていることなどを伝え、まずは現状においてもチームに欠かすことのできないメンバーであり、かつ有能であることを本人に認識してもらいます。そのうえで、新たな行動を具体的に引き出すようなコーチングが求められます。

　積極性がないことに対して「なぜ、なんだ」「やる気がない」と決めつけてメンバーを直接叱責した場合、メンバーは萎縮してしまい、自己肯定感や有能感をもつことができなくなってしまいます。そこへ追い討ちをかけるように、「それでは、次に何をすべきだと思うか」とリーダーから責められても、とくに若いメンバーはなかなか回答することができません。このようなメンバーには、積極性は一時的になくなっていたとしても、「指示されたことをきっちりこなしている」という自信をもつきっかけとなるような部分をクローズアップし、その部分をほめて自己肯定感を醸成します。

②自己肯定感や有能感を醸成し、そこから次の新たな行動を引き出す

　そして、次の行動を引き出せるように接していくようなコーチングが求

められます。

　また、リーダーが指示したことしかメンバーがしないという状況は、メンバー本人のメンタル的な問題というよりも、リーダーからの指示が適切でなかったり、指示が多すぎたりしている可能性があります。

　そのような場合、リーダーは一方的に「できない」と決めつけるのではなく、メンバーの「できる」可能性を見出すよう、そこに目を向ける姿勢も大切です。つまり、メンバーを信頼するということです。

　また、指示したことをうまくこなしてくれるメンバーに対しては、リーダーとして「ありがとう」と感謝の意をしっかり示すことも、メンバーの積極性を回復させる有効な手段の１つとなりえます。

　現状の積極的でない態度を直接否定するのではなく、できるだけメンバーの自己肯定感や有能感を醸成し、そこから次の新たな行動を自分の力で引き出せるようにコーチングすることが重要になります。

［5］ 反抗的なメンバーへのコーチング

　時には、上司や先輩に対して反抗的な感情を抱いたり、場合によっては態度に表したりするメンバーも出てくることがあるでしょう。たとえば、自分の仕事が思いどおりに進まず、そうした状況にプロジェクトの多忙な時期が重なったり、さらにはプライベートでもうまくいかなかったりすると、そうしたメンバーが「上司の指示が悪い」と反抗的になってしまうことがあります。このように反抗的な態度をとるメンバーは、普段どおりにリーダーが「あのタスクはうまく進んでいる？」と何気ない声がけをしたとしても、「どうせ、うまくいっていないよ」とネガティブに受け取ったり、責められているように受け取ったりします。

　このような場合、声がけをするタイミング、言葉の使い方や話し方、話の枕詞（クッション言葉）などに気を配る必要があります。声がけをするタイミングとしては、明らかに相手の忙しそうなときや不機嫌そうなときを避け、声がけをする態度としては、できるだけ、にこやかに落ち着いて接するなどです。また、メンバーに対するねぎらいや感謝の言葉、ほめ言葉から意識的に始めるなど、きめ細やかな気配りが重要です。

　さらに、そうしたメンバーも、生来の性格が反抗的であるわけではないので、なぜ反抗的になったのか、その原因をリーダーとして理解し、必要に応じてその原因が少しでも解決できるよう助言することが効果的な場合

もあります。反抗的な態度そのものをすぐに改めてもらうことは難しいかもしれませんが、その原因と考えられる事象を1つずつメンバーと一緒に解決していくスタンスも効果的です。

図表　4タイプのメンバーへのコーチングのポイント

①自信がないメンバーへ	②ミスを繰り返すメンバーへ
⇒自分でミスを克服する方法を学習し、それによって自分の力で自信が回復されるようにコーチング	⇒いきなり叱責するのではなく、自分で成功する感覚がもてるようにコーチング
③積極性がないメンバーへ	④反抗的なメンバーへ
⇒できるだけメンバーの自己肯定感や有能感を醸成し、新たな行動を自分で引き出せるようにコーチング	⇒声がけをするタイミングや話し方に気を配り、原因を一緒に解決できるようにコーチング

出所：『チームリーダーのコーチング 基本とコツ』（本間正人 著、学研パブリッシング）をもとに作成

1-6

年上のメンバーとの接し方

とくに、経験豊富な年上の人が腐らないように留意する

[1] 年上のメンバーと接する際に留意すべきこと

　中途採用や若い人材の抜擢が当たり前になった現在、年上のメンバーを部下にもつことは珍しくなくなりました。しかし、ビジネスパーソンとしてだけでなく、年上に対しては失礼な態度で接するわけにはいきません。とは言え、リーダーとしての威厳も保たなければなりません。いったい、リーダーはどうするべきなのでしょうか。

　メンバーのなかに、とくにリーダーよりも年上の人がいる場合、どのように接したらよいのか、どのようなチームの雰囲気にしたらよいのか、リーダーとしては非常に悩んでしまうところでしょう。

　たとえ人事上は部下であったとしても、年上の人に対して失礼な態度をとることは許されないでしょうし、一方でリーダーとして言うべきことははっきりと示し、威厳を維持しなければ、他のメンバーに示しがつかないということもあります。

　また、他のメンバーにとっても、自分たちよりも年上の"後輩"がチームに加入してくると、やりにくい面も多々あるでしょう。

　しかしながら、このような、ある種の「やりにくさ」を感じているのは、年上であるメンバーにとっても同様なことなのです。とくに、リーダーとして留意しなければならないことは、経験豊富な年上のメンバーが「なぜ私がこんなことをやらなければならないのか」と腐ってしまうような場合です。

　年長者がこのような感情を一度もつと、以降、なかなか業務に身が入らなくなってしまいます。このようなことを避けるためには、リーダーとして、どのようにチームをコントロールすればよいのでしょうか。

［2］部下だとしても「尊敬の念」「連帯感」をもつことが重要

　もっとも大切なことは、たとえ部下であったとしても、「相手に対する尊敬の念」やチームとしての「連帯感（チームの一員であるという認識)」をもち続けることです。この点は、リーダーと年上のメンバーとの間だけでなく、他のメンバーが年上のメンバーに接する際にも留意する必要があります。

　職務上は部下であったとしても、年上としてのノウハウやこれまでの経験（たとえ業務や分野が違ったとしても）に対しては素直に敬意を表する必要があります。

　また、チームは人と人が協力し合いながら仕事をしているので、「お互いが同じ目標に向かって、共感しながら一緒に働いている」といった連帯感や、チームの一員であるという人間関係や職場環境をつくっていくことが大変重要です。

　この「尊敬の念」と「連帯感」さえあれば、年長者であるメンバーは、たとえ年下の上司からの指示であったとしても、チームの一員として「それだったら私がやるしかないな」という気持ちで業務にあたってくれます。

　しかし、尊敬の念と連帯感のどちらか一方だけだとうまくいかない場合があります。尊敬はされていたとしても連帯感が薄ければ、年上のメンバーだけ孤立し、チーム内で"浮いた"感じで仕事をするような状況になってしまいます。あくまで尊敬の念と連帯感の２つの視点が重要なのです。

図表　年上のメンバーと接するときに必要な２つの視点

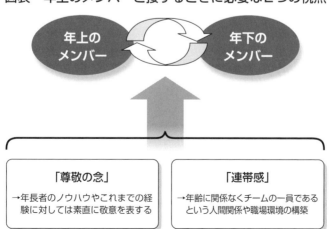

35

チーム内における
メンタルヘルスケアの問題

アサーションスキルを身につけておけば、
メンタルヘルスの変調も気づきやすい

[1] メンタルヘルス不調のサインを見逃してはいけない

　メンタルヘルスの問題で休養する人は年々増えており、社会現象という言葉ではすまなくなってきています。チームとして、メンバーが健全に日々業務を遂行することはパフォーマンスに大きくかかわることであり、チームリーダーとしても見逃せない問題です。

　メンバーがストレスをためてしまい、メンタル的に辛くならないようにするためには、日頃からメンタル面を鍛える、ポジティブな精神を養うなど、対応策はいくつか考えられます。しかしながら、リーダーとして重要なことは、そのようなメンバーが出る前に、各メンバーからのメンタルヘルス不調のサインをいち早く気づくように心掛けることです。

　現在では、職場のストレスなどが原因で「うつ病」と診断されるケースも少なくありません。チームのメンバーがうつ病と診断された場合、職場だけでなく、その家族、担当医、心理士や専門カウンセラーも含めた多面的なケアの必要性が生じ、うつ病を治癒するには相当なエネルギーを要します。理想的な対応は、そのような状態になる前の、できるだけ早い段階でメンバーからの不調のサインに気づき、早期の対処を施すことです。

[2] リーダーが把握しやすいメンタルヘルス不調のサインは2種類

　リーダーが把握しやすいメンタルヘルス不調のサインは、次ページ上の図表に示したように、「勤怠問題」と「業務パフォーマンス上の問題」の2点に大きく分類することができます。

　勤怠問題とは、おもに出退社や業務時間に関したサインの分類になります。とくに、うつ病の場合は「朝がつらい」という症状が挙げられることが多く、それによって出勤時間が遅れるなどの勤怠問題が生じます。

図表　メンタルヘルスの不調のサイン

勤怠問題	・定刻の出勤が困難になる　　・出勤時間が徐々に遅くなる ・さみだれ的に欠勤が増える ・風邪や身体の不調を理由に、遅刻・早退・欠勤する ・無断欠勤する　　　　　　・遅くまで会社に残っている
業務パフォーマンス上の問題	・作業効率が低下する　　・残業が多くなる　　・ミスが増える ・業務の優先順位づけが不適切になる　　・納期が守れなくなる ・指示の了解が悪くなる　　・報告や会話に時間がかかる ・決断できなくなる ・事故を起こす　　・職場の人間関係でトラブルを起こす ・発言内容が不適切だったり、表現が攻撃的になる ・顧客や取引先からクレームが増える ・業務に対する消極的・否定的な発言が増える ・メールの返信が遅くなる

出所：『月刊リーダーシップ（2010年10月号）』（一般社団法人日本監督士協会）より作成

　また、頭痛や胃痛、腰痛、めまい、喉の違和感、倦怠感などの体調不調も項目として含まれるため、風邪や身体的な自覚症状を訴えることが多くなることも不調のサインとして考えられます。

　業務パフォーマンス上の問題は、普段の仕事量や質の変化、業務中の態度などに関したサインの分類になります。メンタルヘルスが不調な場合、思考や感情のコントロールがうまくできなくなるため、その結果、集中力や判断力、決断力を必要とする業務遂行が難しくなります。

　そのため、ミスや事故、不適切な判断や発言、業務の滞りなどが生じてしまい、それによって、チーム内の対人関係で、さまざまなトラブルを招きやすくなってしまいます。また、業務効率が悪いことに起因して、仕事量に見合わない残業が多くなるなどの悪循環が生じます。

　したがって、チームのリーダーとしては、メンバーからのメンタルヘルスの不調を常にチェックしておく必要があります。上記したような症状は、メンバーの態度や外観からだけでは把握しにくい場合があるため、普段からできるだけメンバーとの対面でのコミュニケーションをとるようにし、メンバーの変化に気づくように努めなければなりません。

[3] 業務外のコミュニケーションも欠かせない

　場合によっては、業務内だけでなく、業務外のコミュニケーションも重要となることがあります。必要に応じて、普段からよく接している同僚や、直属のリーダーなどから間接的に確認する必要もあります。

　先に示したようなメンバーの不調のサインがいくつか散見される場合は、早急に対応が必要になります。

　本章ではリーダーとしてのアサーションスキルやコーチングスキルについて説明してきましたが、日々のアサーションやコーチングのなかで、メンバーの不調のサインを確認し、解消することも可能です。

　前述したように、アサーションにおいて重要な点は、リーダー自らの感情や考えを相手に明確に伝える一方で、メンバーの考えや感情も十分に配慮し、リーダーもメンバーもお互いを大切にすることです。

　したがって、リーダーが普段からメンバーの立場に立って、考えや感情を理解するようアサーションスキルを身につけておけば、メンバーの不調のサインを見逃す確率は最小限に抑えることができるのです。

1-8

チームの「受動性」と「能動性」の バランスを考慮する

裁量の範囲を超える問題が発生した場合、 自分で方向性を決めなくてはならない

[1] どのようなときにチームの「受動性」を重視すべきか？

　チームは顧客にもっとも近いので、顧客（市場）のニーズへの対応が会社の方向性と異なっていることに気づく場合がよくあります。その場合、会社の決定方針に従うのか、現場のメンバーの意見を重視していくか、どちらが正しいのかを考えることも重要になります。

　チームとは、当然のことながら会社や事業部の中の1組織であるため、そのチームのリーダーとしては、全社的な方向性、すなわちチームよりも上位の方向性とチームの方向性とを一致させることが求められます。つまり、組織の中の1チームとして、チームの「受動性」を重視したマネジメントが必要になります。

　たとえば、チームの中で、ある開発タスクが完結していたとしても、その内容が全社的な方向性から逸脱しているのであれば、その開発プロジェクトは成功したとは言えません。企業における組織の最小単位としてのチームのタスク完遂が重要となるわけです。

[2] どのようなときにチームの「能動性」を重視すべきか？

　しかしながら、一方で、もっとも現場に近いチームを起点として、会社や事業部の方向性を修正していかなければいけないような場合も考えられます。より上位の組織を動かすチームとして、チームの「能動性」を重視した行動も時には重要になります。とくに、顧客ニーズの変化が激しいような市場をターゲットとしたプロジェクトの場合、よりボトムアップ的な、チームの能動性が重要視される傾向にあります。

　こうした場合、チームは現場の最前線に位置する組織単位であり、価値創出の起点となります。顧客ニーズやその変化を誰よりも早く探知し、それをプロジェクトに即座に反映させ、場合によってはより上位の戦略的な

方向性に対して修正を働きかけるような柔軟な対応が求められます。

　チームリーダーとして、現場から上がってくる顧客ニーズや提案を十分に把握し、さらには上位の全社的な戦略の方向性も勘案し、上位組織に対して、どのような提言をすべきかを検討しなければなりません。

　チームリーダーとしての裁量の範囲を超えることがあるかもしれませんが、リーダーはチーム内のマネジメントのみに注力するのではなく、時として、このような重要な判断を迫られることがあります。

　チームリーダーの素養として、常日頃から「受動性」と「能動性」のバランスを意識することが重要です。

図表　チームの「受動性」と「能動性」のバランスをとる

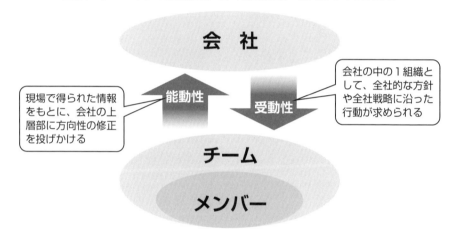

1-9

チーム内に"よい雰囲気"をつくるために必要な「心理的安全性」

チームにおける心理的安全性を確保する仕組みをつくる

[1] メンバーが職場に不安を抱いていると、よい結果は生まれない

　チームのメンバーが仕事そのものや職場に不安を抱いている状態では、チームとして高い生産性を実現することは難しいでしょう。とくに不安はないとしても、仕事の内容や自分の責任について無関心なメンバーが多くいるような場合でも、チームとして、よい結果を残すことはできません。
　チームがパフォーマンスを最大限発揮するためには職場がいわゆる"よい雰囲気"であることが大切になりますが、"よい雰囲気"とは具体的にどのような状況でしょうか。

[2] 心理的安全性とは？

　ハーバード大学で組織行動学の研究をしているエイミー・C・エドモンドソン氏は1999年に、チームが高いパフォーマンスを発揮するためには、チームにおいて、たとえばメンバーの一人が、恥をかかずに他のメンバーに対して発言できたり、そうした発言を他のメンバーから拒絶されたり、罰を与えられるようなことがないという確信をもっている状態、またチームは対人リスクを冒しても十分安全な場所であるということがメンバー間で共有された状態が重要であるとし、このような状態を「"心理的安全性（Psychological Safety）"が保たれている」と定義しました。
　もう少しわかりやすく言えば、チームにおいて、メンバーが思ったことを自由に発言し、行動として実践できる雰囲気、また、そのような発言や行動を起こしたとしても、チーム内の対人関係が損なわれることがないという共通認識が存在する、そのような状態を「心理的安全性が保たれている」ということになります
　よいチームほど積極的に、チームの悪いところや失敗例などを共有し、それらの改善につなげ、さらなる高いアウトプットに向けて成長していく

ものです。このようなチームには、心理的安全性が重要なことは言うまでもありません。

　心理的安全性を確保するためには、チーム内に「話しやすい」雰囲気や習慣づけを促し、メンバーの失敗は「お互いに助け合う」といった仕組みづくりなどで実現することが可能になります。チームリーダーが頭ごなしにメンバーを叱責する、不合理な処遇を実施することはもってのほかです。一見、不合理や新奇に思われるメンバーの意見であっても、ポジティブな側面を引き出すべく、メンバーの挑戦ととらえてチーム内で消化し、糧としていくことが肝要です。

[3] 心理的安全性とメンバーの「責任感」や「意欲」の関係

　一方で、心理的安全性を高めることによって、むしろ「ミスをすることへの抵抗感が薄れる」、それによって「チームのパフォーマンスや仕事の質が落ちるのでは？」という懸念も考えられます。これに対して、エドモンドソン氏は心理的安全性と各メンバーの「責任感」や「意欲」は別軸の考え方であり、心理的安全性が確保されたらメンバーの責任感がなくなるという相関はないと説明しています。

　すなわち、チーム内の心理的安全性の醸成と併せて、各メンバーの責任感や意欲を高めることによって、チームとして高いパフォーマンスを発揮できるようになるということです。

図表　心理的安全性と各メンバーの「責任感」や「意欲」

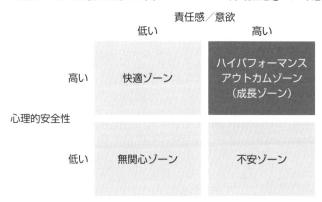

出所：『恐れのない組織——「心理的安全性」が学習・イノベーション・成長をもたらす』（エイミー・C・エドモンドソン 著、野津智子 訳、村瀬俊朗 解説、英治出版 ）をもとに作成

1-10

メンバーとのコミュニケーション機会を創出する1on1ミーティング

心理的安全性を醸成し、かつメンバーの責任感や意欲を引き出すようにコミュニケーションをとる

[1] 1on1ミーティングとは？

　「1on1ミーティング」とは、定期的にリーダーとメンバーが1対1で行なう対話のことで、近年導入する企業が増えてきています。米国のIT企業を中心に、この1on1ミーティングの文化が根づいていると言われており、比較的新しい市場や、変化の激しい市場に関連した企業への浸透が進んでいます。

　この1on1ミーティングを実施する目的は、メンバーの行動と学習を促進して、その結果、メンバーの仕事に対する責任感と意欲を高めていくことにあります。メンバーを管理もしくは評価するための人事的な面談ではないことに留意する必要があります。

[2] 1on1ミーティングの進め方

　まずは、定期的に1on1ミーティングを実施する機会を設定します。1週間～2週間に1回程度実施するのが最適と言われています。

　最初の段階では、メンバーの状態を把握するテーマを設定します。業務上の問題点や対人関係、疑問点や不満点、チーム環境などについてです。ある程度、メンバーの状態が把握できれば、次の段階としてリーダーとメンバーが"腹を割って話せる"ような信頼性や関係性を構築することを目標とするのがよいでしょう。

　このように徐々に1on1ミーティングの回数を重ねていくなかで、徐々にメンバーの成長を支援する具体的な内容を話し合い、最終的には成長や意欲を具体的に、どのように高めるかといった目標や成果について対話できるようになるとベストでしょう。

[3] 1on1ミーティングの効果

　1on1ミーティングは、気軽な話し合いの場とすることで、より密なコミュニケーションをとることができ、また、1対1でしっかり話し合うことによってお互いの関係性を深めるといった効果が得られます。

　また、お互いに深く理解し合うことで、メンバーの隠れた才能やアイデアなどを引き出すことができ、その結果、新規事業やイノベーションの創出につながることもあります。

　ただし、定期的に対話の場をつくるだけでは、この仕組みが形骸化してしまい、意味をなさなくなります。メンバーとの信頼関係をしっかり構築し、メンバーの成長をリーダーがしっかりと支援するという視点で、対話のテーマや議論の内容を十分に検討して設定することが重要です。そうすれば、チーム内での各メンバーの成長が健全に促され、その結果、メンバーの仕事に対する責任感や意欲も自然と高められることになります。

第 **2** 章

部署の成果を上げる
ミドルマネジャーのマネジメント

ミドルマネジャーの3つのあるべき姿と9つの役割

部署の窓口として経営層の期待を理解し、
メンバーを率いて成果を上げる

[1] ミドルマネジャーの仕事

多くの日本企業では、会社の活動単位として複数の「部」が存在し、「部」には、さらに複数の「課」が存在することが一般的です。また、「課」に、「係」が存在したり、「部」が「事業部（あるいは『部門』）」に属したりしている場合もあります。本書では、「部」や「課」のような会社の活動単位を総称して「部署」と呼ぶことにします。

経営層（社長、取締役会、事業部長の執行役員など）から、ある部署のトップ・責任者として任命された人を、「ミドルマネジャー（中間管理職）」と呼びます。ミドルマネジャーは、自身が所属する部署（部、課、係など）のマネジメントを行ないます。

また、経営層は、社内のそれぞれの部署に対して、それぞれ独自の成果を達成することを期待しています。たとえば、営業部署には、より多くの商品を販売して売上・利益を上げること、生産部署には、より高品質の商品をできるだけ低コストでたくさん生産すること、人事部署には、社員の給与や福利厚生の仕組みの構築と適切な運営を行なうことなどを期待しています。

そして、経営層から各部署への期待は、一般的にはミドルマネジャーに対して伝えられます。ミドルマネジャーは、部署の窓口として経営層の期待を理解し、それを部署内のメンバー（構成員）に伝えなければなりません。

加えて、経営層からの期待に効果的・効率的に応えていくためには、各メンバーのやる気を引き出しながら、各メンバーの活動を部署としての活動にまとめ上げて、活性化を図っていくことが重要になります。

■経営層から各部署への期待の例

営業部門……経営層からの期待：年間300億円の売上
　　├─関東営業部……同：関東エリアにおける年間100億円の売上
　　├─中部営業部……同：中部エリアにおける年間50億円の売上
　　├─関西営業部……同：関西エリアにおける年間80億円の売上
　　└─××営業部……　〜〜〜〜〜

生産部門……経営層からの期待：高品質・低コスト生産、人身事故ゼロ
　　製造課……同：生産ラインの稼働率95％以上
　　品質課……同：検品時異常0.1％未満、顧客クレーム年間３件以下
　　調達課……同：原材料コスト昨年比５％圧縮
　　××課……　〜〜〜〜〜

　さらに、部署の活動のためには、経営層や他部署などを巻き込みながら対応していく必要が生じることもあります。たとえば、自身の部署への期待が大きすぎる際に、求められる成果を調整したり、部署の人手を増やすように努めたりするといった行動は、部署のトップであるミドルマネジャーが中心に行なう必要のある業務になります。

　このようなミドルマネジャーの仕事を果たしていくために、ミドルマネジャーには、３つのあるべき姿を実践していくことが求められます。

■ミドルマネジャーの３つのあるべき姿

（Ａ）部署に向けられた期待を理解し、期待達成に必要な活動を考える
（Ｂ）部署のメンバーの活動を活性化する
（Ｃ）経営層と業務の最前線で働く部署のメンバーをつなぐ

[2] ミドルマネジャーの９つの役割

　上記のミドルマネジャーの３つのあるべき姿をより深く理解するために、本書では、ミドルマネジャーの役割を次の９つに分けて考えることにします。

■ミドルマネジャーの９つの役割

（Ａ）部署に向けられた期待を理解し、期待達成に必要な活動を考える
　　①目標を設定して具体化する
　　②役割分担を決める
（Ｂ）部署のメンバーの活動を活性化する
　　③進捗を把握する
　　④行動を促すために統制・支援する
　　⑤活動の評価を行なう
　　⑥カイゼンを進めて目標を再設定する
　　⑦部署の活動を促進する
（Ｃ）経営層と業務の最前線で働く部署のメンバーをつなぐ
　　⑧異常事態に対応する
　　⑨経営層や他部署との調整をする

　ミドルマネジャーは、経営層から部署に向けられた期待を部署内に伝える際、部署のメンバーが具体的に何をすればよいのかをはっきりさせなければ、メンバーの効果的・効率的な行動は引き出せません。そのため、「①目標を設定して具体化する」ことと、「②役割分担を決める」ことが重要になります。

　また、メンバーに具体的な行動を指示することができたとしても、メンバーが指示どおりに活動しているのかを確認したり、より一層の行動を促したりすることが求められます。そのためには、適宜指示を修正したり、追加の指示を出したりといったことにも対応しなければなりません。

　そこで、「③進捗を把握する」「④行動を促すために統制・支援する」「⑤活動の評価を行なう」「⑥カイゼンを進めて目標を再設定する」ことも重要になります。また、それらの取り組みが円滑に、継続的に進められるようにするためには、「⑦部署の活動を促進する」ことも必要です。

　さらに、ミドルマネジャーは、当初想定した活動以外の事象にも対応することが求められ、そのなかでは必要に応じて経営層に働きかけるようなことをしなければなりません。それは、「⑧異常事態に対応する」場合や、「⑨経営層や他部署との調整をする」場合などです。

　以降では、ミドルマネジャーの９つの役割をそれぞれ取り上げて、くわしく説明していきます。

2-2

目標を設定して具体化する

目標を達成するために具体的なものに分割し、
手段や中間点を設定してメンバーの活動に落とし込む

[1]　経営層の期待に基づいて目標を設定する

　経営層からの期待は、「普遍的・中長期的」なものと、「状況依存的・期間限定的」なものに分けることができます。

　たとえば、『関東営業部』が、「関東エリアでの営業によって、前年比15％増の売上を実現する」ということを期待されているのであれば、「関東エリアで自社の商品を販売する」ことは、部署への根本的な期待であって、「普遍的・中長期的」なものです。その部署の「基本役割」と呼ぶこともできます。

　一方で、「前年比15％増の売上」を達成することは、最近の部署や会社の事情、さらには経済事情などを踏まえて設定された期待であって、一定期間（1年間など）を通じて達成していくことが求められている、「状況依存的・期間限定的」なものだと言えます。

　このような部署が一定期間をかけて期待を達成していくことでたどり着く到達点を、部署の「目標」と呼びます。

■目標とは？

> ある部署が、最近の自部署や自社の事情、さらには経済事情などを踏まえて設定する、一定期間で達成されるべき到達点

[2]　「目標」を分割して具体化する

　目標を達成する際には、より具体的なものへと目標を分割することが欠かせません。なぜならば、部署のメンバーは、単に目標を示されただけでは、日々の業務の中で、どのような行動をとればよいのかわからない場合がほとんどだからです。

そのため、目標は、その達成のために必要ないくつかの手段（小目標）へと分割したり、達成までに経由するいくつかの中間点を設定したりすることで、より具体的なものとし、メンバーの日々の業務へと変換していく必要があります。

　たとえば、「前年比15％増の売上」という目標について、次の２つに分けることが可能です。

（Ａ）新規顧客の獲得を通じて、20％の売上増を実現
（Ｂ）既存顧客との取引中止を減らして売上減を５％までに抑える

　この（Ａ）（Ｂ）は、当初の目標をさらに具体化したもので、当初の目標を小目標へと分割したものです。

　また、次のように分割することも可能です。

（Ｋ）第１四半期で前年比５％の売上増を実現
（Ｌ）第２四半期で前年比３％の売上増を実現（累積で８％増）
（Ｍ）第３四半期で前年比４％の売上増を実現（累積で12％増）
（Ｎ）第４四半期で前年比３％の売上増を実現（累積で15％増）

　この場合の（Ｋ）〜（Ｍ）は目標到達までに経由する、具体的な中間点になっています。

　この他にも、さまざまな方法で目標を分割し、具体化することができます。ミドルマネジャーは、適宜適切な分割方法・具体化方法を考えて、目標がメンバーの業務に結びつくようにしていく必要があります。

　そのために、必要に応じて目標を多層的に複数回分割していかなければなりません。たとえば、

（Ａ）新規顧客の獲得を通じて、20％の売上増を実現

という、すでに分割された目標を、次のようにさらに分割することが可能です。

【エリアで分割】

（a1）東京で6％の売上増を実現

（a2）神奈川、埼玉、千葉で、それぞれ3％の売上増を実現

（a3）それ以外の関東の県を合計して、5％の売上増を実現

あるいは、

【顧客で分割】

（a1）民間企業向け需要で10％の売上増を実現

（a2）官公庁・学校向け需要で5％の売上増を実現

（a3）一般消費者向け需要で5％の売上増を実現

などと分割することも可能ですし、

【メンバーで分割】

（a1）部署内のAさんが、3％の売上増分を担当

（a2）部署内のBさんが、2％の売上増分を担当

（a3）……

といった分割も可能です。

また、

（N）第4四半期で3％の売上増を実現

という目標であれば、

【時系列で分割】

（n1）1月に1％の売上増を実現

（n2）2月に1％の売上増を実現

（n3）3月に1％の売上増を実現

と分割することも可能ですし、先に述べた【エリアで分割】【顧客で分割】などの方法で分割することも可能です。

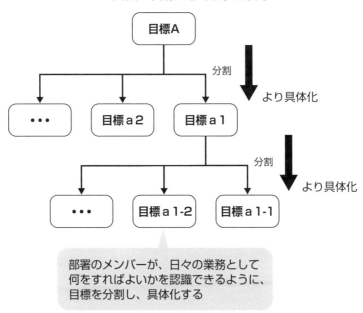

図表　目標の多層的な分割

目標A

分割

より具体化

・・・　　目標a2　　目標a1

分割

より具体化

・・・　　目標a1-2　　目標a1-1

部署のメンバーが、日々の業務として
何をすればよいかを認識できるように、
目標を分割し、具体化する

　このように、目標を多層的に、より細かく分割していくことで、部署の
メンバーは日々の業務で、具体的にどのような活動をすればよいのかを理
解することができるようになります。

　部署が目標を達成できるように、目標を適切に分割することはミドルマ
ネジャーの大変重要な役割の１つです。

2-3

役割分担を決める

目標達成を意識しつつ、「短期」と「中長期」のバランスにも配慮して役割分担を決めていくことが重要

[1] 部署内の最適な役割分担を考える

　部署のメンバーは、新卒社員などを除けば、何かしらの強みや得意とすることがあるはずです。メンバーの特徴がわかれば、彼らの能力をより活かすことができます。

　たとえば長年、東京で営業をしているメンバーであれば、千葉や埼玉で営業をしてもらうよりも、東京で営業をしてもらったほうが、馴染みのお客様がいたり、過去の経験を活かした営業ができたりするため、より大きな売上が期待できそうです。

　また、部署内に、リピーターへの販売が上手なメンバーと、新規顧客への売り込みが上手なメンバーがいるならば、ぜひとも獲得したい新規顧客への営業には、後者のメンバーを担当させたいところです。

　メンバーの特徴を理解することができれば、より最適な役割分担をすることが可能となり、部署としてより大きな成果を実現できる可能性が高まります。

[2] 部署のメンバーの特徴を理解する

　会社で働く人は、それぞれが独自の経験を積んで、独自の能力や強みを身につけていて、自分のやりたいことをもっています。

　この「経験」「能力・強み」「やりたいこと（意欲）」といったメンバーの特徴を理解することは、役割分担を決めるうえで非常に重要です。

　なぜならば、メンバーの特徴を理解していなければ、ある業務をこなすことができる人は誰なのか、効率的にこなすことができそうな人が部署内にいるのか、といったことを判断することができないからです。

　ミドルマネジャーは、部署内の業務を理解したうえで、メンバーの現在の特徴を踏まえて役割分担を行ない、部署に課せられた期待・目標を達成

していくことが求められます。

■ メンバーの特徴を理解する切り口

【経験】

　初めてやる仕事よりも、一度経験した仕事のほうが、うまくいく可能性が高い。また、より多く経験すればするほど、一般に高度なことができるようになる。たとえば、どんなにマニュアルを読み込んで知識を得ていたとしても、一度それを経験して初めて気づくことは少なくない。

【能力・強み】

　これからやろうとする活動に役立つ能力や強みをもっていれば、業務の質がより高まる。たとえば、「顧客データを管理して、顧客が商品を買い替える時期を分析することに長けている」メンバーであれば、既存顧客の取引中止をより減らすことができるかもしれない。

　あるいは、「初対面の人に好かれやすく、物怖じせずに交渉できる」メンバーであれば、新規顧客の獲得に向いている可能性がある。また、「千葉県のいろいろな人と知り合いで、顧客を紹介してもらえる」メンバーであれば、千葉県を任せたほうがよさそうである。

【やりたいこと（意欲）】

　多くの場合、人はやりたくないことを嫌々やらされる場合よりも、やりたいと思うことを任された場合に、高い成果を上げる。たとえば、自分が興味や自信をもっている商品を売るときには、その商品の説明をくわしく熱心にすることができるが、自分が関心をもっていなければ、よい説明をすることは難しい。

　ミドルマネジャーが部署内のあるメンバーの特徴を理解しようとするときには、メンバー本人や周囲に特徴を尋ねたり、メンバーの言動や過去の実績などの考察を行なったりするなどの方法が考えられます。

　次ページの図表に示したメンバーの特徴を理解する４つの方法を組み合わせながら、定期的に情報を収集して、メンバーの現在の特徴を理解することが、よりよい役割分担につながっていきます。

図表　ミドルマネジャーがメンバー「Aさん」の特徴を理解する方法

本人が 情報源	本人（Aさん）に 自分自身（Aさん）の 特徴を語ってもらう	Aさんの普段の発言や 行動から Aさんの特徴を考察する
周囲やデータが 情報源	周囲のメンバーに Aさんの特徴を 語ってもらう	Aさんの過去の経歴や 業務実績から Aさんの特徴を考察する
	直接的な特徴への言及 から把握	間接的に特徴を考察 して把握

[3] メンバーの特徴を効率的に組み合わせる

　ミドルマネジャーは、部署の各メンバーの「経験」「能力・強み」「やりたいこと（意欲）」を理解したうえで、それらを踏まえた適切な役割分担がなされるように配慮しなければなりません。

　たとえば、経験の浅い若手メンバーは、独力で遂行できる業務が限られています。そこで、部署の業務全体のうち、最初に若手メンバーに任せられる部分を検討して、その部分については若手に任せることに決めてしまうという役割分担の方法が考えられます。そのうえで、残った難しい業務は経験豊富なベテランが担当するような役割分担を行なえば、部署の日々の各種業務を停滞させずに進めることができる可能性は高まるでしょう。

　また、部署の目標達成にきわめて重要な業務があるのであれば、その業務でもっとも高い成果を上げることが可能なメンバーにその業務を任せると決めたうえで、他のメンバーの役割分担を考えていくべきです。メンバーの特徴に配慮して、日々の業務に適切な対処をすることを積み重ねていけば、部署の目標をより確実に、より素早く達成していくことが可能になります。

■メンバーの適切な役割分担による効果

- 特定の業務のみ進捗が遅れたり、業務の質が下がったりしてしまうような問題を解消することができる
- 重要な業務について、より高い成果を上げることができる
- それらを通じて、部署の目標達成に効率的に近づくことができる

ミドルマネジャーは、部署のメンバーの特徴と部署が置かれている状況を意識しながら、日々の業務がより効率的に遂行される役割分担を考えて、部署が目標達成に近づいていくように、導いていかなければなりません。

［4］ 時にはメンバーの特徴を無視する

　ここまでメンバーの特徴を理解することの重要性を述べてきましたが、その一方で、あまりに特徴を意識しすぎた役割分担は、時にマイナスに働くことがあるので注意が必要です。

　たとえば、あるメンバーに同じ役割ばかりさせると、そのメンバーから多様な経験を積む機会を奪うことになりますから、結果として能力の伸び悩みを生じさせてしまうことにもつながりかねません。

　また、あまりに同じような業務が繰り返されると、メンバーは退屈に感じて、働く意欲がそがれてしまうこともあります。

　さらに、あるメンバーが部署からいなくなる場合に、そのメンバーの代わりを務めることができる他のメンバーがおらず、部署の運営が困難になってしまうことも起こりかねません。

　そのため、ミドルマネジャーは、時にはメンバーの特徴を「無視」して、得意ではない業務を任せる必要があります。

［5］ 短期と中長期のバランスをとって役割分担する

　メンバーの特徴を無視することには、メンバーの能力が適切に部署内で活かされないために一時的に部署の業務遂行能力が低下したり、メンバーが不本意に感じて意欲を失ってしまったりするリスクが存在します。

　そのため、あるメンバーが特定の業務で高い成果を上げ続けている場合は、ついつい引き続き、その業務を任せてしまいたくなります。

　しかし、従来とは異なる役割をこなしてもらわなければ、メンバーが新たな「経験」や「能力・強み」を獲得することはありえません。また、メンバーに新たな「経験」や「能力・強み」の獲得をしてもらわなければ、今まで以上によりよく業務をこなし、部署が目標に近づいていくスピードを速めることはできません。

　そのため、部署を運営していくうえでは、一見すると無意味で非効率的なことのように思えるとしても、時にメンバーの特徴を無視して役割分担

を行なうことが必要なのです。

　ただし、メンバー全員に未経験の業務を担当させていては、部署の運営
は成り立ちませんし、メンバーの成長を期待するあまり、1か月後までに
必ず成し遂げなければならない業務がこなせなくなってしまうのでは本末
転倒です。

　そのため、部署の運営には「短期的」と「中長期的」の両方の視点が必
要であるととらえると、時にメンバーの特徴を無視することの必要性の理
解が深まります。ミドルマネジャーには、「メンバーの特徴を活かす役割
分担を行なって、目の前の業務を効率的に片づけていく」という短期的な
視点と、「メンバーに成長の機会を用意し、やる気を引き出して、部署の
健全な発展を実現していく」という中長期的な視点の両方が必要なのです。

図表　役割分担における2つの視点

	短期的な視点	中長期的な視点
	ある業務をもっとも効率的にこなせる特徴をもったメンバーにその業務を担当させる	あるメンバーの経験や能力・強みをもっとも効率的に成長させられるように、業務を担当させる
メリット	部署のある業務を確実かつ効率的に遂行できる	部署全体の実力が底上げされる
重視しすぎた場合のデメリット	・メンバーの能力の伸び悩みが生じる ・メンバーの意欲の減退が生じる ・メンバーの異動・退職時における対応が困難になる	・部署の業務が遅れてしまい、納期内に完了しない ・メンバーができないことばかりやらされていると不満を感じる

　ミドルマネジャーは、部署の置かれている状況を見極め、いかにして目
標達成を図っていくかに留意しつつ、「短期」と「中長期」のバランスに
も配慮しながら役割分担を決めていくことが重要です。

進捗を把握する

目標に近づいている度合いを測る指標を用意する

[1] 部署の目標達成には活動の進捗把握が欠かせない

ミドルマネジャーが目標を設定・分割して、メンバーと共有して、各メンバーの役割を決めた後に重要なのは、「部署の活動の進捗」や「目標の達成度」を把握することです。

部署の業務を日々進めていく際に、自分たちが目標達成に近づいているのかを把握することができなければ、メンバーの特徴の組み合わせが効率的なのかどうか、役割分担が適切であったのかどうかを判断することができず、今の取り組みをそのまま継続すればいいのか、何か改善策を検討しなければならないのかの判断もできません。

それゆえ、いかにうまく進捗把握を行なうかが、ミドルマネジャーにとっての課題になります。

[2] 部署の活動の進捗を把握する指標を用意する

進捗把握のためには、「指標」を検討することが求められます。指標とは、目標に近づいている度合いを客観的に測ることができるものです。

たとえば、「売上」は、もっともわかりやすい指標の1つです。1年間で達成したい売上に対して、現時点でどの程度の金額が積み上げられているのかを知ることは、目標にどの程度近づいているのかの把握に他なりません。また、前年同月と比べて、どの程度金額が多いのか少ないのかを知ることも、有効な進捗の把握方法です。

営業部署であれば、売上以外にも「訪問先リストで実際に回った件数」「成約件数」などを指標とすることができます。また、「お客様の満足度」「クレーム件数」「納期の早さ」「メンバーの業務知識量」なども指標になります。

開発部署であれば、「既存商品に追加した機能の内容や機能の数」「開発

を完了させた新商品の数」「取得した特許の数」などが指標になりますし、「改良した商品の売上」「新商品の売上」なども指標とすることができます。

　なお、売上のような財務に関する指標は非常に重要ですが、部署の目標に近づいているかどうかを的確に把握するためには、さまざまな視点を意識して指標を考えていくことが肝要です。

[3] バランスト・スコアカードなどで多角的な視点を導入する

　さまざまな視点を意識して指標を考える際に役立つ手法として「バランスト・スコアカード」（BSC：Balanced Score Card）が知られています。

　BSCの考え方では、売上などの「財務の視点」の他に、「顧客の視点」「プロセスの視点」「学習と成長の視点」を意識して指標を設定します。これらの視点はお互いに関係しており、「財務の視点」の改善には「顧客の視点」の改善、「顧客の視点」の改善には「プロセスの視点」の改善、「プロセスの視点」の改善には「学習と成長の視点」の改善が関係しています。そのため、「財務の視点」を改善するためには、他の視点すべてを改善しなければなりません。

図表　BSC（バランスト・スコアカード）の4つの視点

財務の視点	…売上・利益などに関する指標
顧客の視点	…顧客数・顧客満足度などに関する指標
プロセスの視点	…業務手順のスムーズさ、納期などに関する指標
学習と成長の視点	…社員能力、教育・教育研修などに関する指標

ミドルマネジャーは、BSCの考え方などを活用しながら、さまざまな視点を意識して指標を検討し、指標を通じて部署の業務の進捗を把握する必要があります。

　ここでは、部署のマネジメントと指標作成のためにBSCの考え方を活用することを紹介しましたが、BSCの考え方はさまざまな場面での適用が可能です。後述する第4章では、事業管理の仕組みにBSCの考え方を適用しています（152ページ参照）。

[4]　「遅れ」と「進み」を明らかにする

　ミドルマネジャーは、指標の確認を通じて、業務の「遅れ」と「進み」を明らかにしていきます。

　指標の確認によって、このままでは部署の目標に到達できそうにない「遅れ」を発見した場合には、対策を立てて「遅れ」を解消していく必要があります。

　具体的には、後述する「統制・支援」によって遅れを取り戻していかなければなりません。一方で、「進み」も、度合いが大きい（進みすぎている）と問題です。なぜならば、メンバーの役割分担が適切ではなかった可能性があるからです。あるメンバーに、より多くの業務や、より難しい業務を任せることができるにもかかわらず、その機会を活用しない場合、部署全体の業務効率を下げてしまうことになります。

　そのため、ミドルマネジャーは、指標を通じて業務の「遅れ」と「進み」の両方を把握し、その解消に向けて取り組んでいく必要があります。

[5]　適切なタイミングで進捗を把握する

　ミドルマネジャーにとって、部署の業務の進捗を把握することは重要ですが、あまりに頻繁に進捗を把握しようとしすぎると、業務の質や効率が低下することがあるので注意が必要です。

　たとえば、「メンバーの業務知識量」を測定するためには、「業務知識に関する試験」を実施することなどが考えられます。もし、試験を頻繁に実施するとなると、メンバーは試験やその準備に時間をとられ、業務にかけられる時間が減ってしまって、業務の質の低下が引き起こされてしまいます。

また、「訪問先リストの中で、実際に回った件数」を、逐次確認する場合には、メンバーは監視されていて自分は信用されていないと感じ、やる気を失ってしまって、業務の効率が落ちるかもしれません。

　その一方で、あまりに進捗を把握しないことも、業務の質や効率の低下につながるため、注意が必要です。

　たとえば、ベテランからすればとくに問題にならないことに若手が困ってしまって、業務が停滞することはよくあることです。早期に若手の業務が停滞していることを発見できれば、若手が困難と感じている点の解消もそれだけ早くすませることができます。また、ある目標を1年間で達成しようとする場合に、目標の半分までしか到達していないことが残り2か月でわかったとしても、そこから目標を達成することは困難です。

　より早い段階で目標達成に大幅な遅れがあることに気づくことができていたら、メンバーの役割分担の見直しや、経営層にメンバー増員を要請するといった対策を講じることで、目標を達成できるかもしれません。

　そのため、ミドルマネジャーは、「適切な頻度」を意識して、指標の把握を進めていかなければなりません。

　ここで、指標を確認して進捗を把握する際に役立つ「6W2H」「ガントチャート」を紹介します。

6W2H

　ある業務を進める際には、「誰が」「いつ」「どこで」やるのかといったことを決めておくことが重要です。

　もし、業務の中身が定義されずに曖昧な状態だと、その業務の進捗を判断することが難しくなってしまいますし、仮に判断できたとしても遅れを取り戻すための具体的な活動を、どのように行なったらよいかについて考えることも難しくなってしまいます。

　業務を定義する際には、以下に示す「6W2H」の視点を意識することが役に立ちます。この視点に沿って具体的に書き下してみることで、検討の漏れをなくして、業務の曖昧さを減らすことができるようになります。

図表　6W2Hの視点

6W2H	意識すべき点
Who（誰）	担当者は誰なのか？
When（いつ）	いつから、いつまでの業務なのか？
Where（どこで）	どの地域・場所でやるのか？
What（何を）	何を対象とする・扱うのか？
Whom（誰に）	顧客や折衝する先は誰なのか？
How（どうやって）	どのような手法や機材などを使うのか？
How much（いくらで）	どの程度の費用をかけるのか？
Why（なぜ）	どのような意図が業務の背景にあるのか？

ガントチャート

　部署内では、さまざまな業務が同時に進行していることが一般的です。部署として現在、どのような業務に対応しており、その業務をいつまでに終わらせなければならないのかを把握することは、ミドルマネジャーにとって非常に重要です。

　業務の進捗を把握するためのツールとして、「ガントチャート」が知られています。ガントチャートは、部署内で進行している業務をビジュアル化し、直感的に理解することを助けます。

　部署内の業務を列挙し、各業務の始まりと終わりを定めれば、ガントチャートを作成することができます。

　一度、ガントチャートを作成しておけば、新たに業務を追加する場合や、ある業務の期間を変更する際に、他の業務にどのような影響が及ぶのかを検討しやすくなります。業務に変更が生じた場合には、ガントチャートを更新して、常に最新の状況が確認できるようにします。

図表　ガントチャートの例

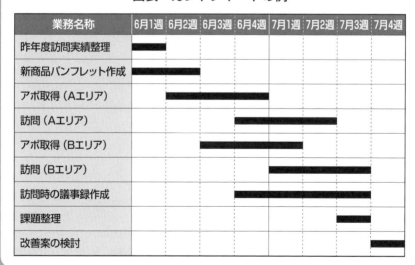

業務名称	6月1週	6月2週	6月3週	6月4週	7月1週	7月2週	7月3週	7月4週
昨年度訪問実績整理	■							
新商品パンフレット作成	■■							
アポ取得（Aエリア）		■■						
訪問（Aエリア）				■■■				
アポ取得（Bエリア）			■■					
訪問（Bエリア）					■■■			
訪問時の議事録作成				■■■				
課題整理							■	
改善案の検討								■

63

2-5

行動を促すために統制・支援する

アメとムチの使い分けによるメンバーの統制や、
適切な支援によって目標達成をめざす

[1] 目標に対する遅れをどう取り戻すか?

　指標の確認を通じて、部署内の特定の業務において遅れが見つかった場合は、ミドルマネジャーは部署の目標を達成するために、その特定の業務の遅れを取り戻さなければなりません。

　ミドルマネジャーは、その部署のトップ・責任者として部署のメンバーを統制・支援することで、遅れを取り戻すことが可能です。

[2] メンバーを統制する

　メンバーが業務を遂行する経験や能力などを潜在的に有しているのであれば、メンバーを統制(コントロール)することで、業務の取り組みを促進して(行動を促して)、「遅れ」を解消できる可能性があります。

　ミドルマネジャーは、部署を運営するために必要な権限を与えられていますので、その権限を用いてメンバーを統制します。

　「アメとムチ」という言葉がありますが、この考え方はメンバーを統制する際の典型的な手法です。

■ 「アメとムチ」によるメンバーの統制

● 「アメ」による統制

　メンバーがやるべきこと、望ましいことを実行した場合には、アメ(報酬)を与える。メンバーは、アメをもらいたいと思うため、業務への意欲が増す。積極的なメンバーの取り組みが、業務の「遅れ」の解消につながる。
　【アメの例】
　・メンバーをほめる
　・メンバーの賞与などを増やす

・メンバーの裁量を拡大したり役職や権限を与えたりする

● 「ムチ」による統制

　メンバーが、やるべきことや、望ましいことを実行していない場合には、ムチ（罰）を与える。メンバーは、ムチを避けたいと思うため、業務により熱心に取り組むようになり、業務の「遅れ」の解消につながる。

【ムチの例】

・メンバーを叱る

・メンバーの賞与などを減らす

・メンバーの権限を狭めたり役職を下げたりする

　ミドルマネジャーは、どのような「アメとムチ」であれば、メンバーの行動が促進されるのかを十分に検討したうえで、実際に「アメとムチ」を使う必要があります。

　また、実際に「アメとムチ」を使わなくても、「使う素振りを見せる」ことで、同等の効果が得られる場合もありますので、状況に応じて統制の仕方を考えていかなくてはなりません。

[3] メンバーを支援する

　メンバーが業務を遂行する経験や能力などを十分には有していない場合は、「アメとムチ」だけでは、なかなか業務の「遅れ」を解消することができません。この場合、メンバーの経験や能力を補うような支援をすることが重要になります。

　たとえば、メンバーに正しい行動を教えたり、一度お手本として代わりにやってみせたりすることは、メンバー支援の一般的な手法の１つです。また、業務に役立つツールを与える支援も考えられます。よいパンフレットをもたせて営業に向かわせたり、顧客分析のためのソフトウェアを導入したりすることなどが該当します。

　さらに、メンバーに学習の機会を与えることも支援の１つです。メンバーが社内外の研修を通じて能力を伸ばすことができれば、業務の遂行が可能となる場合があります。

■ メンバーへの支援例

●正しい行動を教える、一度代わりにやってみせる
●役立つツールを与える
●学習の機会を与える

　ミドルマネジャーは、メンバーの状況に応じて、適切な支援を実施していく必要があります。

　また、メンバーが業務遂行に必要な経験や能力を有しているかどうかを見極めて、「統制」するのか、「支援」するのかを考える必要があります。そのためには、前述のように、メンバーの特徴を十分に理解しておかなければなりません。

　なお、「統制」と「支援」の複合的な状況も起こりえます。たとえば、「学習の機会を与える（支援）一方で、学習をしない場合にはムチを与える（統制）」といった状況です。

[4] 部署を統制する

　業務の「遅れ」の解決策として、担当のメンバーを統制・支援するのではなく、担当するメンバーを代えてしまうというアプローチも考えられます。

　より経験や能力にすぐれた人を遅れている業務の担当にすれば、「遅れ」の解消に期待がもてます。

　当初行なった役割分担が不適切であったと気づいた際には、部署を統制（コントロール）し、役割分担の見直しを行なわなければなりません。たとえば、AさんとBさんの業務を入れ替えるとか、Cさんの業務の一部をDさんに移管するといった対処が必要になります。

　メンバーの役割を変更することは、ミドルマネジャーにとって、自身が当初行なった役割分担が失敗であったと認めることにもなりかねませんから、あまり実施したいことではないかもしれません。しかし、初めからすべてを見通すことは困難ですし、時間の経過とともに部署を取り巻く環境は変化しますから、役割分担の見直しは恥ずかしいことではありません。必要な際には、適宜見直しをかけていかなければならないのです。

　また、役割分担の見直しと併せて、部署の目標の分割方法を見直すこと

も検討しなければなりません。分割方法を改めることで、日々の業務内容も改まり、それによってメンバーが今まで以上に業務を円滑に進めることができるようになるかもしれないからです。

　ただし、あまりに頻繁に役割分担を見直したり、日々の業務内容を改めたりすると、メンバーの混乱を招き、かえって業務の遅れに拍車がかかることにもなりかねませんから、注意が必要です。

［5］部署外から支援を受ける

　部署の統制だけでは業務の「遅れ」を解消できない場合には、部署への支援が必要になります。ミドルマネジャーは、自分の部署外に働きかけて、自分の部署が支援を受けられるようにしなければなりません。

　たとえば、経営層に対して、部署に新たなメンバーを加えるように要請したり、部署の追加経費を認めてもらえるようにしたり、時には自分の部署の目標を下げるように申請したりすることは、ミドルマネジャーの役割です。

　多くのミドルマネジャーは、自分の部署の内部だけで（メンバーの統制・支援と、部署の統制によって）、目標を達成しようとする傾向があります。また、経営層からも、部署の内部だけで、さまざまな課題を解決していくことを期待されている側面もあります。

　しかし、部署の目標が達成できないと、会社全体に迷惑をかけることになりますから、本当に必要な際には自分の部署への支援を活用しなければなりません。

活動の評価を行なう

メンバーを適切に評価することは部署の運営にプラスに働く

[1] メンバーの評価を行なう

　メンバーの評価は人事だけの問題ではなく、今後の部署の運営にもかかわる問題です。評価によって、メンバーのよい行動がより強化されたり、課題が修正されたりするからです。ミドルマネジャーにとって、部署内のメンバーを評価することは重要な役割です。

　一方、営業部署であっても、売上に関する数字だけではメンバーを十分に評価することは難しいですし、部署やメンバーの役割によっては、評価に数字を使えないような場合もあります。ミドルマネジャーは、いかに適切な評価を行なうかが問われます。

[2] 評価は人事だけではなく部署の運営にもかかわる

　一般に、ミドルマネジャーによるメンバーの評価は、各メンバーの賞与の決定や、昇給・昇格の判断などに用いられるので、会社の人事面の運営をするうえで不可欠な行為です。

　さらに、部署の運営をするうえでも、評価は役に立つ行為だと言えます。たとえば、評価をする際には、一定の期間をまとめて振り返る機会を得ますので、普段の進捗把握だけではなかなか気づかない部署やメンバーの課題に気づくことがあります。課題を発見することができれば、今後の改善策を考えて、部署の目標により近づくことができます。

　また、課題だけではなく、よい点にも気づくことができるチャンスにもなります。あるメンバーのよい点を評価の際に見つけ、それを部署内で共有していけば、メンバーの能力や強みが伸ばされることにつながります。

　さらに、ミドルマネジャーが、メンバーのすぐれた活動状況に対してよい評価をしていると伝えることで、メンバーは承認・賞賛されていると感じ、業務に対するモチベーションを高めることがあります。なお、よい評

価を伝える場合だけではなく、単に普段の活動状況を把握していることを伝えるだけでも、メンバーは自分が気にかけられていると感じ、そのことがモチベーションを高めることにつながる場合も少なくありませんから、ミドルマネジャーは普段からメンバーの活動に関心を払っておく必要があります。

このように、メンバーを評価することは、部署の運営によい影響を与えることにつながりますから、ミドルマネジャーは適切に評価を行なわなければなりません。

[3] 適切な評価項目を検討する

ミドルマネジャーがメンバーを評価する際の項目は、人事部などによって決められている場合も少なくありませんが、自身が評価項目を設定するような場合もあります。そのような場合には、次のような切り口から評価項目を検討し、自分の部署に適した項目を採用して、評価を行なわなければなりません。

■評価項目を検討する際の切り口

【成果の観点】
　各メンバーには、それぞれ割り当てられた役割が存在している。その役割の達成度合いが、どの程度であるかを判断し、評価を与える。

【プロセスの観点】
　各メンバーが、自身の役割を果たすために、どのような姿勢で臨んだのかを判断する。意欲や責任感をもって、積極的に努力をしたり、周囲と協調したりしていることを重んじて、評価を与える。

【能力の観点】
　各メンバーが有している能力を基準に判断する。各メンバーが担当する役割や役職上必要とされる能力を定義しておいて、その能力を有しているかどうかについて、評価を与える。

より具体的な評価項目は、人事管理や業績評価の専門書に譲りますが、多くの場合、「成果」「プロセス」「能力」の観点を組み合わせて評価を行ないます。その際、部署の置かれている状況や設定した目標に応じて、どの観点を重視するべきかを検討する必要があります。

　なお、基本的には、評価のより高いメンバーは、部署が目標を達成することにより貢献しているという前提を置きます。もし、高い評価が下されたメンバーであるにもかかわらず、部署に貢献していないと感じられるような場合には、正しい評価項目を設定できていない可能性がありますので、注意が必要です。

　そして、評価期間の開始時点で、メンバーに対して、どのような評価項目を用いるのかを開示しておくことも重要です。これによって、メンバーが高い評価を得ようと行動するようになり、部署の目標達成に向けたさまざまな活動が、より効率的に推進されるようになります。

［4］評価を行なう際の留意点

　評価を行なう際には、いくつかの留意点が存在します。たとえば、評価は全体的な印象だけでは行なわず、個別の評価項目ごとに、状況を具体的に書き出して検討するなどの配慮が必要です。

　特定の成功や失敗などが強く印象づけられていると、他のよい点や悪い点を無視して評価してしまいがちですので、評価に関する各種項目をしっかりと考慮に入れることができるよう、印象に流されずに項目ごとに評価を下すべきです。

　また、評価直前のことほど強く印象に残っていますので、ついつい直前のことのみを基準にして評価しがちになります。しかし、期間全体に対する評価を下すという観点から、期間内の各時点における状況を取り上げて評価を下すべきです。

　そして、評価はメンバーのさらなる成長を促すきっかけとなるものですので、メンバーの至らない現状を批判するのではなく、今後期待することや、成長のヒントを指摘するつもりで評価を下し、面談などでメンバーにフィードバックしていく必要があります。

2-7

カイゼンを進めて
目標を再設定する

課題解決のヒントは、
メンバーの日々の業務に埋もれていることが多い

[1] メンバーとのやり取りのなかでカイゼンを生み出す

　活動の評価を通じて、ミドルマネジャーは部署やメンバーのよい点や悪い点に気づくことができます。よい点を伸ばし、悪い点を減らすことで、目標の達成に近づくことができます。

　さまざまなメンバーを巻き込みながら、各メンバーの個々の業務や、部署全体の業務をよりよくしていく活動は、一般に「カイゼン（改善活動）」と呼ばれます。

　部署内に埋もれているカイゼンの可能性を見つけ出し、実際にカイゼンを進めていくことは、ミドルマネジャーが果たすべき役割の1つです。

[2] PDCAサイクルを通じてカイゼンを促す

　ミドルマネジャーと部署の活動は、一般に以下のような流れで整理できます。

　まず、ミドルマネジャーは、部署に課せられた目標を、いくつかの具体的な目標へと分割し、部署内の業務を具体化して、自分たちの活動計画を立案します（Plan）。

　その後、部署のメンバーは、個別に自身の活動にはげみ、計画の実行（Do）を積み重ねます。

　そして、ミドルマネジャーは、一定期間の経過後（週次、月次、四半期ごと、半期ごとなど）に、自分たちの活動を評価する振り返りを行ないます（Check）。

　評価を通じて、部署内のよい点や課題が見えてきます。よい点は部署内により浸透させる施策を検討し、課題についてはその解決策を検討します（Action）。

　そのうえで、検討した施策・解決策を実施していくことを決めます（Plan）。

このような「計画の立案（Plan）」→「計画の実行（Do）」→「計画の評価・振り返り（Check）」→「解決策の検討（Action）」→「新たな活動計画の立案（Plan）」…という一連の流れを「PDCAサイクル」と呼ぶことがあり、P、D、C、Aそれぞれを実行していくことを「PDCAサイクルを回す」と表現したり、「カイゼン活動」あるいは単に「カイゼン」と呼んだりすることがあります。

　ちなみに、「改善」ではなく「カイゼン」とカタカナで表記するのは、日本から概念が世界に広まり、世界でも「カイゼン」という言葉が通用するようになったからです。

図表　PDCAサイクル

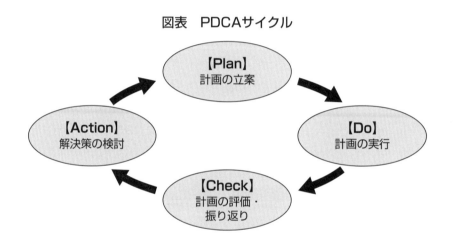

[3] PDCAサイクルを回す際のポイント

　部署内でカイゼンを進めていくためには、部署内のメンバーが意見を出し合い、課題を見つけ、その解決策を考えていくことがとても大切です。

　まず、部署内の課題について、ミドルマネジャーが評価や振り返りを通じて発見することもありますが、メンバーが日々の業務を通じて見つけ出すことが少なくありません。それゆえ、ミドルマネジャーが部署内のメンバーの意見を聞くことで、部署内の課題やその重要度・優先度がより明らかになってきます。

　次に、課題の解決策についても、部署内のメンバーが意見を出し合うことで、よりよいものが考え出されるようになっていきます。課題に対しメンバーの誰かの発言が、他のメンバーにとって課題解決のヒントとなるこ

とは少なくありません。メンバーで議論を重ねていくことで、メンバーのアイデアや知恵が結集し、より効果的な解決策が浮かび上がってくることがよくあります。

　ミドルマネジャーは、会議やその他の発言機会を用意して、メンバーが気軽にどんどん課題や解決策の提示をできるように配慮する必要があります。

　さらに、よい事例を参考にして他の人が真似していく（横展開していく）ことも、カイゼンの一種です。

　部署内のメンバーが「うまく行なったことと、その際のポイント」を、他のメンバーに伝える機会を設けることで、他のメンバーがそのポイントを参考に自身の活動計画を検討し（Plan）、それを試して（Do）、自身においてもよい成果につながったのかを振り返り（Check）、さらなるよい成果をめざして、自分なりのちょっとした工夫を付け加え（Action）、活動計画を修正していく（Plan）ようなケースも、カイゼンと言えます。

[4] 目標を再考する

　部署の目標を分割し、より具体的なものへとしていくことで、日々の業務として、どのようなことをするべきかが明らかになり、メンバーの役割分担を決めることができると、前の2-2と2-3で説明しました。

　もし、目標が変更されると、日々の業務や役割分担も変更されることになり、メンバーに負担がかかることにもなりかねませんから、あまり軽々しく目標を変更するべきではありません。

　しかし、PDCAサイクルを回していくなかで、日々の業務に見直すべきことがあまりにも多い場合には、当初の目標の設定が不適切であった可能性や、時間の変化で目標が不適切になってしまった可能性が考えられます。そのような場合には、目標を改める必要があります。

　また逆に、一定期間の活動を通じて、目標を達成してしまうこともあります。その場合も、目標や目標の分割方法を改める必要があります。目標が再設定されていないと、日々の業務として何をするべきか不明瞭になるからです。

　ミドルマネジャーは、PDCAサイクルが回る状況に気を配り、必要に応じて部署の目標を再考しなければなりません。

2-8

部署の活動を促進する

目標に適度なストレッチを利かせて、部署全体の活動を促進する

[1] 目標の設定を工夫する

　スポーツの世界では、高い目標を掲げてチャレンジすることで、成績を伸ばすことがよくあります。

　ビジネスの世界においても、スポーツと同様に、目標の設定を工夫することによって部署全体を活性化させ、今まで以上の成果を上げることにつなげることができます。

[2] 部署の活動にストレッチを利かせる

　容易に達成できる目標を設定すると、その目標に取り組む期間内の比較的早い時点で、目標を達成できそうな見通しが立ち始めます。すると、部署内になんとなく気のゆるみのような雰囲気が広がり、メンバーの活動が鈍ってしまうことがあります。

　一方で、高い目標が掲げられている部署では、目標を設定した時点では、達成することは無理なのではないかとメンバー全員が感じている場合においても、日々、目標達成に向け部署のメンバーが努力し、協力しながらがんばっていくことで、最後にはなんとか目標を達成することができるといったことが、少なからず見受けられます。なお、マネジメントの考え方では、通常よりも高い目標を掲げることを、「ストレッチを利かせる」と言います。

　そのため、ミドルマネジャーは、期の初めに目標を設定する場合や、期の途中で目標を再考する場合には、「適度な」ストレッチを利かせることを意識するべきです。

　適度なストレッチは、部署にメリットをもたらし、部署のさまざまな活動が促進されることにつながります。しかし、「過度な」ストレッチは、最初から達成は絶対に無理だといった気持ちをメンバーに植えつけてしま

■ ストレッチを利かせるメリット

- 期末を迎える前に、目標を達成してしまって、メンバーがだらけてしまうことを回避できる
- 難しい目標をめざすなかで、メンバーの士気が高まったり、部署の一体感が生み出されたりする
- 通常のやり方では目標の達成が難しいため、新しくてより効率的なやり方が考案される可能性がある
- 難しい目標を達成することができれば、メンバーは貴重な成功体験を積むことができ、成長することができる

い、モチベーションの低下を招くことにつながります。

　そのため、簡単すぎず、難しすぎず、適度なストレッチを模索することが重要です。

図表　ストレッチのイメージ

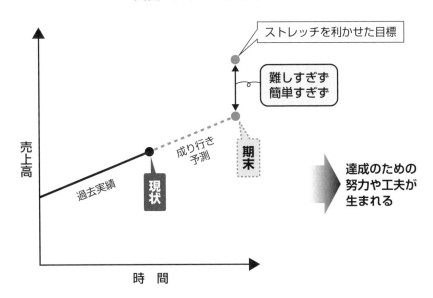

[3] 部署内で新たな知識を生み出す

　ストレッチを利かせる以外にも、部署の活動を促進する方法はたくさんあります。

　たとえば、あるメンバーが行なっている工夫を、他のメンバーも取り入れることで、部署全体のカイゼンが進むようなケースがあります。また、他のメンバーの工夫を取り入れたうえで、自分なりの工夫をさらに組み合わせることで、より大きな成果を得られる場合もあります。

　部署の中で知識（コツやノウハウなど）を共有して活用し、それをさらに深めて新たな知識を生み出していくことは、ミドルマネジャーの重要な役割です。

　部署内に新たな知識を生み出して、部署の活動を促進していく考え方として「知識創造理論」が有名です。この理論では、知識を「暗黙知」と「形式知」という2つの形態でとらえて、それらの相互作用によって、部署の活動に役立つ新たな知識が生み出されることに着目します。

■暗黙知と形式知

> 暗黙知：経験的・アナログ的で、言語化しにくい勘やコツのような知識
> 形式知：体系的・デジタル的で、マニュアルなどに明示できる知識

　部署内のメンバーの誰かがもっている業務の「コツ」は、部署内で発表される前まで、そのメンバーだけがもっている暗黙的な知識（暗黙知）です。この暗黙知をみんなの前で発表することで、コツを実践するための具体的な行動手順や考え方の背景が明らかになり、マニュアルのような目に見える知識（形式知）に変換されます。そして、部署内の他のメンバーは、そのコツについて質問したり、似たようなコツを関連して教えてもらったりすることで、業務のよりよい新たなやり方（形式知）を理解します。そして、その後の実際の業務のなかで新たなやり方を試してみることで、さらにさまざまな気づきを得て、自分なりのコツとしてよいやり方（暗黙知）を獲得することができるでしょう。

　このように、暗黙知と形式知が行ったり来たりすることで、新たな知識が生み出されていきます。

　暗黙知と形式知の相互作用は、次の4つのプロセスに区分できます。

■暗黙知と形式知の相互作用の４つのプロセス

共同化：暗黙知から新たに暗黙知を創造するプロセス
表出化：暗黙知から新たに形式知を創造するプロセス
連結化：形式知から新たに形式知を創造するプロセス
内面化：形式知から新たに暗黙知を創造するプロセス

　この４つのプロセスの一連の流れを表したものは、下の図表における欧文の頭文字から「SECIモデル」と呼ばれます。

図表　SECIモデル

出所：『知識創造企業』（野中郁次郎／竹内弘高 著、梅本勝博 訳、東洋経済新報社、93ページ）

　営業部署内の会議で、この４つのプロセスを当てはめると、以下のような流れに整理できます。

■SECIモデルによる知識創造の例

表出化：メンバーAさんが、最近成功確率が高い営業方法のコツを、部署の他のメンバーに会議の場で発表する
連結化：会議に参加しているメンバーが、Aさんのコツをさらによいものにするための意見を述べる
内面化：メンバーBさんが、Aさんのコツや関連したコツの情報を踏まえて、新たな営業方法を試してみる

共同化：Ｂさんが、今までの自分の経験と、新たな方法を組み合わせて、さら
　　　　に新しい方法を考え出す
表出化：Ｂさんが、考え出したさらに新しい方法をメンバーに会議の場で発表
　　　　する

　上記の例では、２回目の表出化以降は省略しましたが、この部署では、
メンバーＢさんの方法を参考にして、その後も連結化や内面化が続いてい
くことでしょう。
　４つのプロセスは、連続的に繰り返して行なわれるサイクルなのです。
このサイクルが勢いよく回っていけば、部署内で次々と新たな知識が創造
され、その知識を活用して、部署は目標により近づいていくことができま
す。
　営業部署を例として挙げましたが、このようなサイクルは、生産部署、
開発部署、管理部署など、いろいろな部署でつくり出し、回していくこと
ができます。
　ミドルマネジャーは、このサイクルを回すために、部署のメンバー間で
暗黙知と形式知がやり取りされる、さまざまな場面を用意しなくてはなり
ません。部署のメンバーがお互いの意見を気軽に述べることのできる会議
の場を設けたり、他のメンバーのよいやり方を参考にすることを奨励した
りするなどの配慮をしなければなりません。

［4］仮説検証サイクルを回す

　部署の活動を促進する他の方法として、「仮説検証サイクルを回す」考
え方も知られています。部署のメンバーが「仮説（きっと、そうではない
かと思われること）」を考え出す能力や洞察力を高めることができれば、
その部署はさまざまな場面で成功確率が高そうな行動をとることができる
ようになりますので、目標により近づけます。
　メンバーがよりよい仮説を考えられるようになるためには、たくさんの
仮説を考えながら、それを繰り返し「検証（実際の業務で確かめてみる活
動）」していく取り組み（仮説検証サイクルを回す）が欠かせません。
　コンビニエンスストア業界大手のセブン‐イレブン・ジャパン（以下、
セブン‐イレブン）の取り組みは、POSデータシステムを使って、仮説検

証サイクルを回し、店舗スタッフが仮説をつくり出す能力を伸ばしている事例として広く知られています。

現在のスーパーやコンビニエンスストアなどの小売店では、POSデータシステムが導入されていることが一般的です。

同システムを導入すれば、会計時にバーコードを読み取ることで、顧客に迅速かつ明朗に料金を伝えるだけでなく、小売店側がどの商品がどれだけ売れたかというデータを蓄積することができます。

セブン-イレブンでは、店舗で働くスタッフが発注を担当します。その際、仮説に基づいた発注をすることが奨励されています。

たとえば、あるスタッフが、「明日は近所の小学校で運動会があるから、お弁当がたくさん売れるかもしれない。寿司を多めに発注しておこう」という仮説を立てて、寿司を多めに発注したとします。翌日、実際に寿司が売れたかどうか（仮説が正しかったかどうか）は、POSデータシステムを用いて、すぐに検証することができます。

仮説が正しかったことを理解したスタッフは、その経験を活かして、次の仮説を立てていきます。たとえば、後日、「近所の高校で体育祭がある日に、スポーツドリンクがたくさん売れるのではないか？」という仮説を立て、そして検証します。

このような仮説検証を繰り返す（仮説検証サイクルを回す）ことによって、店舗のスタッフは、より売上を上げるために、どのような発注をすればよいのかを考える思考力や洞察力を磨いていくことができます。

このような考え方は、コンビニエンスストア以外でも活用できます。ミドルマネジャーが部署のメンバーに仮説を立てる機会を多数与えて、仮説を実践して検証していけば、メンバーの思考力や洞察力は磨かれていきますし、部署として思いもよらない新たな知見の獲得にもつながります。

目標にストレッチを利かせたり、新たな知識を生み出したり、仮説検証サイクルを回したりするなど、さまざまな方式の活用によって、部署の活動を促進することがミドルマネジャーには求められるのです。

2-9

異常事態に対応する

トラブル発生時には、メンバーの代わりに解決したり、
経営層に指示を仰いだりする

[1] 部署のメンバーが対応できない課題を引き受ける

　ミドルマネジャーは部署の目標を達成するために、部署の業務を妨げる
課題を常に解決していかなければなりません。

　ミドルマネジャーは、自身の手によって部署の課題を解決することがで
きる場合があります。

　また、部署のメンバーはもっていない権限を活用することで、課題を解
決できるような場合もあります。

　しかし、時には、ミドルマネジャー自身では解決できない課題と向き合
わなければならないこともあります。そのような場合であっても、より上
位者の介入を呼び込むなどして、課題解決のために行動しなければなりま
せん。

[2] 異常事態に介入して業務の停滞を避ける

　ミドルマネジャーは、異常事態が発生したことによって、部署の業務が
停滞してしまう状況を避けなければなりません。停滞は、ミドルマネジャ
ーの大事な役割である「部署が目標に到達すること」を阻むものだからで
す。

　そのため、異常事態が発生した場合には、経営層に部署を任されている
立場を活用して、普段メンバーに任せている役割を一時的に自分で代行す
ることや、経営層に解決策の伺いを立てることで、事態の収拾を図ってい
かなければなりません。

[3] さまざまな経験を活かして介入する

　豊富な経験は、さまざまな異常事態を解消するためのヒントになります。

ミドルマネジャーは、一般的には多種多様な経験を積んだ後に任せられるポジションなので、過去の多くの経験を活かせば、異常事態を解消し、業務の停滞を避けることができるかもしれません。

　経験がすべての異常事態の解消に役立つわけではありませんが、経験豊富なミドルマネジャーが停滞する業務に介入することによって、若手だけでは実現できないスピードや、若手だけでは思いつかない方法で、事態の収拾を図っていくことが可能になります。

［4］権限を活かして介入する

　ミドルマネジャーは、部署内でさまざまなことを判断する権限をもっています。たとえば、一定金額の経費を決済したり、メンバーの意見が異なる状況で最終的な判断を下したりすることができます。

　そのため、部署のメンバーでは実施できないような異常事態の解消策を、ミドルマネジャーならば実施することができる場合があります。

　たとえば、前例のない取引条件が提示されたときに、メンバーは交渉をまとめることができませんが、その取引条件をミドルマネジャーが判断することができるのならば、ミドルマネジャーは事態を収拾することができます。

　このように、ミドルマネジャーは自身の権限を活かして、停滞する業務に介入することも求められます。

［5］部署の責任者としてより上位の介入を呼び込む

　ミドルマネジャーは、一定の権限をもっていますが、ありとあらゆる判断を下すことができるわけではありません。

　自分が判断できない異常事態に遭遇した場合には、ミドルマネジャーは部署の責任者として、経営層や他部署に判断を仰がなければなりません。

　自分よりもより上位のマネジャーを呼び込んで、異常事態を解消することも、ミドルマネジャーにとって重要な役割です。

経営層や他部署との調整をする

部署の依頼を４つのパターンで調整し、
必要に応じて経営層や他部署に依頼する

[1] 自分の部署への依頼に対応する

　ミドルマネジャーは、部署の代表であり、経営層や他部署とつながる「ハブ」になります。そのため、部署への依頼事項の多くは、ミドルマネジャーに寄せられることになります。加えて、仮に自分の部署のメンバー宛てに経営層や他部署からの依頼があったとしても、その対応の判断はミドルマネジャーがしなければならない場合が大半です。

　また、自分の部署の先に取引先がいるようなケースでは、取引先に対しての責任者としての務めも発生します。

　それゆえ、社内外から寄せられる自分の部署へのさまざまな依頼に対して、ミドルマネジャーは対応方針を決定していかなければなりません。

　部署内に余裕があれば、メンバーに指示を出して、すぐに部署宛ての依頼に応えることができます。しかし、経営層や他部署、取引先からの依頼は、依頼を受ける側の部署の事情を考慮しているとは限りません。

　ミドルマネジャーは、自分の部署に余裕がない場合には、次の４つのパターンで依頼を調整しなければなりません。

■経営層や他部署と調整を行なう際の４つのパターン

①部署内をやりくりして依頼に応える

②依頼内容の一部変更を依頼する

③時間に猶予をもらう

④断る

　上記４つのパターンについて、くわしく説明していきます。

①部署内をやりくりして依頼に応える

たとえば、他部署に対して人手を提供しなければならない場合、とくにメンバーの指定がなければ、業務に余裕のあるメンバーに対応させることが考えられます。

しかし、特定のメンバーが名指しされるようなケースで、そのメンバーが忙しい場合などにおいては、ミドルマネジャーが調整を行なわなければなりません。

たとえば、ある業務についての依頼があり、その対応者としてメンバーAさんが名指しされた場合、Aさんが今抱えている仕事を、他のメンバーBさんが対応するように調整することができれば、Aさんは名指しされた仕事に対応する時間を確保することができるようになります。

Aさんが今抱えている仕事をBさんだけで対応することが難しい場合、Aさんの仕事を分割したうえで、BさんとCさんで対応するように調整するといったことも考えなければなりません。

このように、部署内のやりくりをすることは、ミドルマネジャーの役割の1つです。

②依頼内容の一部変更を依頼する

たとえば、前述した例のように、ある業務についての依頼があり、その対応者としてメンバーAさんが名指しされた場合、依頼元に対してAさんが多忙であり、代わりにBさんであればすぐに対応可能であることを伝え、同意を取りつけるような調整も考えられます。

ミドルマネジャーが運営する部署にもさまざまな事情がありますから、経営層や他部署、取引先からの依頼にすべて応えられるとは限りません。

そのため、応えられる範囲の依頼内容への変更をお願いすることは、重要な調整方法です。依頼事項の中で相手の重要度が高い部分はどこかを確認しながら、一部を変更したうえで対応していくことができるように調整することは、ミドルマネジャーの役割の1つです。

対応者に関する調整のほか、数の調整（たとえば、100個の納入を依頼されたが、今回は80個で我慢してもらう）、質の調整（たとえば、A品質ではなく、一旦、B品質を受け入れてもらう。赤色を希望されたが、青色の納入を打診する）など、実際のビジネスシーンでは、さまざまな変更・調整の可能性があることから、うまく折り合いをつけることが求められます。

③時間に猶予をもらう

　②の一形態ですが、とくに時間に関して調整をすることが多々ありますので、別立てにしました。部署に舞い込んでくる依頼事項のうち、時間に猶予をもらえれば対応できることは少なくありません。たとえば、メンバーAさんが、今すぐ対応することは難しくても、対応するタイミングを来週などにしてもらうことで、Aさんが対応可能となるのであれば、そのように調整して依頼元の了承を取りつけることが考えられます。

　このように、部署への依頼について、スケジュール調整のやりくりで乗り切っていくことは、ミドルマネジャーの役割の1つです。

④断る

　勇気が必要となる対応ですが、依頼事項への対応によって自分の部署が現在抱えている業務に適切な対応をすることが難しくなるのであれば、その事情を説明して、依頼を断ることも時には必要です。

　中途半端に依頼を受けてしまって、元々の業務も、依頼事項も、不十分な対応しかできなくなるくらいであれば、前もって依頼を断ってしまったほうがよいかもしれません。たとえば、ある部署から人手を求められたときに、対応が難しいとすぐに断れば、依頼元は別の部署に対して支援を依頼するように調整し、必要なタイミングまでに人手を確保することができるでしょう。

　時に、依頼事項を断ることもミドルマネジャーには求められるのです。

［2］経営層や他部署へ依頼する

　ミドルマネジャーは、経営層や他部署から依頼を受けるだけでなく、逆に、経営層や他部署に対して依頼をすることもあります。

　予算や人手に関することは、典型的な経営層や他部署への依頼事項です。助けを受けられなければ、部署の運営に重要な支障をきたす場合には、遠慮せずに依頼をすることが重要です。なお、依頼する際には、なぜ依頼をしなければならないのかを明確にし、依頼する事項の優先度などを明らかにしておくことが、ミドルマネジャーには求められます。

　自身が依頼を受ける立場になって考えて、相手が依頼に応えやすいように配慮しながら伝えることが大切です。

第 3 章

プロジェクトリーダーのマネジメント

3-1

部門横断で課題を解決する
プロジェクトチーム

企業の経営課題に対して、既存の組織の枠にとらわれず、
必要なメンバーを集めて課題解決にあたる

[1] プロジェクトチームが注目される3つの理由

　近年、企業では特定の経営課題を、第2章で紹介したような定常的な組織ではなく、新たにチームを結成して課題解決にあたるケースが増えています。このようなチームは通常、期間限定で結成されることが多く、一般的には「プロジェクトチーム」、あるいは「プロジェクト組織」、「タスクフォース」などと呼ばれています。

　なぜ、近年になって、このようなプロジェクトチームが注目されるのでしょうか。よく耳にする理由は、次の3つです。

①スピード

　一時的に従来の組織構造から外れて動くプロジェクトチームをつくることで、特定の課題に対して柔軟に、かつスピーディーに対応できることが挙げられます。

②全体最適

　多くの企業で「セクショナリズム」が課題解決の障害になっています。組織の壁が原因で、部門をまたぐコミュニケーションがほとんどとれていない例や、各部門が自部門にとっての最適解を重視するあまり、全体最適な解とは異なる意思決定を行なっている例も数多く見受けられます。

　プロジェクトチームに課題解決策の作成を委ねることによって、全体最適な打ち手を構築したいという背景が挙げられます。

③創造性

　定常的な組織では、業務内容や仕事をする相手が固定化して「効率的に仕事を進める」ことに意識が集中してしまいがちですが、ゼロベースで課題解決を検討しなければいけないプロジェクトチームでは、既成概念にと

らわれずに解決策を検討することができます。

[2] プロジェクトチームの2つの課題

このように、プロジェクトチームには定常的な組織では得られないメリットがあるわけですが、それだけに乗り越えなければならない課題もあります。それは大別すると、次の2点となるでしょう。

①不確実性

定常的な組織の場合、構成員も固定的であり、役割分担も明確です。

一方、プロジェクトチームの場合、業務も定型的なものではなく、参加メンバーの役割分担も必ずしも明確でないことも多く、その場その場で柔軟に対応することが求められます。

場合によっては、ゴール設定すら環境変化に応じて変化させなければならないこともあります。

このように、不安定で不確実な状況をマネジメントして成果を出すことが求められます。

②ダイバーシティ

プロジェクトチームでは、多様な部署からメンバーを集めてメンバー編成が行なわれます。さらには、最適なスキルやノウハウをもった人材をアサインするということで、社内だけでなく社外メンバーも一緒に参加する混成チームとなることも珍しくありません。組織文化がバラバラなメンバーによって構成されるだけに、年齢や性別といった目に見える多様性（表層的ダイバーシティ）だけではなく、価値観や志向性といった外見だけではわかりにくい多様性（深層的ダイバーシティ）も増大します。

ダイバーシティは、うまくマネジメントできれば創造性の発揮につながりますが、従来の日本型組織にはなかったマネジメント方法が必要になります。定常的な組織の中であれば、いわゆる「あうんの呼吸」で通じていることが、プロジェクトチームでは通用しなくなるということです。

このように、プロジェクトチームは、環境変化の激しい今の時代には不可欠な手法ですが、それだけに乗り越えなければならない今日的な課題もあるものです。次節以降では、プロジェクトチームのマネジメント方法について考えていきましょう。

3-2

プロジェクトチームのリーダーと
定常的な組織のマネジャーとの違い

プロジェクトチームのリーダーには
「リーダーシップ」と「ファシリテーション」が求められる

[1] プロジェクトチームのリーダーの特徴

　定常的な組織のマネジャーもプロジェクトチームのリーダーも、組織の長として第2章で説明した「(A)部署に向けられた期待を理解し、期待達成に必要な活動を考える」「(B)部署のメンバーの活動を活性化する」「(C)経営層と業務の最前線で働く部署のメンバーをつなぐ」という3点の役割は変わりません。

　ただ、一般的に組織の特性の違いから、プロジェクトチームのリーダーには「リーダーシップ」と「ファシリテーション」という機能が、定常的な組織のマネジャーより強く求められることが特徴です。

[2] 「アドミニストレーション」と「リーダーシップ」

　組織の長に求められる機能には、「アドミニストレーション」と「リーダーシップ」の2つがあります。

　前者は組織の規模が拡大し、複雑性が増していくなかで、組織の秩序を維持し、効率的な組織運営を推進することであり、日本語の「管理」に近い概念です。

　後者は変化の激しい外部環境に適応し、組織内部の変革を推進することです。

　前者を「守り」、後者を「攻め」とたとえることもできるでしょう。戦いに「守り」も「攻め」も必要なように、組織運営もどちらか一方だけでは足りず、両方兼ね備えるのが理想です。ただ、既存の組織では達成しづらい課題に取り組むプロジェクトチームの運営には、より組織変革に必要な「リーダーシップ」機能が求められるわけです。

図表 「アドミニストレーション」機能と「リーダーシップ」機能

	アドミニストレーション機能	リーダーシップ機能
概要	複雑な業務を効率化する	組織の変革を推し進める
前提	安定的な事業環境	変化の激しい事業環境
	未来の予測は比較的容易 →精度の高い計画を策定可能	未来の予測は困難 →精度の高い計画の策定は困難
具体的行動	計画立案と予算設定 成果達成のためのくわしいステップと予定表をつくり、必要な資源を割り当てる	方向・針路の設定 将来へ向けたビジョンをつくり、ビジョンを達成するための戦略を設定する
	組織化と人材配置 ・組織構造を作り、適切な人材配置を行ない、計画遂行の責任と権限を割り当てる ・フォーマルな階層を通して動く	組織メンバーの心を統合 ・組織メンバーの心を統合し、協力を求めるべき人材に対して進むべき方向を言葉と行動で伝え、協力関係をつくる ・インフォーマルな人間関係に依存する
	コントロールと問題解決 詳細に計画・実績をモニターし、逸脱に対する問題解決の計画化・組織化を図る	動機づけと啓発／支援 変革に抵抗する政治的、官僚主義的、資源的障害を乗り越えられるよう人材を勇気づける

出所:『企業変革力』(ジョン・P・コッター 著、梅津祐良 訳、日経BP、53ページ) をもとに作成

図表 「アドミニストレーション」機能と「リーダーシップ」機能が必要な局面の違い

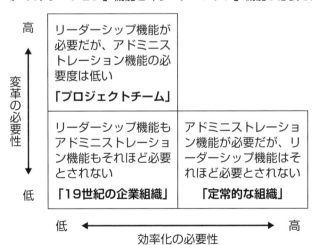

[3] プロジェクトチームのリーダーにはファシリテーション能力が求められる

　ルーティン業務をこなす組織の場合、組織の長にはメンバーよりもその業務に精通していて、メンバーに対して適切な指示命令を出すことが求められます。

　しかし、組織として解をもち合わせていないタスクに対して、メンバーのノウハウを結集して対処しなくてはいけないプロジェクトチームのリーダーには、メンバーが主体性・創造性を発揮できるように協働を促進する能力が求められます。これは「ファシリテーション能力（機能）」と呼ばれています。

図表　プロジェクトチームの特徴

	プロジェクトチーム	定常的な組織
組織形態	フラット・柔軟	ピラミッド・固定
意思決定のスタイル	民主的・自由闊達	権威的・上意下達
業務	非定型・クリエイティブ	定型・ルーティン
役割分担	曖昧	明確
情報・ノウハウ	リーダーが優位とは限らない	リーダーが優位
組織への参加	自発的	強制的
求められる組織の長	ファシリテーション能力が高い人 メンバーが主体性・創造性を発揮できるよう協働を促進することができる人	業務処理能力が高い人 誰よりも業務に精通していて、優れた思考能力をもって意思決定し、指示できる人

[4] ファシリテーションに必要な３つのスキル

　ファシリテーションを行なう人を「ファシリテーター」と呼びます。『ファシリテーター型リーダーの時代』（フラン・リース 著、プレジデント社）によると、ファシリテーターとは「中立的な立場で、チームのプロセスを管理し、チームワークを引き出し、そのチームの成果が最大となるように支援する人」と定義されています。

　ファシリテーターは、単なる会議の司会役ではなく、メンバーが各人の

主体性・創造性を発揮し、協働して課題解決に取り組むプロセス全体にかかわります。ファシリテーター本人は、解をもち合わせているわけではないのですが、メンバーとプロセス全体をマネジメントすることで解を導出していきます。

ファシリテーションに必要なスキルは、次の3つです。

■ファシリテーションに必要な3つのスキル

①プロセスをデザインするスキル
②コミュニケーションを促進するスキル
③コンフリクトを解消するスキル

①は、チームが成果を達成できるようなプロセスをデザイン（設計）するスキルです。

②は、メンバーの参加意欲を高め、議論をかみ合わせるように介入することによってコミュニケーションを促進するスキルです。とくに、メンバーが集まって知識を創造する場におけるコミュニケーションの促進が重要になってきます。

③は、コンフリクト（対立・衝突）を解消し、創造的な解決策を導出するスキルです。

[5] CFTのリーダーにとくに求められる3つの役割

とくに、全社的活動については、部門横断型のプロジェクトチームを結成するケースが多く、「クロスファンクショナルチーム（CFT）」と呼ばれています。以下では、プロジェクトチームの代表例として、CFTに焦点を当てて、そのマネジメント方法について説明していきます。

部門横断型のCFTは、全社的活動として活用されることも多く、それだけに複雑性があります。したがって、CFTのマネジメント方法が理解できれば、あらゆるプロジェクトチームに応用可能と言えるでしょう。

ここまでの説明を踏まえて、本章ではCFTのリーダーにとくに必要な役割を3つに分けて整理して、次節以降でくわしく見ていきます。

第3章 プロジェクトリーダーのマネジメント

91

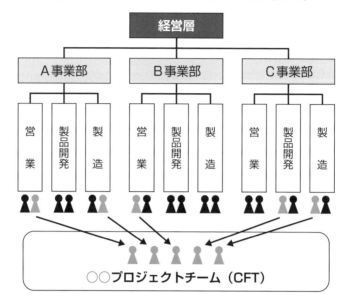

図表　クロスファンクショナルチーム（CFT）

■ CFTのリーダーにとくに必要な３つの役割

1．プロセスを設計する
  ● 目標を設定し、具体化する
  ● メンバーを選定する
  ● マイルストーン（中間目標）を設定する
  ● 場を設計する
2．場のコミュニケーションを促進する
  ● 参加意欲を高める
  ● 議論をかみ合わせる
3．コンフリクトを解消する

3-3

目標を設定して具体化する／メンバーを選定する

メンバーのコミットメントを高め、当事者意識をもってもらう

[1] CFTが「笛吹けども踊らず」の状態になる理由

　第2章で説明したように、組織の長は組織の目標を設定して、具体化する必要があります。CFTによっては、事前に経営層が目標を設定しているケースもあるでしょう。ただ、目標が社長、経営スタッフ（本社スタッフ）、またはプロジェクトリーダーの意気込みを示すだけのものになっており、「笛吹けども踊らず」の状態になっているCFTをよく目にします。

　これは、定常的な組織と比較して、結成当初のCFTの場合、そのテーマについて当事者意識をもっていないメンバーが多いことが1つの原因です。

　そのようなメンバーに、プロジェクトの目標の背景に関する十分な説明もなく、プロジェクトをスタートさせるのは危険です。メンバーがその目標を自分事として受け止め、チーム一丸となってその実現に向けて取り組むことが成功への原動力となるのです。

　経営スタッフが、プロジェクトの目標の背景にある分析や戦略の作成、経営層への報告で精力を使い果たしてしまい、組成されたプロジェクトのメンバーへの伝達がおざなりになっているケースもありますが、こうした事態はプロジェクトリーダーが主体的に関与して避けなければいけません。

　では、メンバーがCFTの目標を自分事として受け止めるようになるには、どうしたらいいのでしょうか。

[2] メンバー本人の参画度を高める

　まず、メンバー本人の参画度を高めることが挙げられます。そのために、目標が設定された背景をできる限り開示することです。社内外のアンケート結果やヒアリング結果、財務分析の結果などを、メンバーが実際に目にすることによって危機感が醸成されていくこともあります。自分の業務に

関連するデータには日々触れていても、会社の外部環境と内部環境を俯瞰的に把握しているメンバーは決して多くはないのが現状です。

図表　絵に描いた餅を脱却し実行される目標へ

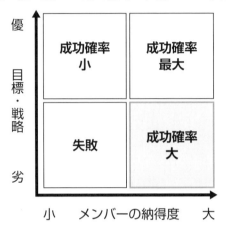

出所：『ファシリテーションの技術』（堀公俊 著、日本ファシリテーション協会 監修、PHP研究所、59ページ）をもとに作成

　最近では、さらに踏み込んで、後ほど説明するワークショップの手法などを用いてメンバーに目標設定のプロセスを経験させたり、メンバー全員で議論して目標を設定したりするケースもあります。この場合、必要なデータは事前にリーダーが事務局を使って準備しています。自分で目標設定のプロセスを体験することによって当事者意識は増しますし、自分自身で決めた目標なら、その目標へのコミットメントは強くなるでしょう。

図表　目標へのメンバーのコミットメントを強める

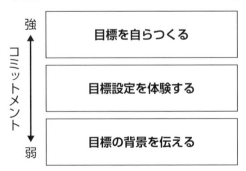

[3] 経営トップのCFTへの協力を取りつける

次に、経営トップのCFTへの協力を取りつけることが挙げられます。CFTのメンバーが目標にコミットする代わりに、トップからCFTへの権限委譲やCFTの答申実行へのコミットを取りつけることができればベストでしょう。

同様に、メンバーが所属する部署の上司からも協力を取りつけておくべきです。CFTのリーダーは定常的な組織のマネジャーに比べ、自身のライン以外の人たちから協力を取りつけなければなりません。そのため、インフォーマルな人脈を構築する必要性がより高いと言えます。

[4] CFTではより柔軟にメンバーを編成できる

固定化されたメンバー内で役割分担をする定常組織と比較し、CFTはより柔軟性があるのが特徴です。そのため、CFTでは、必要に応じて臨機応変にメンバーを選定するのも重要なリーダーの役割であると言えます。一時的に外部の有識者を巻き込むケースも見られます。ただし、メンバーの入れ替えにはコミュニケーションに費やす時間が長くなるなどのデメリットもあるので、ただ入れ替えればいいというわけではありません。

また、役割分担が曖昧なCFTでは、より自律した人材がメンバーに適していると言われています。昨今ではメンバーを公募し、参画意欲の高いメンバーを採用するケースもあります。

マイルストーン(中間目標)を設定する

チームの発展段階に応じた目標を設定する

[1] 精緻なスケジュール管理ができない場合はどうするか？

　CFTのミッションによっては精緻なスケジュール管理に適さないものもあるでしょう。細かい計画までは落とし込めなくても、ある程度のマイルストーン（中間目標）を設定しておくことは必要です。

[2] チームの発展プロセス

　マイルストーンを設定するうえで1つの目安になるのが、チームの発展プロセスです。所属部署がバラバラのメンバーを集めたCFTでは、チームが機能するまでに、ある程度の時間を要するのが一般的です。

図表　チームの発展プロセス

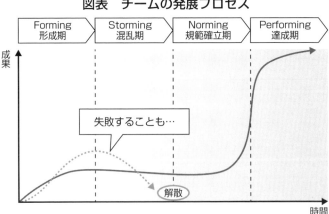

①形成期：メンバーが顔合わせする段階
　　　　⇒この時期に目覚しい成果を期待してはいけない
②混乱期：互いの主張がぶつかり合い緊張、衝突が起こる段階
③規範確立期：衝突が一段落しチームの規範がつくり出される段階
④達成期：集団として機能し成果の出る段階

出所：『経営革命大全』（ジョセフ・ボイエット／ジミー・ボイエット 著、金井壽宏 監訳、大川修二 訳、
　　　日経BP 日本経済新聞出版、167〜170ページ）をもとに作成

チームは「①形成期（Forming）」「②混乱期（Storming）」「③規範確立期（Norming）」「④達成期（Performing）」という4段階に分けて発展すると言われています。

このモデルは、チームが高い成果を上げるのは「④達成期」で、それまで時間がかかることを示唆しています。CFTのリーダーは、「②混乱期」をいかに素早く乗り越えて行動規範の統一を図るかを考えなければいけません。これらの段階を踏まず、拙速に成果の創出をめざすと「④達成期」に移行する前にチームが機能しなくなることもあるので注意が必要です。

[3] 行動規範の統一に重要なリーダーの中立性と全社視点

状況は企業によって異なると思いますが、社内コミュニケーションの悪さやセクショナリズムは多くの日本企業で見られる課題です。複数の部署にヒアリングを実施すると、お互いに自部署の正当性を主張し、他部署を非難し合う構図に遭遇することがしばしばあります。

CFTでは、そのような意識が前提にあるメンバーが1箇所に集まるマイナスからのスタートである場合も多いので、これらの意識を調整して正しい方向に向けることがリーダーの重要な役割になります。

図表　メーカーにおける部門間の対立イメージ

製品開発	営　業
「うちの製品はどこにも負けないんだが、営業が売ってこないんだ」 「CMはタレントばかり目立って、製品のよさが伝わらない」	「俺たちは死ぬ気でがんばっているのに、製品が悪い。あんなもの売れるか！」 「CMも話題にはなるんだけど、売上に貢献していないんだよな」
自部門の正当性を主張し、他部門と非難し合う構図 →これらを調整し、正しい方向に向けるのがリーダー	
「オレのつくったCMは超イケてるのに、なぜ売れないんだろう。まあ、興味ないけど」	「製品にこだわるのはいいけど、不良率が高い。つくる身にもなってほしい。あんなにたくさんの機能が必要なのかな」
宣　伝	製　造

そのためには、CFTのリーダーが、どこかの部門の利益を重視する代表者ではメンバーが納得するはずもありません。リーダーが率先して全社的な視点で物事を考える習慣を身につけ、チームの規範を体現することが第一歩となります。

　顧客も、経営者も、部署の論理に興味はありません。全社的な視点で物事を考えることは、企業の経営課題を解決するうえで、もっとも重要なポイントでもあるのです。逆説的ではありますが、CFTに参加することは全社的な視点で物事を考えるトレーニングにもなるので、経営幹部育成の目的でCFTを組成する企業も増えています。

[4] 企業変革の発展段階

　プロジェクトの目的が企業変革の場合、ジョン・P・コッターが提唱した「企業の変革推進の8段階のプロセス」と、それぞれのプロセスの落とし穴を参考にマイルストーン（中間目標）を設定するとよいでしょう。

　とくに、他の業務との兼任で参加することが多いCFTの場合は、メンバーが職場でプロジェクトに参加しやすい環境をつくる意味でも、メンバー自身のモチベーションを維持する意味でも、スピーディーに小さな成功を積み重ねることが重要になります。

　そこで、プロジェクトで取り組むテーマの設定時にわかりやすく成果が出やすいテーマをいくつか意図的に組み込むケースもあります。

図表　企業の変革推進の8段階のプロセスと落とし穴

変革推進の8段階のプロセス	各プロセスにおける落とし穴
1. 危機意識を高める	①現状満足、あるいは自分1人が何を言っても始まらないというあきらめ感が大勢を占める
2. 変革を推進していくための推進チームを築く	②個々人は危機意識を抱いていても、それが組織的につながらず具体的な活動にならない、あるいはチームは発足されたが、人選ミスにより信頼関係が構築されない
3. ビジョンと戦略を生み出す	③ビジョン策定に討議を尽くさなかった、あるいは現場を知らない人間だけでビジョンをつくり上げた結果、百花繚乱で焦点がぼやけ、中途半端なものができる
4. 変革のためのビジョンを周知徹底する	④組織に革新の機運が高まっても、各自の考える革新の方向が分散しているため、かえって動きがとれなくなる
5. 従業員の自発を促す	⑤評論家ばかりで当事者がいない（自分の業務の範囲でしかものごとを考えない、やろうとしない）
6. 短期的成果を実現する	⑥「変革は成功している」ことを計画的にアピールしないために、みんながその有効性に疑問・不審を感じている
7. 成果を活かして、さらなる変革を推進する	⑦企業変革の道に終着点はあり得ないが、そこに到達したかのようにアナウンスしてしまった（反対勢力の静かな復活）
8. 新しい方法を企業文化に定着させる	⑧行動も態度も変わり実績も向上したが、組織に浸透した行動規範・価値観のパワーを過小評価し、さらなる努力を怠る

出所：『企業変革力』（ジョン・P・コッター 著、梅津祐良 訳、日経BP、45ページなど）をもとに作成

3-5

場を設計する

報告・伝達に留まらず、新しい知識が創造される「場」を設計する

[1] 伝達・報告会議とワークショップ

　企業や部署によって差異はあると思いますが、定常的な組織の会議は、知識・情報・指示の一方的な伝達であることが多いのではないでしょうか。

　これに対して、新たな解決策など新しい知識の創造を必要とするCFTの会議では、そのような伝達会議や報告会議とは異なる形式が求められます。新たなアイデアや知恵を創出する、このような場は「ワークショップ」と呼ばれています。

　伝達・報告会議が不要なわけではありません。しかし、メンバーが物理的に離れていることが多いCFTの場合、伝達・報告のために物理的な場所を共有していたのでは非効率的です。そのような会議はメール・チャットやリモート会議で代替し、みんなが顔を合わせる会議では議論や知恵の創造を行なうほうが効率的です。

図表　ワークショップとは何か？

本来の ワークショップ の意味	ビジネスにおける ワークショップ とは？
機械や工具を用いて 新たなモノが生み出される 「工房」	アイデア・知識を用いて 新たな知識が生み出される 「知識の工房」

本書でのワークショップの定義

参加メンバーが主体的にアイデア・知識をもち寄って
お互いに触発し合って、腹に落ちる解決策や指針を創造する「場」

ワークショップの参加者には、伝達会議のような「教える」→「教わる」という一方的な関係ではなく、全員が「教え合い・教わり合う」対等の関係であることが求められます。また、ワークショップは企業の会議ですから、限られた情報と時間の中で、その会議の目的を達成した成果物が求められます。

　したがって、企業におけるワークショップでは、議論を円滑に進めて成果物を出すために、単なる司会者を超えたスキルをもつファシリテーターが必要になります。

　近年、こうしたワークショップなどの会議体（特定の目的のために複数回設定される会議）は、GE（ゼネラル・エレクトリック）や日産自動車などで活用され、組織変革を成功させた事例も出てきており、組織変革を成功させるための重要な「場」として認知されるようになっています。

　これは、部署や階層の壁を越えて社内の創造的な知恵を結集することが組織変革を成功させるために必須だからでしょう。

[2] ワークショップを設計する

　ワークショップは、どのように設計すればいいのでしょうか。「漠然と会議が始まり、なんとなく話をして会議が終了する」というようなことを避けるためには、次の5つの要素をきちんと押さえる必要があります。

■話し合いの場の設計に必要な要素

1. **目的**：何を話し合うために集まっているのかを認識する
2. **ゴール**：できるだけ具体的に話し合いのゴールを明確にする
3. **プログラムデザイン**：スケジュール・時間配分なども含め、どのような手順に沿って話し合いを進めるのかを明確にする
4. **出席メンバー・役割分担**：適切な人数と実行力をともなったメンバーが参加するように設計する。必要に応じて事前の根回しも実施する
5. **ルール**：円滑に話し合いを進めるためにこだわるべき点を、守るべき規範として定める

図表　ワークショップのプログラムデザイン

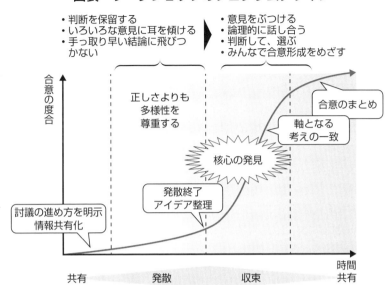

・判断を保留する
・いろいろな意見に耳を傾ける
・手っ取り早い結論に飛びつかない

・意見をぶつける
・論理的に話し合う
・判断して、選ぶ
・みんなで合意形成をめざす

正しさよりも
多様性を
尊重する

合意のまとめ

軸となる
考えの一致

核心の発見

発散終了
アイデア整理

討議の進め方を明示
情報共有化

合意の度合

時間

共有　　　発散　　　収束　　　共有

上記を踏まえたプログラム例

1日目

プロセス	実施内容	狙い
オープニング	趣旨、目標、進め方、ルールの確認	全体像を理解する
雰囲気づくり	自己紹介 簡単なグループワーク	雰囲気を和らげる 相互理解を深める
問題共有	インタビューサマリー報告 討議「所長業務の実態と問題点」	問題意識を持つ みんなの意見を 存分に出し切る
方向性探索	討議「所長のあるべき役割とは？」	方向性を想起する 思いを1つにする
	営業部長講話	
	懇親会	

2日目

プロセス	実施内容	狙い
論点の絞込み	昨日の振り返り 他社事例紹介 討議「所長のあるべき役割とは？」	視点を変える 核心を見つけ出す
具体策の創出	討議「所長のなすべき活動とは？」	触発を引き出す アウトプットを出す
まとめ	決定項目の確認 全員でひと言ずつ	討議成果を確認する 気づきを分かち合う

出所：『ファシリテーションの技術』（堀公俊 著、日本ファシリテーション協会 監修、PHP研究所、201ページ）をもとに作成

■ワークショップのルールの例

☆本日のお約束☆

- 人の意見をさえぎらずに最後まで聞こう
- ただ演説するような、長時間の発言は厳禁。1人1分を目安に
- 役職や立場にとらわれずに自分の意見をしっかり表現しよう
- 部門や専門分野の縄張りは捨てよう
  ⇒「会社全体がよくなる」、「お客様が満足する」ことが目的
- 反論はOK
- 反論している人の目的は「私たちがよりよい成果を上げるため」と
  考えよう
- 愚痴は今晩、居酒屋で。ここでは不平・不満を改善提案に昇華させよう
- 携帯電話は切る。出ない。私たちは今、共同で「成果物」を製作中
  ⇒その代わりに1時間ごとに休憩をとる

　プログラムデザインの前提となる基本的な考え方は、前述したチーム（CFT）の発展プロセスと似ています。これは、期間の長短、求められる成果物のレベルの差こそあれ、「バラバラな集団が、それぞれの知識をもち寄って一定期間内にチームとしてまとまって成果物を創出する」という意味でワークショップとCFTは共通しているからです。この意味で、ワークショップはCFTの凝縮版という見方もできます。

　プログラムの大きな流れは、①話し合える雰囲気づくり、②必要情報のインプット、③問題意識の発散と共有、④論点の絞り込みと成果の創出、⑤自分たちの成果の確認となります。

　ワークショップの時間に余裕がある場合は、ルールをメンバーに作成してもらうこともあります。具体的には、ワークショップのプログラムの一環として、ワークショップの冒頭に、メンバー間で必要なルールについて簡単なグループワークを行なって検討してもらいます。このグループワークは、場の雰囲気を和らげ、本題の検討を実施する準備づくりの役割も兼ねています。

[3] ワークショップでの工夫

①話し合いの場づくりの工夫

物理的な椅子や机の配置によっても話し合いの雰囲気は変わってきます。

図表　ワークショップを行なうときの椅子や机の配置例

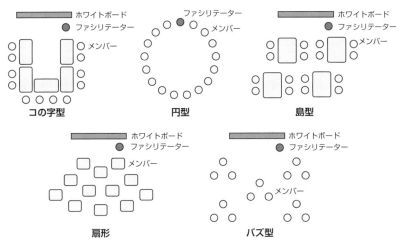

出所：『チーム・ビルディング』（堀公俊・加藤彰・加留部貴行 著、日経BP 日本経済新聞出版、63ページ）をもとに作成

②アイスブレイク

ワークショップで初めて会うメンバーが多いときには、緊張してコミュニケーションが活性化しないケースが散見されます。

時間の限られたワークショップでは、そのような状況を避け、短時間で話し合う雰囲気がつくれるような「アイスブレイク」と呼ばれるアクティビティを行なうことがあります。アイスブレイクの例としては、自己紹介に併せて最近のマイブームを紹介することやミニゲームなどが挙げられます。

[4] 知恵の創出だけでなく、意思決定までも行なう「ワークアウト」

ワークアウトは、GE（ゼネラル・エレクトリック）が1980年代末から実施した会議体で、同社の官僚的社風の打破に貢献したとされています。その場で創出した課題解決案について、意思決定者がその場でイエスかノ

ーか（採択か非採択か）を即断即決します。意思決定まで踏み込むかどう
かが単なるワークショップとの違いです。

図表　ワークショップとワークアウトの違い

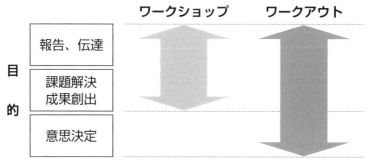

※上記のほかに「人材育成」目的でワークショップ、ワークアウトを行なう場合もある

図表　ワークアウトのプログラムイメージ

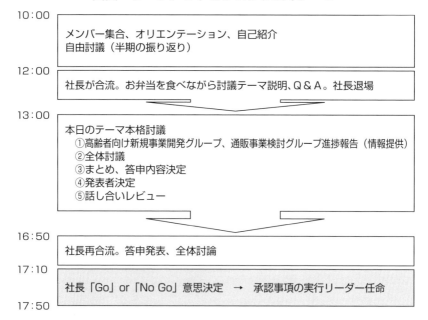

3-6

メンバーの参加意欲を高める

メンバーの主体的な参加を促し、多様な意見を引き出す

[1] 協働を促進するために必要なこと

　CFTのリーダーは、チームで解決策を話し合う「場」において、メンバーから多様な意見や視点を引き出し、メンバーが共通の目的に向かってお互いに触発し合って、創造的な成果物を導出するように協働を促進する必要があります。

　そのためには、「①メンバーの参加意欲を高める」「②議論をかみ合わせる」必要があります。②の議論をかみ合わせる方法については次節で解説しますので、まずは①のメンバーの参加意欲を高める方法を紹介します。

[2] メンバーの参加意欲を高める方法

　メンバーの参加意欲を高めるには、まず、リーダーはメンバーが主体的に議論に参加するように、「傾聴」を活用して議論への参加を促します。

　次に、そのような環境を維持するために、発言に踏み切れない人にきっかけを与える、公平な発言機会をつくる、個人攻撃から発言者を守るなどの介入を行ないます。

　最後に、「質問」を上手に活用し、議論の発散、収束を促進します。会議でよく目にする評論ばかりで後ろ向きな議論が続く会議も、質問によって前向きな議論に変えることができます。

図表　メンバーが主体的に議論に参加できるような環境を維持する介入例

発言に踏み切れない人にきっかけを与える介入例	✓　「○○さんも何かご意見があるのではないですか？」 ✓　「その論点に関して○○さんは賛成ですか？」 ✓　「この論点に関しては、まず、全員の意見を一通り聞いてみましょう」
公平な発言機会をつくる介入例	✓　誰かが発言しているのをさえぎる人がいた場合 「××さん、ちょっと待ってください。○○さんのご意見はとてもいい視点ですので、もう少し聴いてみましょう。○○さん、続けてください」 ⇒○○さんの意見が終わった後 「では××さん、先ほどおっしゃりたかったことを話していただけますか？」 ✓　場のルールとして「人の意見をさえぎらずに最後まで聞こう（ただし、演説はダメ。発言者も１分以内で発言しよう）」という項目をつくっておく ⇒それでも誰かが意見をさえぎったら 「××さん、人の意見は最後まで聞くルールですよね。ちょっと待ってください」
個人攻撃から発言者を守る介入例	✓　誰かのアイデアへの批判が出た場合 「ちょっと待ってください。○○さんのアイデアも他のアイデアと同じくらい重要だと思いますよ」 ✓　アイデア出しの時間帯の冒頭に 「これからはアイデア出しのフェーズです。どんな意見も歓迎します。これからしばらくは人のアイデアへの批判はなしです。批判してしまった人は罰として新しいアイデアを出してくださいね」

図表　開いた質問と閉じた質問の使い分け

開いた質問	閉じた質問
質問に対する答え方が決まっておらず相手が自由に答えられる質問	はい・いいえなど、答えが限定される質問
・たくさんの情報がほしいとき ・相手に考えさせたいとき ・話や発想を膨らませていきたいとき	・相手の口が重いとき ・答えや論点を絞り込むとき ・曖昧な発言のポイントを絞るとき ・決断を迫るとき ・確認をするとき
「皆さんのアイデアを聞かせてください」 「どこに原因があるのでしょうか」 「具体的にはどういうことですか」 「それを解決するにはどうすればいいと思いますか」 「誰の助けがあればそれは実行できますか」 「×××という視点からはどうですか」	「このアイデアを採用しますか？」 「原因はリーダーにあると思いますか？」 「具体的には○○○○という事例が考えられますか？」 「それを解決できると思いますか？」 「それは１人でできますか？」 「△△ということをおっしゃっていますか？」

出所：『ファシリテーション入門』（堀公俊 著、日経BP 日本経済新聞出版、98ページなど）をもとに作成

図表　後ろ向きな議論を前向きな議論に変える質問例

将来に向けての質問をする	・できない理由を述べる人がいた場合「これからどうすれば、できるようになるでしょうか？」 ・過去の失敗について評論する人がいた場合「その失敗を繰り返さないために、私たちは何をするべきでしょうか？」
可能性を開く質問をする	・現在出ているアイデアでは議論が煮詰まって議論が後ろ向きになりかけた場合「これまで出てきたアイデアのほかに、何か方法はありませんか？」

また、自身の主張や質問により、他のメンバーが萎縮してしまわないように注意を払うことも大切です。

図表　自分の主張や質問により他のメンバーが萎縮しないための工夫

主語を「私たち」にする	・「あなたは今後どうするつもりなのですか？」 ⇒「私たちは今後どうすればよいでしょうか？」
一致できる点を強調する	・「○○という点であなたとは意見が違います」 ⇒「あなたの意見とほとんど同じなのですが、1つだけ違いがあるとすれば○○という点です」
ポジティブなコメントにする	・「営業の努力はわかります。しかしながら…」 ⇒「営業の努力には感謝します。加えて…があると、さらにありがたいです」
人ではなく行為を責める	・「なぜ、事業部はその機能をつけなかったのですか？」 ⇒「何が原因でその機能はつけられなかったのでしょうか？」
ソフトに主張する	・「あなたの意見は間違っている」 ⇒「私はあなたとは少し違った見方をしています」
肯定的な質問をする	・「どうして製造不良が解消されないのですか？」 ⇒「どうすれば製造不良が解消されるのですか？」

3-7

メンバーの議論をかみ合わせる

多様な意見を整理してまとめる

[1] 議論をかみ合わせる方法

　それでは、前節で触れた協働を促進するために必要な「議論をかみ合わせる」方法について整理して説明します。

　第1に、場の設計でデザインしたプログラムに沿って、「今、何について話し合っているのか」を常に意識します。議題とズレた意見が出たときに修正するだけでなく、時折、話し合いの経緯を振り返るのもいいでしょう。

　第2に、論理的でない発言に対しては、曖昧な発言を明確にする、根拠を探る、主張を引き出すなどの介入を行ないます。このテーマについてはロジカル・シンキングやクリティカル・シンキング関連の書籍が数多く出版されていますので、ここでは詳説はしませんが、CFTでとくに問題になるコミュニケーション上の留意点を1つだけ紹介します。

　CFTのメンバー同士は、バックグラウンドや専門分野、関心領域が異なるケースが多く見られます。この場合、あるメンバー自身の意見の前提となる情報を、そのメンバー自身では当たり前だと思っていても、他のメンバーが知らないケースや、使用している言葉の定義が異なることも散見されます。

　これは、サッカー選手が所属チーム内でチームワークについて議論する場合と、野球選手、ラグビー選手、アメリカンフットボールの選手と一緒にチームワークについて議論する場合とでは、必要となる情報量が異なるのと同じです。

　第3に、議論内容の可視化です。たとえば、ホワイトボードや模造紙、時には付箋を使って記録していくことで議論をかみ合わせることができます。具体的な技法については『ファシリテーション・グラフィック（初版）』（堀公俊／加藤彰 著、日経BP 日本経済新聞出版）が参考になるでしょう。議論を可視化することは、次のようなメリットがあります。

■ 議論内容を可視化するメリット

1. 話し合いの流れ、議論のポイントをわかりやすく示すことができる
2. 議論のポイントに意識を集中させることができる
3. 自分の意見が全員に伝わったという確認ができる
4. 発言を発言者から切り離し、客観性を高めることができる
5. 話し合いや発想を刺激し、活性化させることができる
6. 話し合いの成果について共通の記録ができる
   → 議事録を書く手間も省ける

図表　議論内容を可視化する４つのステップ

①発言を書く　キーワードをきちんと拾って要約する

②強調する　装飾や枠で重要なところを強調する

③関係を表す　囲みや線・矢印で意見間の関係を表現する

④体系化する　図解チャートを使って、体系的に整理する

出所：『ファシリテーション・グラフィック（初版）』（堀公俊／加藤彰 著、日経BP 日本経済新聞出版、28〜35ページ）をもとに作成

コンフリクト（対立・衝突）を解消する

コンフリクトを活用して、チームを活性化させる

［1］よいコンフリクト、悪いコンフリクト

　組織で活動していると、考え方の違いなどによって対立や衝突が必ず起こります。メンバーのバックグラウンド、考え方、専門性が多様なCFTでは多くの対立や衝突が起きるでしょう。この対立や衝突のことを「コンフリクト」と呼びます。

　では、コンフリクトは悪いことなのでしょうか。結論から言うと、よいコンフリクトもあるという考え方が一般的です。そのよいコンフリクトはチームを活性化し、創造的にするのに役に立つのです。

■コンフリクトの種類

①**タスク・コンフリクト**：業務内容や目標と関連したコンフリクト
　→中レベルまでのコンフリクトは、よいコンフリクトであるとされる
②**関係コンフリクト**：対人関係に関連したコンフリクト
　→ほとんどの場合、非生産的であるとされる
③**プロセス・コンフリクト**：業務のやり方に関するコンフリクト
　→低レベルのコンフリクトは、よいコンフリクトであるとされる

出所：『新版 組織行動のマネジメント』（スティーブン・P・ロビンス 著、髙木晴夫 訳、ダイヤモンド社、319～320ページ）をもとに作成

　CFTのリーダーは、上記②の人間関係の衝突のような非生産的なコンフリクトでなければ、チームの活性化にとって好機ととらえ、積極的に活用していく必要があります。

[2] コンフリクトにはどのように対応すればいいか？

　では、コンフリクトに対して、どのように対応すればいいのでしょうか。
S・M・シュミット（Schmidt［1974］）は、コンフリクト処理モデルと
して以下の5つの対応パターンがあると述べています。

図表　コンフリクト処理モデル～5つの対応パターン

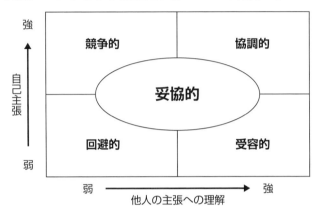

①**回避的**（avoiding）：コンフリクトを避ける
②**受容的**（accommodating）：自己主張をせずに相手の主張を受け入れる
③**妥協的**（compromising）：双方が譲り合って妥協点を見つける
④**競争的**（competing）：相手の主張を受け付けず自己主張する
⑤**協調的**（collaborating）：自己主張する一方で相手の考え方も理解し、お
　　　　　　　　　　　　　互いの主張が満たされる解決策を模索する

出所：『組織論』（桑田耕太郎／田尾雅夫 著、有斐閣、265ページなど）をもとに作成

　CFTのリーダーは、よいコンフリクトに対し、協調的なコンフリクト
解消を模索すべきでしょう。具体的には、次ページの図表に示した3つの
ステップでコンフリクトを解消していきます。
　一見、対立するように見える主張も、その背後にある両者の目的（主張
する理由）を相互に理解し、お互いの目的達成のための打ち手を一緒に検
討できるように問いを置き換えることによって、対立を課題解決の協働作

業にすることが可能なのです。

トリーダーのマネジメント

図表　協調的なコンフリクト解消のステップ

上の図表のステップを踏めば、異動をめぐって対立していた上司Aさんと部下Bさんが「Bさんが現在の部署で担当先の1つとしてD社を抱えながら、英語を使った仕事をするにはどうすればよいのか？」という問いを2人で協力して解決するという共同作業へと変換できます。

[3] コンフリクトの背後にセクショナリズムがあった場合

CFTのリーダー場合、もっとも根深い問題の1つはセクショナリズムです。次ページに図示したように、メンバー間の対立の背後には、それぞれが所属する部門の利益が隠れていることがあります。その場合、目的を相互理解しても対立の解消策は見えてきません。

このときは、お互いの課題を部門の利益から全社の利益に置き換えることで、メンバーが協働できる土壌を醸成することができます。その前提として、全社視点で物事を考えることをチームの規範として繰り返しメンバーに提示しておくことが重要になります。

図表　各主張の背後にセクショナリズムがあった場合のコンフリクト解消方法

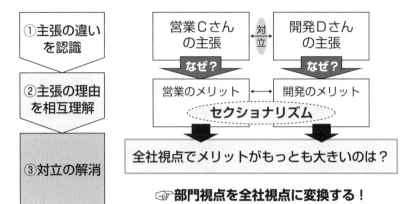

☞部門視点を全社視点に変換する！

第 4 章

事業の推進を導く
経営スタッフのマネジメント

4-1

各事業と経営基盤を
有機的に結びつけて推進する

各経営基盤（組織構造、責任・権限とマネジメントのスタイル、マネジメントの機能と仕組み、風土・文化、人材管理）を有効に活用する

[1] 会社は 1 つの人格として行動している

　第 3 章までは、会社内部におけるチームリーダーや部署のマネジャーといった「ミクロな視点」でマネジメントを見てきました。こうしたチームや部署の随所に、マネジメントが宿っていることが理解できたと思います。

　一歩引いて見てみると、こうしたチームや部署は「会社」の一部に過ぎません。チームや部署が集合することで、会社外部（おもに顧客）に対して事業を推進しているのです。個人が集まりチームや部署ができ、さらに部署が集まり会社ができているため、1 つの会社（グループ）に関与している人材は数千、数万人という莫大な数に上っているケースがざらにあります。

図表　チームや部署は会社の一部

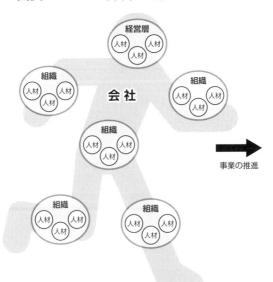

人・チーム・部署が存在すればそれだけ多数の人格が存在するということであり、バラバラに動いてしまっても不思議ではありません。

しかし、人間が多数の細胞・器官をもちながらも一人の人間として1つの行動をとることができるように、あたかも「会社」という1つの（法）人格が「顧客に製品・サービスを提供する」という目標に向かって製品・サービスをつくり上げ、事業を推進しているように見えます。

なぜ、このようなことが可能なのでしょうか。少し分解して見ていきましょう。

[2] 事業を推進するとは、目的を達成すること

会社が事業を推進するということは、どういうことでしょうか。会社が事業を推進しているのには目的があります。たとえば、電化製品を消費者に届けて生活を便利にすることや、再生エネルギーを取り入れたい消費者に対して太陽光発電システムを提供することなどです。

事業を推進するとは、「顧客・市場の欲する製品・サービス、もしくは欲していることに気づいていない製品・サービスを提供するために活動すること」だと、われわれ執筆陣は考えています。また、P・F・ドラッカーは「to create a customer（顧客を創造すること）」という表現を使っています。

このような目的を達成するために会社は事業を推進するわけですが、具体的にはどういうことなのか、少々古臭いですが「船＝会社」「航海＝事業」にたとえて考えてみましょう。

図表　船は航海を、会社は事業を、目的を達成するために推進する

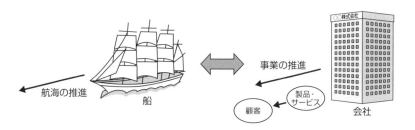

まず、昔の航海には、たとえば「国や国民のために、未開の土地を見出し、本国を豊かにする」といった根本的な考えがありました。これが、いわゆる会社の「経営理念」に相当します。その根本的な考えに基づいて、「数年かけて存在が噂されるＡ大陸を探し出すこと」という中長期的にめざす状態（目標・到達地点）が会社の「ビジョン」に相当します。

　こうしたビジョンまでの到達に対して、「途中まで海賊の少ないルート①を通り、後半は潮の流れに乗ることのできるルート②を通る」などといった目的地までの道取りが「戦略」です。

　そして、道取りに沿って「ルート①、ルート②を通って進む」ことが「戦略の実行」もしくは「業務（オペレーション）」と言えるでしょう。

図表　船・航海と会社・事業の対比①

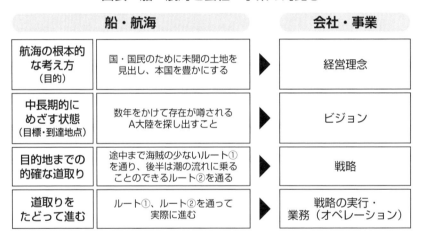

船・航海		会社・事業
航海の根本的な考え方（目的）	国・国民のために未開の土地を見出し、本国を豊かにする	経営理念
中長期的にめざす状態（目標・到達地点）	数年をかけて存在が噂されるＡ大陸を探し出すこと	ビジョン
目的地までの的確な道取り	途中まで海賊の少ないルート①を通り、後半は潮の流れに乗ることのできるルート②を通る	戦略
道取りをたどって進む	ルート①、ルート②を通って実際に進む	戦略の実行・業務（オペレーション）

　「根本的な考え＝経営理念」と「中長期的にめざす状態＝ビジョン」が存在しなければ、いったい何のために航海をするのか、どこに行けばいいのかがさっぱりわかりません。

　さらに、「的確な道取り＝戦略」が存在しなければ、目的地にたどり着く確率が非常に低くなって（もしくは到着が非常に遅くなって）しまいます。

　これらは、「航海＝事業」にとって非常に重要な要素なのです。

図表　経営理念・ビジョン・戦略・オペレーションは整合性をとる必要がある

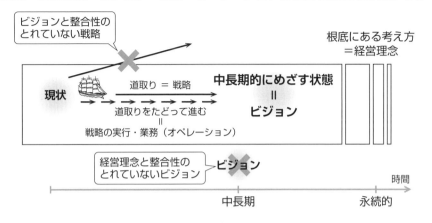

[3] 事業の推進を導くことが会社のマネジメント

　「船＝会社、根本的な考え＝経営理念、中長期的にめざす状態＝ビジョン、的確な道取り＝戦略」といった要素がそろえば、それだけで「航海＝事業」を推進できるわけではありません。

　船を進めるためには、さまざまな機能・役割をもったチームが必要です。たとえば、推進機関を動かす役割をもったチーム、目の利く見張りのチーム、食事を提供するキッチンチーム、また、戦闘のときには各チームから戦いを得意とする人が集まってチームをつくるかもしれません。すなわち、船＝会社には得意な機能・役割に応じた「組織（構造）」があります。また、たとえば見張りと推進機関を動かす組織間のスムーズな連携も必要になるでしょう。

　このような各組織が必要な役割を担っていますが、たとえば船長の合図なしに戦闘を始めるなど、各組織が勝手に動いてしまっては役割を果たすことは難しいものです。逆に、キッチンチームがすべて船長の指示待ちでは、いつまで経っても食事が出てきません。何に関して、どこまで主体的に動いてもらうのか、チームリーダーに任せるのか任せないのかといった「権限・責任」と、その設定の仕方（航海を推進するスタイル）も重要になってきます。

　そうした各組織を構成しているのは「船員＝人材」です。推進機関のことを知らない船員に推進機関を任せても進むことはできないでしょうし、目の非常に悪い船員に見張りを任せていたら暗礁に乗り上げてしまいます。

組織に適切な人材をスカウトし、適切に配置し、モチベーションを高く保って、しっかりと働いてもらわなければなりません。

　的確な道取りをたどって進むためには、航海術（道取りを考える機能や、予定どおり進んでいるかを確認する機能、道を外れたときに修正する機能など）も必要ですし、高度な航海術を構築するためにはツール（地図、羅針盤、星を見る技術、現在ならGPSなど衛星の活用など）も欠かせません。

　それに加えて、各チームが期待どおりに動いているのかを確認する機能も必要でしょう。たとえば、見張りチームが1日1回しか海を見ていなければ暗礁に乗り上げてしまいますし、キッチンチームが栄養のある食事を決まった回数提供できていなければ、どんなに強い船員も力を失ってしまうでしょう。それを防ぐためには、チームを見張ることに加えて、チームの活動基準やルールなどを定めておくことも有用です。

　こうした、さまざまな「航海を導くための機能と仕組み」が必要なのです。

　さらに、本当に必要なことに関しては船員でも船長に意見を言えたり、チーム間やチーム内で何でも話せたりするなど、「風土・文化」という側面が航海に影響を及ぼすこともあるでしょう。

図表　船・航海と会社・事業の対比②

航海の推進を導く要素		経営基盤の要素
航海を導くための機能と仕組み	航海術と高度な航海術を支えるツール（羅針盤、星を見る技術）、チームの動きをモニタリング　など	マネジメントの（事業の推進を導くための）機能と仕組み
さまざまな機能・役割を持ったチーム	推進機関チーム、見張りチーム、キッチンチーム、戦闘時の特別チーム　など	組織構造
チームの権限・責任と設定の仕方（スタイル）	何に関してどこまで主体的に動いてもらうのか、チームリーダーに任せるのか、任せないのか　など	権限・責任とマネジメントのスタイル（事業の推進を導くスタイル）
船員	組織に適切な人材をスカウトし、適切に配置し、モチベーション高くしっかりと働いてもらう　など	人材管理
船内の風土・文化	本当に必要なことに関しては船員でも船長に意見を言えたり、チーム間やチーム内で何でも話せる　など	風土・文化

図表　船・航海と会社・事業の基盤

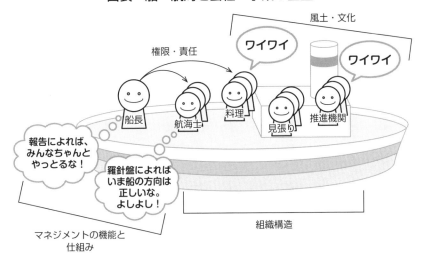

こうした要素を上手に活用すれば、「船の航海＝会社の事業」を、うまく推進することができます。すなわち、船が航海を推進するのと同じように、会社が事業を推進（経営理念→ビジョン→戦略→オペレーションという一連の流れ）するためには、「組織構造」「責任・権限とマネジメントのスタイル」「マネジメントの機能と仕組み」「人材管理」「風土・文化」という要素が根底に必要なのです。

こうした要素を構築・維持・改善して、事業の推進を導くことが、会社レベルでのマネジメントであると、われわれ執筆陣は考えています。こうした要素を「経営基盤」という言葉で定義することにします。

[4] 事業と経営基盤の各要素は互いに密接に絡み合っている

経営基盤は、事業あってのものです。事業の外部・内部のさまざまな環境変化に応じて、経営基盤を補強・革新していく必要があります。事業に適合した経営基盤を構築してこそ、初めて事業の推進を導くことができる点は注意すべきでしょう。

それに加えて、これまで述べてきた経営基盤は、それぞれ独立したものではありません。たとえば、必要な人材がいなければ組織構造は形成できませんし、組織がなければ権限も責任もありません。マネジメントのための機能・仕組み、とくにチームの動きを見張ることについては、（チーム

を信頼したうえで）チームに権限・責任を与えれば細かく見張る必要はなくなる傾向があるなど、権限・責任と関係しています。

　また、風土・文化は内部の人材に大きく影響を受け、逆に、人材のモチベーションは風土・文化の影響を受けることもあります。経営基盤の要素は、それぞれ影響を及ぼし合っていることにも注意が必要です。

　詳細については後ほど要素ごとに説明しますが、事業と経営基盤の各要素が密接に絡み合っているため、事業や他の経営基盤を勘案せずに、1つの経営基盤の要素を単独で改善しても、会社のマネジメントがよくなるわけではありません。ここに、会社のマネジメントの難しさがあると言えるでしょう。

図表　事業と経営基盤の関係性

4.3
経営基盤の構築 ②
権限・責任と
マネジメントの
スタイル

【経営基盤】

適合

【事業の推進】
4.2
経営基盤の構築 ①
組織構造

4.4
経営基盤の構築 ③
マネジメントの
機能と仕組み

経営理念
ビジョン → 戦略 → 戦略実行・業務（オペレーション） → 顧客に対する価値提供

※経営理念・ビジョンにおいては、事業だけでなく経営基盤に関する事項も言及されることがある。

風土・文化

人材管理

経営基盤の構築 ⑤
4.6

経営基盤の構築 ④
4.5

[5] 会社のマネジメントは経営者だけのものではない

　会社のマネジメントは、いったい誰が実施するのでしょうか。一義的には「経営者＝トップマネジメント」です。先ほどの航海では船長と言えます。しかし、とくに大きくなった組織では「組織構造、マネジメントの機能と仕組み、権限・責任とマネジメントのスタイル、人材管理、風土・文化」を一人の経営者が構築・維持・改善することは、現実的に困難です。

　そうした場合、経営者だけでなく、他の経営層や経営スタッフ（いわゆる経営企画部など）がチームとしてマネジメントに当たるのです。

　「船長＝経営者」は、そもそものビジョン・目標を決めたり、「道取り＝戦略」の最終的な意思決定をしたり、何か危険が迫ったときに対処したり、対外的な交渉を行なったりするなど、最上位の事項を担当して「船＝会社」を導きます（ただし、これはごく一般的な考え方であって、重要と思えば細かいことまでマネジメントするべきだと考える経営者も数多く存在します）。

　経営者のマネジメントは第5章で解説しますので、本章ではおもに経営スタッフ（経営企画部など）が担当しているマネジメントを解説していきます。

[6] 未来の予測が難しい世界、事業をマネジメントして社会の課題を解決する

　近年の社会の変化に応じて、経営スタッフのマネジメントに関しても着目しておくべき新しいポイントが出てきています。次節以降で経営スタッフが担当するマネジメントの基本をくわしく解説する前に、その新しいポイントについて説明しておきます。

　ポイントは大きく分けると、未来の予測が難しい世界になったことと、そうした世界において、企業と社会とのつながりがより強く意識されるようになってきていることの2点があります。

　1点目に関しては、近年の社会や事業は、未来の予測が難しくなっている状況＝VUCA（ブーカ）であるということが挙げられます。VUCAとは、Volatility（変動性）、Uncertainty（不確実性）、Complexity（複雑性）、Ambiguity（曖昧性）の頭文字を取ったものであり、変化の振れ幅が大きい、起こるかどうかわからない、理解しづらい、精細に描写できない状態、すなわち、未来が見通せなくなっていることを表しています。

こうした世界においては、これまでどおりの事業を、これまでどおりのやり方で進めるだけでは通用しなくなってしまうことから、常に事業に革新をもたらしたり、望まれる事業領域へと迅速に変化・拡張したりする必要があります。

　2点目の企業と社会のつながりは、企業は事業を通して社会課題を解決する組織であると、再認識されているということです。卑近な例では「SDGs（国連の持続可能な開発のための17の国際目標）」が挙げられますが、これは何も、事業性を顧みず深刻な貧困エリアを助けるなどの崇高な取り組みだけを指しているわけではありません。

　もっと身近な社会で、市民・法人が気づいていない困り事を事業で解決し、より暮らしやすい持続的な社会にしていくことであってもよいのではないでしょうか。これは、P・F・ドラッカーが言う「顧客を創造する」ことに他ならないと言えます。ただし、特定の顧客の便益、すなわち市場だけを見るにとどまらず、事業によって顧客を包含した「社会」がよくなることにまで、目を配らなければならなくなったと言えるでしょう。

　上記の2点から、マネジメントには次の3つの要素が必要になっています。

---

①イノベーション
②組織・人材の流動性（アライアンスを含む）
③事業×サステナビリティ

---

　①のイノベーションは、事業の革新や領域拡張に欠かせない要素です。③の事業×サステナビリティは、社内プロセスで温室効果ガスを削減するような、わかりやすい取り組みなどに留まらず、本業でもって持続的な社会形成＝サステナビリティに寄与していくポリシーをもつ必要があることを示しています。前者のような取り組みはもはや当たり前で、自社が得意な事業を用いて自社だからこそできる社会課題の解決のレベルに到達すべきではないかということです。

　②の組織・人材の流動性については、上記のとおり、事業を組み替えていくに当たり、内部の組織や人材のみならず外部とのアライアンスも含め、最適なフォーメーション（組織構造）を築くために必要です。加えて、事業で社会課題の解決をめざすに当たっては、単独の企業や既存の人材だけ

ではやり切れないことも多いでしょう。その場合、アライアンスを含めた組織・人材の流動性が、①③を支えるのです。

　これらのマネジメントに必要な3つの要素は、前述の経営基盤に強く影響を与え始めています。こうした近年の動向については、次節以降でも適宜触れていきますが、あらかじめ論点を頭出ししておきます。

　組織構造、権限・責任とマネジメントスタイルの視点では、とくにイノベーションなどの変化への柔軟性という観点から、「自律分散型組織」に注目が集まっています。ただし、成功例も僅少であることから、これがすべての回答となりえないことは認識しておく必要があります。

　マネジメントの機能と仕組みについては、組織・人材の流動性が高まり、得てして組織・人材がバラバラになりやすいため、そうした組織・人材を共鳴させ、つなぎとめる概念として、言わば経営理念を進化させた「パーパス」が脚光を浴びています（後述の4-3および第5章で詳述）。また、事業領域拡張やイノベーション牽引の機能が常在の機能として定着し始めていることや、真のサステナビリティ機能が望まれていることも見逃せません。

　人材管理や風土・文化については、これまでと大きく異なるというわけではありませんが、ここまで説明してきた変化に対応し、より一層の強化が必要な状況になっています。

図表　近年の社会変化と経営基盤への影響

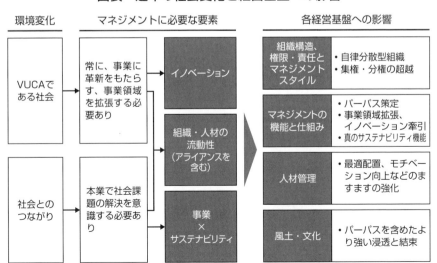

4-2

経営基盤の構築①
組織構造

組織は事業を推進するための役割を担う人材の集合体であり、内外の環境に対応した「括り方、ユニットの大きさ、階層、レポートライン」という要素で構築される

[1] 組織とは役割を担うもの

　組織構造とは何でしょうか。そもそも、組織とは何でしょうか。会社は事業を推進しますが、その具体的な推進方法は戦略の実行や業務（オペレーション）です。組織は、そうした「戦略の実行や業務を担当する」人材の集合体のことを指します。すなわち、組織構造とは、そうした人材の集合体なのです。

　そうは言っても、組織という有形物があるわけではありません。目に見えるのは集まっている人々に過ぎませんが、それが言わばバーチャルな1つの塊として動きます。

　塊として意味を与えるのが「役割＝すること（もしくは、すべきこと）」です。たとえば、学校という教師（人材）の集まりは、子供たちに教えるという役割があります。会社の例であれば、研究開発部は基礎研究とマーケティングに基づく製品開発を実施するという役割をもっています。役割をもつことによって事業の推進を担うことができるのです。

図表　ただの人の集まりと組織の違い

　なお、組織はバーチャルな塊と述べましたが、バーチャルであるからこそ目に見えないものです。そのため、組織図を通してのみ、その姿を確認することができます。

[2] 組織に与えられる役割分担が組織構造に表れる

　会社の中のさまざまな組織は、戦略の実行や業務を分割して担います。そのため、会社の組織構造を考えることは、役割の分割の仕方を考えることと言えます。組織に与える役割の分担には、次の3つの要素が必要です。

■組織に与える役割の分担に必要な要素

①括り方の視点
②階層とユニットの大きさ
③レポートライン（意思疎通の経路）

図表　組織分割（役割分担）の仕方

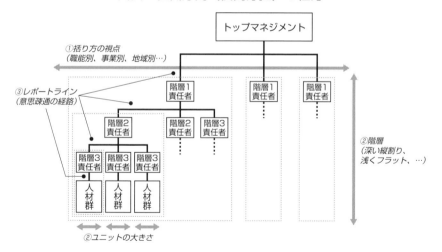

①括り方の視点

　括り方の視点とは、「どのような基準に基づいて組織を括るのか」ということであり、一般的には職能別・事業別などの類型があります（類型については131ページを参照）。

括る際には、当然のことながら事業として意味のある括り方を選択しなければなりません。たとえば、職能別である研究開発本部・生産本部・営業本部という分け方をしている企業であれば、そのような「研究→開発→製造→営業・販売」というプロセス（いわゆるバリューチェーン）が必要だからです。また、X事業本部・Y事業本部・Z事業本部という分け方をしている企業であれば、製品群X・製品群Y・製品群Zの事業推進が必要だからです。必要のないプロセスや事業推進を役割として組織化しても、まったく意味のないものになります。

　また、括る場合は、基本的には括った単位で「責任者」が必要です。責任者が不在では人材が勝手に動く（もしくは、まったく動かない）という事態になってしまいます。それに、括った単位間でうまく連携がとれなければ、事業がスムーズに推進されないでしょう。そうした縦の管理や横の連携をスムーズに行なうために責任者が必要なのです。これまでの章で述べてきたマネジャーやリーダーなどが（重要度の違いはあれ）責任者に相当しますので、責任者の重要性はよくわかると思います。

図表　括り方の例

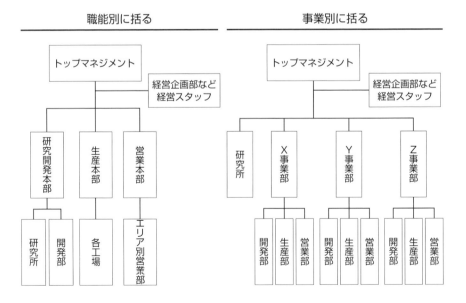

②階層とユニットの大きさ

　次に必要な要素が「階層とユニットの大きさ」です。役割を分割する際に、階層が多くなれば1つのユニット（単位組織）は小さくなります。これに強く影響を与えるのが、責任者の統制範囲（スパン・オブ・コントロール）です。責任者も一人の人間です。あまりに多くの人材を管理下に置いても責任者として望ましい意思疎通ができないでしょうし、種類の異なる多数の戦略の実行を任されても十分な指揮ができないでしょう。

　逆に、管理下の人材があまりにも少なかったり、限られた戦略の実行だけを与えられたりする場合はやることがなくなります。事業規模や事業特性に応じて、責任者が有効かつ効率的に意思疎通を図ることのできる階層とユニットの大きさを決める必要があります。

　代表例としてSBU（Strategic Business Unit：事業戦略策定の組織単位）が挙げられますが、最適な戦略が策定・推進される、さまざまなレベルで組織を括るというものです。

　もちろん、この他にも責任者の力量や管理下の人材群の力量によっても統制できる範囲は大きく異なります。したがって、どのような責任者を置くか、どのような人材を下につけるのかといった人材管理の影響も強く受けると言えるでしょう。

図表　階層とユニットの大きさ

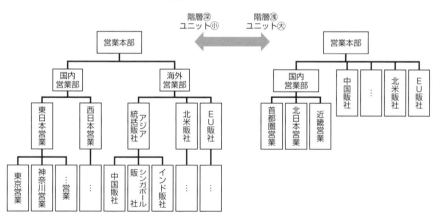

③レポートライン

　レポートラインは、組織図などで人材と組織や、組織と組織を結んでいる「線」です。「指揮命令系統」と呼ばれることもありますが、ここでは「意思疎通の経路」と定義します。もちろん、上から指示を出すこともあれば、下からの報告・連絡もありますし、上下で相談することもあります。すなわち、事業を推進するうえで、常に誰と意思疎通を図るべきなのかということを表した線ということです。先ほど統制範囲（スパン・オブ・コントロール）の話をしましたが、このレポートラインの数もその範囲に大きな影響を与えます。

　なお、レポートラインを考えるうえでの注意点は、基本的に一人の人材・1つの組織から出ている責任者へのレポートラインは1本であるべきということです（マトリックス組織などの例外はあります）。一人の人材に対して二人以上の責任者からレポートラインが出ていると、その人材はどちらの責任者と意思疎通を図ればよいのかわからなくなります。

　たとえば、一人の責任者から「製品群Xの生産を優先しろ」と言われ、もう一人の責任者から「全社でもっとも生産効率が高くなるように生産しろ」と要求された場合、その人材は困ってしまいます。それだけならまだしも、責任者間の確執を生みそうです。やむなく2本のレポートラインが必要な場合は、どちらかのレポートラインを優先すべきと考えます。

図表　レポートラインの留意点

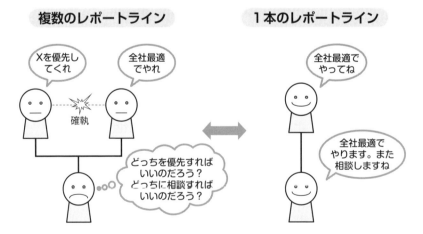

複数のレポートライン

X を優先してくれ

全社最適でやれ

確執

どっちを優先すればいいのだろう？
どっちに相談すればいいのだろう？

1本のレポートライン

全社最適でやってね

全社最適でやります。また相談しますね

[3] 組織構造の括り方は3つある

先ほど、役割分担の要素として「括り方の視点」を説明しましたが、基本的な「括り方」としては次の3つが挙げられます。

■役割分担の括り方

①職能別組織
②事業別組織（製品別、地域別、チャネル別、顧客別など）
③マトリックス組織（上記の2視点を組み合わせる）

図表　組織構造の類型

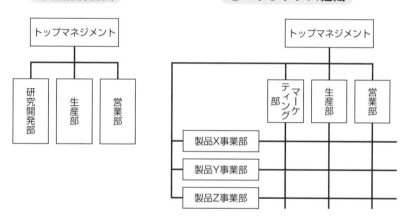

①職能別組織　　　③マトリックス組織

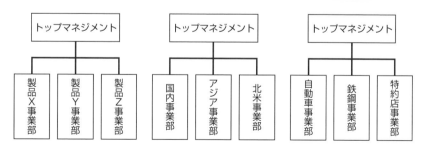

②事業別組織（製品別、地域別、チャネル別、顧客別）

①職能別組織

　職能別の組織構造は、バリューチェーンなどのプロセス別（研究開発・マーケティング・生産・営業・アフターサービスなど）に役割を分担したものです。この組織では、職能別にノウハウ・設備などを共有することによって、効率的かつ専門性を高めることができます。

　事業が１つ、もしくは少ない場合はそのような効力を発揮できますが、事業が拡大した場合などでは、事業の意思決定が上部で行なわれたり、部門間の調整に時間を要したりすることから、環境変化への対応が遅くなります。現在、この職能別組織は、大手インフラ事業者（電力・ガス・通信・交通など）や規模の小さい会社などの、単一事業が中心になっている企業に多く見られます。

②事業別組織

　事業別の組織構造は、事業を切り口にして組織を編成したものです。スタンダードなものが「製品別」です。それぞれの製品にかかわる業務はすべて製品別に振り分けられ、製品別の下は職能別の組織になっていることが多いです。事業別組織としては、製品別の他には「地域別、チャネル別、顧客別」といった組織が見られます。

　これらの組織は事業別に分かれているため、環境変化に事業単位でスピーディーに対応することができます。事業部単位で職能が完結しているため、事業部内での職能間の連携もとりやすくなります。しかし、職能単位で見れば、ノウハウや設備などが分散する可能性があり、非効率や専門性の浅さが考えられます。

　事業別のなかでも「製品別」と異なり、「地域別、チャネル別、顧客別」は、自社の製品より市場のグルーピングに重きを置いた組織です。すなわち、より市場の変化に素早く対応することを想定しています。ただし、「製品別」に比べてさらに内部の視点が弱くなるため、職能単位での非効率や専門性の浅さが浮き彫りになる可能性があります。

③マトリックス組織

　マトリックス組織は、「製品別×職能別」「製品別×地域別」など、文字どおり、２方向のレポートラインをもった組織です。「事業別×職能別」では、設備や人材などの経営資源が不足しているときや、職能の専門性を高めつつ各事業部のスピードを保つといった職能別組織と事業別組織の利

点を両方取り入れたいときに活用されます。

　しかし、マトリックス組織では、レポートラインが2方向となるため、前述のとおり、組織が混乱する可能性があります。少なくとも、どちらかの軸の責任者の権限を高く設定する必要があります。さらに、責任者が多数存在し、連携や情報共有に力を注がなければならないことも、他の組織構造より運営が難しい点と言えるでしょう。このようにシンプルな運営ができないことから、現在では、このマトリックス組織を大々的に取り入れている会社は少なくなっています。

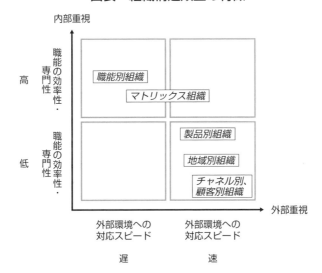

図表　組織構造類型の特徴

　会社は、これらの組織構造の類型や、その一部を組み合わせた組織を選択します。未来永劫にわたって活用することのできる組織構造というのは存在しません。各社が、内部・外部の環境変化に応じて、数年に一度、組織構造を見直しているのは、そのためです。その時点で（もしくは今後）最適だと考えられる組織構造を選択し続けていくことが必要なのです。

［4］事業別組織の組織形態

　ここまで紹介してきた組織のなかで、現在、もっとも多いのが事業別組織です。この組織形態は、次の3つに大別できます。

■事業別組織の形態

> ①事業部制
> ②カンパニー制
> ③持株会社制

①事業部制

　事業部制は、1つの会社が複数の「事業部」を保有するケースです。事業部別のP/L（損益計算書）を保有するなど、組織の独立性はある程度確保されますが、事業部別のB/S（貸借対照表）をもたないことが多く、事業部長に与える権限も限られているのが一般的です（B/Sを保有し、権限のある事業部も、もちろん存在します）。

②カンパニー制

　カンパニー制は、各事業を「カンパニー」と称して、あたかも1つの会社のように取り扱います。そのため、カンパニーのトップは比較的多くの権限が与えられる一方、P/Lに加えて独自のB/Sを保有して投資効率にまで責任をもつことになります。

③持株会社制

　さらに、自律性を進めた形態として、持株会社制があります。皆さんも、○○ホールディングスという会社名を聞いたことがあると思います。事業は「事業子会社」としてホールディングスの下につき、グループ経営を全面に押し出した形態と言えます。

　事業部門は、それぞれ1つの会社なので、社長も存在しますし、独自の経営会議も存在します。B/Sも当然存在し、カンパニー以上に自律性が求められます。ホールディングスは、株主（投資家）としての側面が強く、事業への干渉は非常に少なくなります。

　事業部制に比べて、カンパニー制と持株会社制は自律性を重んじるため、事業間の連携やシナジー（相乗作用）が働きにくくなります。ただでさえ、経営資源が分散する事業部別組織のなかでも、ひときわ縦割り組織になりがちです。そのため、カンパニー制・持株会社制を選択した会社は事業間のシナジーよりも個々の事業のパフォーマンスを重視している会社が多い

のです。たとえば、ソニーなどの電機メーカーもカンパニー制を選択していた時期がありましたが、現在では事業部制へと組織を変えています。また、近年では、帝人グループが持株会社制の解消（一部）を進めました。これらは、ノウハウなどの経営資源の分散が弱みになると考えたためだととらえることができます。

　カンパニー制や持株会社制の弊害が取り上げられる一方、よい点もあります。それは、自律性を重んじるため、事業のスピードが上がるということと、事業が1つの会社として存在するため（とくに持株会社制の場合）、事業のM&Aが実施しやすくなることです。とくに後者のM&Aに関しては、事業部制ではそうはいきません。売却するにも、1つの部門を切り分けるための整理が大変でしょうし、買収した後のPMI（Post Merger Integration：統合作業）も、会社をぶら下げるだけではないので繁雑になります。

　組織の形態も、括り方と同様に、内部・外部の環境変化に合わせ、その時点で（もしくは今後）最適なものを選択することが重要です。

図表　事業別組織の組織形態

経営基盤の構築②
権限・責任とマネジメントのスタイル

組織や人材に適切な権限を与えることで、事業をスピーディーに推進でき、範囲外の重要事項は上位組織が担当することでリスクを抑えられる

[1] 上手な権限委譲でパフォーマンスを上げる

　本章の4-1で「経営者だけでなく、他の経営層や経営スタッフ（いわゆる経営企画部など）がチームとしてマネジメントに当たる」と解説しました。一人ではスピードが遅くなることや、できないことを、制限付きで下の階層に任せることによって、全体として幅広い業務をこなすことができるのです。これが、いわゆる「権限委譲（＝権限を与えること）」です。

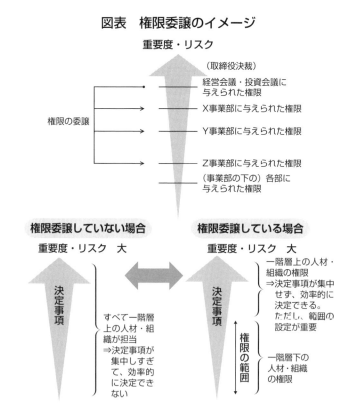

図表　権限委譲のイメージ

　権限とは、「組織（もしくは人材）の裁量で、さまざまな事項を決定してよい範囲」と言えます。事業部に対して、権限を無制限に与えてもよいのでしょうか？

　たとえば、１つの事業部で、いきなり100億円の投資をして突っ走ってしまっては困りますよね。そのため、権限には必ず、その「範囲」を設定します。たとえば、「１億円までの投資は事業部に任せるが、それ以上は経営層の参加する経営会議や投資審議会で決定する」といった制限を加えるのです。権限委譲においては、適切な範囲の設定が欠かせません。

［2］権限と同時に「責任」も与える

　権限を与えられた人材・組織が権限の範囲内で決定を下すのはよいのですが、果たして、それだけで本当によい決定ができるでしょうか。たとえば、権限を行使して１億円の投資をするだけでは、権限を与えられた人材・組織が最適な決定を下すかどうか不明です。

　そこで、権限と同時に「責任」を与えます。その決定が成功した場合も失敗した場合も、その責任は権限を与えられた人材や組織に課されます。成功すれば評価が上がるでしょうが、失敗すれば評価が下がったり、後始末まで担当したり、下手をすれば異動やクビになることもあります。権限を付与されることは、上の階層の人材・組織から自由を与えられることではありますが、その逆に責任という重荷が課されるのです。

図表　権限と責任

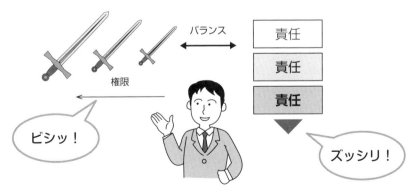

権限と責任は両方必要ですが、そのバランスが重要です。権限が強すぎれば、パフォーマンスがともなわなかったり、圧迫的な指示をしたりするでしょうし、責任が重すぎれば、その人材・組織のモチベーションはガタ落ちとなります。その人材・組織の階層に相応しい権限と責任を与える必要があるのです。組織で下の階層にいけばいくほど権限は弱く責任は軽くなり、上の階層にいけばいくほど権限は強く責任は重くなるのが一般的です。

［3］権限委譲の対象になるものは「事業の推進の自由度」

　ここまで、権限の外観を説明してきましたが、では、どのような事項を権限の対象として委譲するのでしょうか。ひと言でまとめると「事業の推進の自由度」と言えるでしょう。すなわち、「中長期目標・戦略・戦略の実行・業務（オペレーション）という事業の推進の要素に関して、自らの役割の中で、どこまで自由に動けるか」ということです（経営理念やビジョンは、基本的に権限委譲の対象にならないので、ここでは除く）。

　先ほど投資の権限について紹介しましたが、それも戦略・戦略の実行の一例です。投資であれば、自由に投資できる金額を決めるということになります。

　トップマネジメントおよび経営スタッフ（合わせて「本社」と呼ぶ）と事業部門を例にとって考えてみましょう。事業部門は当然、戦略の実行・業務（オペレーション）を担うわけですが、事業の目標設定や事業戦略にどこまで関係しているのかと言えば、実は会社や状況によって、さまざまなのです。

　たとえば、事業の自律性を求めている会社（とくに、4-2の最後で触れたカンパニー制や持株会社制を採用しているような会社）の場合は、目標や事業戦略・計画の策定は基本的に事業部門に権限が委譲されています。本社は目標のガイドや方向性を示したり、戦略に対する確認や指摘、必要に応じて検証を行なったりする程度に留まり、策定主体は事業部門となります。

　権限が与えられているということは、責任があるということです。事業部門は自らが策定した戦略・計画により（本社のガイドはあるものの）、自らが策定した目標を達成しなければなりません。その進捗状況を必要に応じて本社へ報告することも責任として求められます。そして、最後には本社から評価を受けます。目標の達成状況によっては、今後の自由度が広

がることもあるでしょうし、はく奪されることもあるでしょう。また、人事評価とリンクするケースも多くなっています。

図表　事業部門への一般的な権限委譲

	目標設定	戦略策定・計画策定	戦略実行・業務（オペレーション）	フィードバック
本社の実施事項	ガイド・方向性の提示	全社戦略や全社の方向性提示、事業戦略の妥当性確認	事業部門の状況をモニタリング	事業部門の業績評価
事業部門の権限・責任	【権限】ガイドに沿って主体的に策定	【権限】事業戦略・計画の主体的な策定	【責任】戦略・計画を実行することで約束したパフォーマンスを高い確率で達成する状況を本社に報告	【責任】評価・処遇を受ける

[4] 権限委譲の姿勢は企業によって異なる

前で説明した権限や責任は、事業部門へ自律性を求める場合によく見られます。近年ではスピード重視の経営のため、この権限委譲を選択している会社が多いと言えますが、すべての会社には当てはまりません。

図表　事業領域の広さ・海外への分散と権限委譲の関係

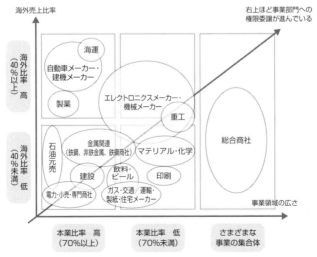

※リーマンショック前の上場各社データを使用して作成

事業数が少ない会社であれば、本社が積極的に事業に関与するため、事業部門の権限・責任は少なくなります。4-2で紹介した職能別組織を選択しているような会社であれば、単一事業に注力していることが多いため、本社がかなりの権限をもつことになります。また、市場を１つの国だけに求めている場合も本社が関与しやすいため、同様の傾向があります。

　逆に、事業領域を拡大している会社、物理的に海外に事業が分散している会社は事業部門への権限委譲が非常に進んでいると言えます（各産業内でも権限委譲の状況に変化はありますが、経験上、前ページの図表のような傾向が見てとれます）。事業やエリアが拡大すると、当然、意思決定の回数が増え、事業別の柔軟な対応が求められる傾向があるからです。

　事業を比較的多くもっている会社でも、事業によって権限委譲の状況を変えることがよくあります。次の２点を見極めて、その権限委譲をコントロールしています。

■権限委譲に際して注意すべきポイント

①事業の業績（強さ）
②事業の成熟度・ステージ

　事業の業績がよい、もしくは事業が成熟していれば、さまざまなリスクをカバーする体力やノウハウがあることでしょう。その場合は、十分な権限・責任を与え、目標・戦略・計画の策定を事業部門が行ないますし、投資についても比較的高額なものまで裁量をもつことができます。

　しかし、事業の業績が悪い、もしくは事業が立ち上がったばかりでヨチヨチ歩きだった場合はどうでしょう。権限を与えて任せられるでしょうか。本当に責任がとれるかどうか心配な場合は、事業部門の権限・責任は抑え、本社側が目標・戦略・計画の策定に積極的に関与することになります。本社側にも事業の責任があることになるので、評価を事業部門に押しつけることができないことに注意が必要です。

　ここまで本社と事業部門の間の権限・責任を考えてきましたが、事業部門と、その下の組織の間についても同様の考え方が成り立ちます。会社は権限・責任の多重の層で構成され、事業の推進に必要な、さまざまな意思決定をしていると言えます。

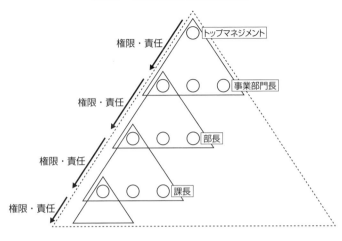

図表　権限委譲の重層構造

権限・責任　トップマネジメント

権限・責任　事業部門長

権限・責任　部長

権限・責任　課長

[5] 集権化と分権化、トップダウンとボトムアップ

　会社のさまざまな階層の組織に権限が分散していることを説明しましたが、その権限の分散の仕方で事業を推進するスタイルが変わってきます。本項では、どのようなスタイルがあるのかについて説明します。

　権限の分散の方法は大きく分けると、次の2通りあります。

■権限の分散方法

> ①（中央）集権化
> ②分権化

　集権化とは、権限がどこかの組織（とくにトップ）に集中していることを指します。極端な例では、社長が決断しないと何も決まらない会社です。これに対して、分権化とは、権限がより下の階層に分散していることを指します。下の階層の意思決定が比較的多く、事業の推進に使われることになります。

　集権化・分権化の状況によって、事業推進のスタイル（「マネジメントのスタイル」と定義します）が決まってきます。スタイルには大別して次の3類型があります。

図表　マネジメントのスタイル

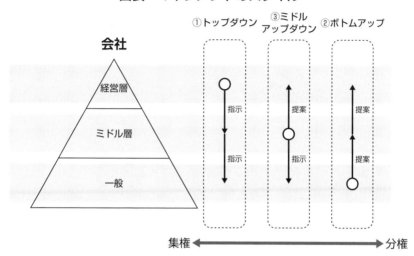

①トップダウン

　トップに権限が集中するスタイルを「トップダウン」と言います。経営層の強いリーダーシップにより方向性を示し、下の組織を引っ張るスタイルです。このスタイルは、事業の環境が比較的安定しており、確固たる戦略のもとで戦略の実行・業務（オペレーション）を確実に効率的に行なっていくときや、戦略の方向性に関して大きく舵を切る際に有効と考えられます。ただし、現場の最新の情報が反映されなかったり、考えて動ける人材が育たなかったりする可能性があるといったデメリットがあります。

②ボトムアップ

　権限が現場へ分散したスタイルを「ボトムアップ」と言います。現場の意思決定が積み上がって、会社の意思決定へとつなげていくスタイルです。事業の環境変化が激しく、柔軟性が必要な場合に有効と考えられます。しかし、積み上げであるため、どうしても機動性に欠けてしまうことがデメリットです。

③ミドルアップダウン

　ミドル層が中心となってトップと現場を引っ張っていくスタイルを「ミドルアップダウン」と言います。トップダウンとボトムアップのどちらの利点も取り入れ、パフォーマンスの高い事業推進が期待できますが、力のあるミドル人材の配置が必要です。

　マネジメントのスタイルも、組織構造と同様に、永続的によいスタイルがあるわけではありません。事業の内部・外部環境に合わせて随時適切なスタイルを選択していく必要があります。しかし、マネジメントのスタイルは組織構造とは異なり、権限を整理すれば、でき上がるものではありません。権限の状況だけでマネジメントのスタイルが変わるわけではなく、経営層の気質や組織を構成する人材のレベルなどによっても大きな影響を受けます。

　それに加えて、マネジメントのスタイルの急激な変化は、組織構造の変化以上に会社を混乱させるおそれがあります。マネジメントのスタイルを変革する場合は、事業の変化を中長期的に見極めて進める必要があります。

図表　各マネジメントのスタイルのメリット・デメリット

	メリット	デメリット
① トップダウン	・大きな動きを創出することができる ・個々ではなかなか動きづらい組織・人材を強く導くことができる	・強すぎると考える人材が育たなくなる可能性がある ・トップダウンだけでは、最前線の情報がタイムリーに反映されない可能性がある ・間違った判断をした場合、人材にやらされ感が蔓延しモチベーションが低下する
② ボトムアップ	・現場により近い目線で最前線の情報を戦略に反映できる ・組織・人材に任せることで、組織・人材の能力を向上させることができる ・人材のモチベーションが向上する	・積み上げであるため、どうしても機動性に欠ける ・組織として全員を1つの方向に向けることに苦労するうえ、そもそもの方向性が全体最適とはなりにくい
③ ミドル アップダウン	・トップの考えと現場の最前線の情報をもとに、組織にとって現実的な解を探し出すことができる	・権限・責任がミドルに与えられたとしても、比較的実行力のある人材でなければ、上下両方を動かすことはできない。力のないミドルの場合、上下の板ばさみにあって、適切な実行ができなくなる

[6] VUCA時代の自律分散型組織、しかし現実的には…

　本章の4-1で、未来の予測がしづらいVUCAである現在の状況について触れましたが、そのような予測困難な状況において注目されている組織があります（この項目は組織構造の内容でもあるのですが、権限・責任やマネジメントのスタイルとより深い結びつきがあるため、ここで紹介することにします）。

　その組織とは、「自律分散型組織」です。管理者が存在せずとも、細かく分散した組織が、自律的に動いて目的を達成していくという組織であり、先ほど説明したボトムアップ型ではあるものの、末端まで分権化され、それでいてバラバラにならない1つの生命体をめざすという、分権型の究極の姿と言えるでしょう。

　古くは稲盛和夫氏が率いた京セラにおける「アメーバ経営」や、近年話題になったフレデリック・ラルーの「ティール組織」などが相当します。ここでは、ティール組織を取り上げて解説します。

図表　ティール組織におけるパラダイムと組織の発達段階の変遷

ティール　進化型
変化の激しい時代における生命体型組織の時代へ。自主経営（セルフマネジメント）、全体性（ホールネス）、存在目的を重視する独自の慣行。

グリーン　多元型
多様性と平等と文化を重視するコミュニティ型組織の時代へ。ボトムアップの意思決定。多数のステークホルダー。

オレンジ　達成型
科学技術の発展と、イノベーション、起業家精神の時代へ。「命令と統制」から「予測と統制」。実力主義の誕生。効率的で複雑な階層組織。多国籍企業。

アンバー　順応型
部族社会から農業、国家、文明、官僚制の時代へ。時代の流れによる因果関係を理解し、計画が可能に。規制、規律、規範による階層構造の誕生。教会や軍隊。

レッド　衝動型
組織生活の最初の形態、数百人から数万人の規模へ。力、恐怖による支配。マフィア、ギャングなど。自他の区分、単純な因果関係の理解により分業が成立。

出所：『ティール組織──マネジメントの常識を覆す次世代型組織の出現』（フレデリック・ラルー 著、鈴木立哉 訳、嘉村賢州 解説、英治出版、日本語版付録〔抜粋〕）

ティール組織は、組織の進化において、マネジメントの新形態として世界各地で現れつつある組織です。フレデリック・ラルーは組織の進化を5形態に分類し、変化の激しい時代における組織解としてティール組織を提示しています。

集権的なリーダーが存在するのではなく、各チームや社員がフラットであり、意思決定権を保有して事業を推進させるというものです。それでいて1つの生命体のようにまとまっている。日本人のわれわれからすると、何だか不思議なマネジメント形態ですが、これが機能するのであれば、上席に説明をして何とか意思決定にこぎつけたのに、方向性が歪められてしまうことも多々ある現状と異なり、意思決定に時間がかからず、しかも適切な方向に向かって修正を繰り返しながら進んでいけそうです。

しかし、こうした自律分散型組織は一朝一夕には構築できません。そもそも、人材が一定程度成熟していなければ土台不可能でしょうし、チーム間やメンバー間の結束がなければ、ただの烏合の衆です。そのため、構築に向けての突破口としては、次の3つが提示されています。

■ティール組織を機能させる3つの突破口

①自主経営とそれを促す仕組み：セルフマネジメント
②全体性を取り戻す環境：ホールネス
③存在目的に耳を傾ける：エボリューショナリーパーパス

1つ目は、自主経営（セルフマネジメント）と、それを促す仕組みです。チームやメンバーに大きな権限・責任が与えられることであり、そのためには、まず、意思決定に必要になる、さまざまな情報はオープンにされていなければフェアではありません。また、個別人材の成熟や視点を補強すべく、革新可能性やリスクに関する助言機能も必要になります。

2つ目は、全体性（ホールネス）、すなわち、お互いを認め合い、否定されることがなく、ありのままの自分でいられるということです。「仮面」をつけて組織に飛び込むのではなく、ありのままの自分を全部もち込める環境が必要になります。これは、メンバーの成長と組織の成長が、お互いを歪めることなく、最大の効果を発揮することを意味しています。

3つ目の存在目的（エボリューショナリーパーパス）は、組織が何をするために存在しているのか、われわれはなぜ集っているのかということで

あり、チームやメンバーが賛同し、つなぎとめる役割を担います。先述したパーパスも似た概念です。業績や株主価値も重要ですが、それよりも皆で目的達成に向けて動くことが重要であり、さらにそれにより強い結束が生まれることが期待されています。

　このような突破口を活用して自律分散型組織を構築できれば、多くのメリットがありますが、一方で、このマネジメント形態は難しさもはらんでいます。実は、日本総合研究所（リサーチ・コンサルティング部門）では、数十年前から2010年代途中まで、「クラスター制度」という自律分散型組織で運営されてきました。クラスターとは、その時代に最も適した顧客の経営課題の類型に合わせて、賛同できるコンサルタントが集まり組織を形成したもので、クラスターやそのメンバーに非常に大きな裁量が与えられ、本質的な上席も存在しないという形態でした。
　そうした組織を長く経験した私の立場からすると、その組織は細かい変化に対応して小さなイノベーションを多数起こしていくには最適ですが、とてつもない変化に立ち向かって、圧倒的なイノベーションを起こすには不適だと考えます。個別でできることには限界があるのです。
　これは、生物の進化と似ています。カンブリア紀の生物や、その後の恐竜などは、その時代に存在した一定の変化に対して遺伝子を変化させ（言わば、小さなイノベーションを繰り返し起こし）、王者の姿を手に入れましたが、時代を揺るがすような環境の変化が起きた場合においては、種そのものが消えてなくなってしまいます（もちろん、生物ですので形を変えて、しぶとく生き残っていますが）。
　話は逸れましたが、結局、日本総合研究所はどうなったかと言うと、非常に激しい環境変化のなかで、完全なる自律分散型組織を手放し、自主性は尊重しながらも、ドラスティックな変化に対しては本部を交えて対応する形態を選択しました。
　上記は一例に過ぎませんので、もちろん、特定の産業や革新的企業などにおいては、自律分散型組織が機能する可能性はあります。しかし、現時点で世界を見まわしてみても、成功例が多くないことを考えると、すべての企業で選択できるマネジメント形態ではないと言えます。
　とくに、日本やアジアでは、多種の事業をもった事業部制などの、事業で括った組織が多く、事業の状況に合わせて強い権限を委譲しています。しかし、そうした多数の事業に分割している企業において、すべての事業

部門に、急激な変革に対応すべく迅速に自らの方向性を考える力をもつ成熟したスタッフが豊富にいるわけではありません。その場合、助言程度で自主経営できるようになるとは思えません。

　そう考えると、イノベーション、とくに抜本的なイノベーションをめざすのであれば、行きすぎた分権型ではなく、むしろ事業の自主性は尊重しつつも、本社（コーポレート）側の事業支援機能を一定程度強化し、本社と事業が対等な関係で変革を検討できる組織が向いているのかもしれません。もはや、「集権だ、分権だ」という主張は戯言となり、それを超越した融合的なマネジメント形態が模索されるべきとも考えられます。

経営基盤の構築③
マネジメントの機能と仕組み

会社のマネジメントには、戦略策定機能・監視統制機能・ガバナンス機能
などの本社側のコーポレート機能と、事業側の事業管理機能が欠かせない

[1] 広義のマネジメントの機能は6つ

　事業部門は事業を推進しますが、事業の推進を導く「会社のマネジメント」は経営層と経営スタッフが担うと、本章の4-1で説明しました。では、「導くための機能＝マネジメントの機能」には、どのようなものがあるのでしょうか。

　広義には、全社レベル・事業レベルの2段階（下図縦軸）と、導く〜支援するの3段階（下図横軸）を掛け合わせた次の6つの機能があります。

---

①コーポレート機能　　　②事業管理機能
③高度専門サービス機能　④インキュベーション機能
⑤ルーティンサービス機能　⑥バックオフィス機能

図表　広義のマネジメントの機能

狭義のマネジメントの機能

全社レベル	◇⑤ルーチンサービス機能 （本社業務だが、 専門性が低くルーチンの 作業が中心）	◇③高度専門サービス機能 （知財や法務などの 専門性の高い機能）	◇①コーポレート機能 ・戦略策定機能・監視統制 機能・ガバナンス機能・社 会的責任遂行機能
	シェアード サービス 部門	財務・経理部、人事部、総務部 知財部、法務部	経営 企画部
事業レベル	◇⑥バックオフィス機能 （事業の後方支援） 営業事務など シェアードサービス部門	◇④インキュベーション機能 （新規事業の事業戦略 支援、各種ヘルプ） 事業開発部	◇②事業管理機能 （単一事業の戦略・計画 の策定や計数管理） 事業企画部

支援する　　　　　　　　　　　　　　　　　　　　　　　　　導く

①コーポレート機能

　コーポレート機能は、全社の戦略を策定したり、全社および事業の戦略や計画の進捗をモニタリング・評価したりする機能です。つまり、全社の視点で事業および会社全体を導きます。最終的な決定は経営層が行なうことも多いのですが、経営企画部を中心に、経営スタッフが実質的な機能を担います。

②事業管理機能

　事業管理機能は、各事業の戦略・計画を策定したり、その進捗管理をしたりする機能です。この機能は、事業部門トップと事業企画部が中心となって担います。事業部ではなく事業子会社の場合は、事業子会社の経営企画部が担当するでしょう。

　この2つの機能がまさに事業を「導く」機能であり、狭義には、これらを「マネジメントの機能」と呼ぶことができます。

③高度専門サービス機能、④インキュベーション機能

　「導く」よりも「支援」という観点に近い機能も存在します。高度専門サービス機能とインキュベーション機能です。

　高度専門サービス機能とは、知財部の担当している特許の申請や、法務部の担当している法務（発生した法的紛争の処理）など、高度な知識・専門的な知識を必要とする全社的な支援です。

　インキュベーション機能とは、新規事業を担っている事業部門に対して、事業戦略の支援や各種ヘルプを行なう機能です。新規事業を担う部門や子会社は、事業戦略を策定する機能が弱いことが多いので、事業開発部などが事業戦略の策定を支援することになります。

⑤ルーティンサービス機能、⑥バックオフィス機能

　さらに、「導く」という観点が非常に薄い、「支援」中心の機能があります。ルーティンサービス機能とバックオフィス機能です。

　ルーティンサービス機能とは、たとえば経理部の各種経費業務、人事部の労務業務などの、専門性が低くルーティン業務となる機能です。この機能は、アウトソーシングの対象になりやすく、さまざまな業務を集中させてシェアードサービス部門（子会社など）として効率化させることができ

ます。

　また、営業事務などのバックオフィス機能も、支援中心の機能と言えます。

図表　マネジメント機能の一般的保有部署

```
                    ┌──────────────────┐
                    │ トップマネジメント │
                    └──────────────────┘
                             │      ┌──────────────┐
                             ├──────│ 経営スタッフ │
                             │      └──────────────┘
                             │             コーポレート機能
                             │             高度専門サービス機能
                             │             ルーチンサービス機能
        ┌────────────────────┼─────────────────────┐
┌───────────────┐  ┌───────────────┐      ┌──────────────┐
│   事業部門     │  │   事業部門     │      │  事業開発部   │
│(もしくは事業会社)│  │(もしくは事業会社)│      └──────────────┘
└───────────────┘  └───────────────┘       インキュベーション機能
 ┌──────────┐      ┌──────────┐      ┌───┬───┬───┐
 │事業部門トップ│      │事業部門トップ│      │新規│新規│新規│
 └──────────┘      └──────────┘      │事業│事業│事業│
   ┌────────┐        ┌────────┐      └───┴───┴───┘
   │事業企画部│        │事業企画部│
   └────────┘        └────────┘
    事業管理機能        事業管理機能
 ┌──┬──┬──┐      ┌──┬──┬──┐
 │(子会社)│部│      │(子会社)│部│
 └──┴──┴──┘      └──┴──┴──┘
```

※バックオフィス機能は各部内に存在

　こうした6つのマネジメント機能のうち、狭義のマネジメント機能である「コーポレート機能」と「事業管理機能」は、事業を推進するうえでの最重要機能と位置づけられます（もちろん、他の機能が重要でないということではありません）。

　そのため、以下では、事業管理機能とコーポレート機能を順にくわしく説明します。

[2] 事業管理機能とその仕組み

　前述のとおり、事業管理機能は、事業部門トップと事業企画部が中心となって担う、各事業の戦略・計画を策定する事業戦略策定機能と、その進捗管理機能です。

　事業戦略の策定は、自社とそれを取り巻く環境から中長期目標に向けた戦略的な課題を抽出し、優先順位の高い課題を解決するアクションプランを構築することです（詳細は『経営戦略の基本』日本実業出版社を参照）。事業企画部は、担当事業に関する環境を常にウォッチし（リサーチや、事

業を推進している組織などからの情報収集）、業績を向上させるためには何をすべきかを追求していきます。

戦略の進捗管理は、アクションプランの定性的な進捗度合いや、「KPI（Key Performance Indicator）」と呼ばれる定量指標を用いて、いわゆるPDCAサイクルを回すという仕組みを用いて管理します。すなわち、まずは指標と達成の水準を決定し（P：Plan）、戦略を実行してその進捗をモニタリングし（D：Do）、一定期間終了後に評価し（C：Check）、その評価を次の戦略策定・指標設定に活用します（A：Action）。

定性的な進捗度合いやKPIは、戦略の進捗がわかるような切り口で設定されるため、プロセス別（職能別）に設定することが多くなります。こうした指標は、とりうる事業戦略によって変わってくるので、戦略を変更していくなかで同じ指標を使い続けることはできません。

図表　事業戦略の策定

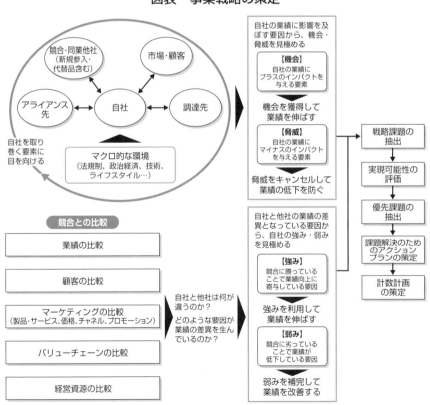

■KPIの例

研究開発	生産	営業
・開発リードタイム ・新製品開発数 ・研究開発人員当たりの 　開発数 ・研究開発費 ・研究開発費比率 ・特許件数（出願・承認）	・生産人員当たり売上 ・稼働率 ・単位原価 ・生産キャパシティ ・リードタイム	・顧客訪問回数（新規・ 　既存） ・提案回数 ・受注率 ・ターゲット顧客獲得数 ・顧客当たり単価 ・失注顧客数

　事業の進捗管理には、KPIをよりシステマチックに活用した「バランスト・スコアカード（BSC：Balanced Score Card）」というツールも存在します。第2章の部署のマネジメントでも説明したツールですが、事業の進捗管理にも使用できます。このBSCで用いられる4つの視点について、おさらいしておきましょう。

■ BSCで用いられる視点

①財務の視点（財務諸表などから計算されるパフォーマンス）
②顧客の視点（顧客獲得に関する切り口）
③プロセスの視点（自社業務に関する切り口）
④学習と成長の視点（人材や技術など経営資源の向上に関する切り口）

　短期的な視点である財務だけでなく、より長期的な視点を含めて、①〜④の視点の目標をひもづけることによって、「どのようなことを実行すれば最終目標を達成することができるのか」が明確になり、これを「戦略マップ」と呼びます。
　また、それぞれの視点の戦略目標ごとに、評価指標（前述のKPIと同じ）を設定し、目標達成の進捗状況をモニタリングすることができます。BSCもPDCAサイクルによって管理されます。
　このように、事業管理機能の裏側には、KPIやBSC、PDCAサイクルのような指標、ツール、仕組みが存在するのです。

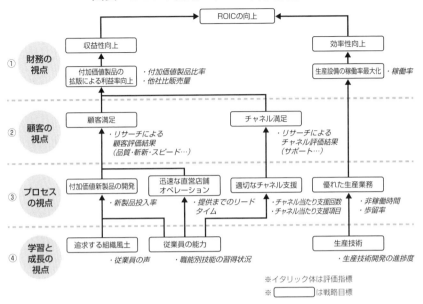

図表　BSCの戦略マップと評価指標の例

[3] コーポレート機能には大別して4つの機能がある

　ここまでは、事業部門が担う重要機能の「事業管理機能」を説明してきました。以下では、149ページで説明した本社が担う重要機能の「コーポレート機能」について、くわしく説明します。全社目線で事業の推進を導くコーポレート機能は、次の4つの機能から構成されます。

■コーポレート機能

> ①戦略策定機能
> ②監視統制機能
> ③ガバナンス機能
> ④社会的責任遂行機能

①戦略策定機能

　戦略策定機能は、理念・パーパス・ビジョンの策定や事業領域の設定、経営計画の策定、資源配分、事業間シナジーの創出、コーポレートブランドの創出といった「経営戦略の機能」と、財務戦略や資本政策といった「フ

ァイナンスの機能」の2つから構成されます。前者の経営戦略の機能は事業群をどのように扱うかということがテーマになり、後者のファイナンスの機能は事業群がうまく推進するように財務活動で支えることがテーマになります。

②監視統制機能

　監視統制機能は、計数計画（予算）策定、全社および事業のモニタリングや業績評価といった「経営管理の機能」と、知的財産管理、予防法務・戦略法務、リスク管理、内部監査などの「事業群が適正に動いているかどうか」を事業とは別の目線で監視・指導する「内部統制の機能」の2つから成り立っています。

③ガバナンス機能

　ガバナンス機能は、上記2つの機能とは趣向が少し異なり、重要なルールや根本的な会社のあり方など、会社を統治するうえで必要な事柄に関する決定・調整機能です。

④社会的責任遂行機能

　コーポレート機能には、株主対応やCSRなどの社会的責任の遂行機能もあります。こちらは経営者のマネジメントとして第5章で説明します。

■コーポレート機能の分類

①戦略策定機能

◇経営戦略
・理念・パーパス設定
・ビジョン策定、事業領域設定
・経営計画策定
・資源配分（事業ポートフォリオ管理による選択と集中、ヒトモノカネなどの配分）
・事業間シナジーの創出
・コーポレートブランドの確立
・事業領域拡張（事業の探索）、イノベーション牽引
◇ファイナンス
・財務戦略、資本政策、(IR戦略)

②監視統制機能

◇経営管理
・計数計画策定、モニタリング、業績評価
・投資評価
◇内部統制
・知財管理、予防法務・戦略法務
・リスク管理
・内部監査

③ガバナンス機能

・定款や決裁規定など各種重要制度の変更
・グループ組織企画
・会社の設立・合併・買収・清算
・経営陣・重要ポスト人事
・経営会議などの運営

④社会的責任遂行機能

・株主対応、広報、IR戦略
・CSR、環境対応 ⇒ サステナビリティ推進

[4] 戦略策定機能とその仕組み

①経営戦略における理念・パーパス設定、ビジョン策定、事業領域設定

　経営戦略における理念・パーパスの設定、ビジョン策定、事業領域設定機能は、会社の方向性を決定づける機能であり、すべての事業群に多大な影響を及ぼします。これは、経営者のマネジメントとしての色合いが強いため、第5章で説明しますが、ここでは、パーパスのみ補足しておきます。

　パーパスは、株主志向の短期的経営ではなく、社会や環境、多様なステークホルダーと共存共栄していく長期的経営を志向するべく、社内外に掲げていく「社会における存在意義」です。本章の4-1で説明したとおり、組織・人材は流動性が高まり、得てしてバラバラになりやすいため、そうした組織・人材を共鳴させて、つなぎとめる概念です。そこに賛同した組織・人材が集い、それにより、結束力が高まることが期待されています。

②経営戦略における経営計画策定

　中期経営計画などに代表されるものであり、全社の戦略を目に見える形に落とし込んだものです（もちろん、主要各事業の戦略が含まれます）。会社によって策定の形はさまざまですが（事業部門に与える権限によって異なります）、多いパターンは下の図表のとおりです。

図表　経営計画策定のフロー

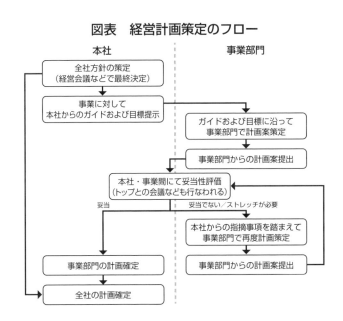

まず、本社が策定のガイドや目標を提示し、それに基づいて事業部門が計画案を立案します。その計画案をもとに、本社と事業部門が妥当性について検討し、妥当でないと本社に判断されれば事業部門は再度計画を策定し直します。

　策定する期間は将来3〜5年分が一般的ですが、3〜5年周期で策定するケースと、毎年ローリング（1年分追加し全体をブラッシュアップすること）するケースの両方が見られます。ローリングする場合には、1年目の計画が予算となります。

　経営計画には各事業だけでなく、資源配分・シナジーの創出・コーポレートブランドや、本章で述べている会社のマネジメントに関することなど、全社視点の計画も組み込まれます。そうした全社視点の計画は本社によって策定されます。

③経営戦略における資源配分

　資源配分とは、会社にとって優先すべき事業を選択し、その事業に経営資源を優先的に集中させるということです。いわゆる「事業ポートフォリオ管理」と呼ばれるものになります。

　事業ポートフォリオ管理に関する有名な仕組みとしては、次ページの下の図表に示した、ボストンコンサルティンググループが1970年代に開発した「PPM（Product Portfolio Management）」や、マッキンゼーとGEグループが開発した「ビジネス・スクリーン」があります。どちらも個別事業の評価を実施したうえで、投資の優先度を設定したり、撤退の目安を設定したりするものとして活用することができます。

　現在では、さまざまな会社が自らの立場に合った事業ポートフォリオ管理の仕組みを保有しています。たとえば、事業間のシナジーを重視する企業であれば、事業のシナジーの大小をポートフォリオの評価に加えています。また、総合商社では、海外投資などのリスクが多く含まれる事業投資を多数実施しているため、事業リスクなどを勘案したポートフォリオを構築しています。

　こうした仕組みでは、PPMやビジネス・スクリーンでは抜け落ちていた視点を補い、自社の状況に合致したポートフォリオ管理を可能にしているのです（詳細は『経営戦略の基本』日本実業出版社を参照）。

図表　資源配分のイメージ

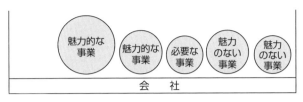

どの事業に優先的に投資すべきか

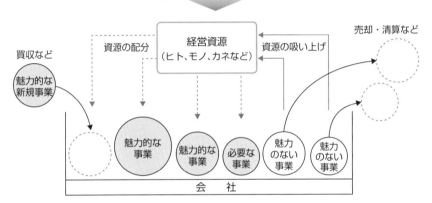

図表　事業ポートフォリオ管理の代表例

PPM
(Product Portfolio Management)

	高 ← 市場成長率 → 低	
	【スター】 ・競争力があるが、市場が成長期にあるため多額の投資が必要 ・将来的に金のなる木になるようにシェアの拡大・維持が必要	【問題児】 ・市場が成長期にあるため多額の投資が必要 ・競争力を上げられるかどうかの見極め（選択と集中）が必要
	【金のなる木】 ・競争力があり、かつ多額の成長投資は必要ないためキャッシュが豊富 ・競争力を維持し、選択した問題児や新規事業などにキャッシュを振り分けるべき	【負け犬】 ・競争力が低く、市場の成長も低いことから、将来的に飛躍も難しい ・キャッシュの流出は少ないと見られるが、保有意義の少ない事業であり撤退の検討が必要

高　　　　　低
相対市場シェア＝競争力
（自社を除いたトップとのシェア比）

ビジネス・スクリーン

［市場規模と成長性、産業の収益性、インフレ、海外市場の重要性に関する指標から評価］

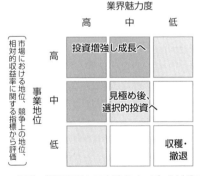

出所：『新版 MBA マネジメント・ブック』（グロービス著、ダイヤモンド社）をもとに作成

④経営戦略における事業領域拡張（事業の探索）、イノベーション牽引

　以前、日本の企業では、新しい事業を探索することは、ある種のイベントとなっており、定常的には行なわれていませんでした。これは、選択と集中が長年実施されてきたからかもしれません。

　しかし近年では、環境変化もあり、事業の探索が日々のオペレーションのように位置づけられ、新しい事業を「探し続ける」企業も出現してきています。日本でも遅ればせながら「事業開発部」が多数の企業で設立され、イベントで偶然に生み出された新規事業の支援のみならず、新規事業の探索を事業開発部が担うようになってきている印象を受けます。

　具体的な機能・プロセスとしては、技術や経営資源の棚卸から始まり、それらが接点をもてる事業領域の拡張（幅出し）をして、なるべく多くのオプションを創出します。

　その際には、さまざまな市場・業界が今からどうなっていくのかというフォーキャスト（予測）のアプローチと、将来の社会の姿から描くバックキャストのアプローチを組み合わせて事業領域を拡張することが多くなっています。このあたりは、プロジェクト的に推進することも多いですが、常時アンテナを張り、気づきを得ておく必要があるでしょう。上記オプションのうち、魅力的なものについて、ビジネスモデルやエコシステムの仮説を構築し、具体的な検証や事業の設計に入ることが通例です。

図表　事業領域拡張の機能・プロセス例

	全社レベル		事業レベル
新規事業創出の機能・プロセス大枠	探索・構想策定		実証・計画
	有望領域・事業の仮説構築	仮説検証・事業の設計	
各機能・プロセスの実施事項	・テコとなる技術や経営資源の棚卸 ・領域幅出し（フォーキャスト、バックキャスト） ・参入するドメイン（有望事業領域）の特定 ・ビジネスモデル／エコシステムの仮説構築	・仮説の実現可能性検証 　・市場性 　・競争優位性 　・資源充定 　・リスクコントロール 　・パフォーマンス ・実現可能性の高いビジネスモデル／エコシステムの再構築 ・戦略課題と解決方法検討（とくにアライアンス）	・具体製品・サービス、及び仕組みの基本的なデザイン ・コンセプト検証 ・アライアンス ・資金調達まで含めた事業計画・アクション

こうした事業領域拡張においては、イノベーティブな視点を取り入れる必要がありますが、近年ではオープンイノベーションが欠かせないものとなっています。

オープンイノベーションとは、外部の技術やアイデアを活用して事業機会を獲得する考え方です。たとえば、先ほどの事業領域の拡張を行なうに当たり、外部との対話の中からその機会を見出したり、検証や事業の具体的な設計において、不足している技術資源の構築を外部に募ったりするなどが代表例です。こうした外部を活用したイノベーションの牽引も、経営スタッフなどコーポレートの新たな役割として定着しつつあります。

[5] 監視統制機能とその仕組み

①会社・各事業がどの位置にいるのかを把握し、評価・統制をする

監視統制機能に関しては、基本的な機能としてとくに重要な「経営管理」に絞って説明します。経営管理の機能は、「計数計画（予算）策定、会社および事業のモニタリング、事業の業績評価を実施すること」であり、会社・各事業がどの位置にいるのか（どのような業績なのか）を把握し、評価・統制をするものです。

ここでは近年、ポピュラーになっている事業別組織の経営管理を考えてみます。ちなみに、職能別組織の場合は、前述の事業管理機能の中で出てきたプロセス別のKPIや定性的な施策の進捗状況などから組織の評価を実施し、一方で管理会計を用いて製品別の業績評価も実施するケースが多いと考えられます。

②事業は「事業連結」で見る

事業別組織における経営管理でよく採用される前提の考え方として、「事業連結」というものがあります。会社には事業の1職能を担う機能子会社や、事業の中の小さい事業を担う事業子会社があります。基本的に現在では、会社を「グループ」で考えますので、機能子会社や事業子会社も関連する事業部門に連結させるということです。以前は、子会社は事業部門に属さずに別に評価することも多かったのですが、それではグループで保有している事業を正確に管理することはできません。

やはり、関連する機能子会社や小さな事業子会社は、事業部門が連結して1つの部と同等に管理することが理想と考えられます。この考え方は、

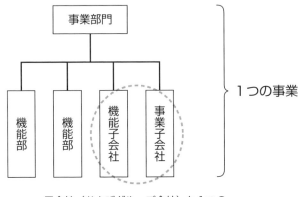

図表　事業連結のイメージ

事業部門

機能部　機能部　機能子会社　事業子会社

1つの事業

子会社（およびグループ会社）も1つの
部として考える

経営管理だけでなく、これまで述べてきた経営戦略の機能や事業管理機能
についても当てはまります。

③経営管理はPDCAサイクルで進める

　次に、経営管理の仕組みに目を移してみましょう。大枠の仕組みは、
PDCAサイクルによって進められます。

　前期後半に、全社で計数計画（予算）策定が始まります。経営計画と同
様に、本社がガイドや目標を出すケースが多くなっています（ただし、会
社によって、さまざまです）。そのガイドや目標をもとに、本社と事業部
門の納得のいく計数計画が策定されます。

　その計数計画をもって、事業部門は期中に事業を推進し、たとえば四半
期ベースで本社へ報告します。本社はその報告事項をモニタリングし、業
績がおかしくないかをチェックするのです。期末には最終的な業績が出そ
ろいますので、それをもとに本社は事業を評価します。

④評価に応じて事業部門にインセンティブを与える

　評価して終わりでは意味がありません。評価に応じて、事業部門には「イ
ンセンティブ」を付与します。

　インセンティブとは、組織の行動を引き出す動機となるものという意味
です。すべての会社で付与されているわけではありませんが、たとえば業
績のよかった事業は戦略の自由度が与えられ、業績が悪い事業は本社とと

もに再建計画を立てなければならないといったイメージです。さらに悪ければ、本社主体で再建計画を立て、その先は撤退検討などが待っています。すなわち、4-3で説明した「権限の大小」の話に他なりません。

その他のインセンティブとしては、事業部門の責任者クラスの賞与を変動させるケースも見られます。さらに、その先として、事業評価が事業部門の人材の人事評価につながっていくケースもあります。

ここで注意しなければならないのは、事業側に策定の権限が与えられている場合はしっかりと評価・統制すべきですが、本社がかなり関与するなら、本社側にも責任があります。行きすぎた統制をかけてしまうと、組織のモチベーションがダウンしますので、バランスをとる必要があります。

図表　経営管理におけるPDCAサイクル

⑤さまざまな指標を組み合わせて事業を評価する

先ほど、経営管理のプロセスを説明しましたが、具体的に事業は、どのような指標で評価されるのでしょうか。これも会社によってさまざまですが、事業別の組織の場合は次のような指標（もしくは、その組み合わせ）によって評価されています。

■ 事業を評価する指標

①経済的指標（EVAなど）※EVAはスターン・スチュワート社の登録商標

②総合力（ROIC、ROAなど）

③基本指標（成長性、収益性、効率性）

④規模（売上額、利益額、CFなど）

⑤KPI　※ただし、現在では利用するケースは少ない

　一時期流行した①経済的指標１本で評価する場合もありますが、指標算出に使用する事業別のWACC（期待収益率）の妥当性が確保しづらいという理由で、②総合力や③基本指標を組み合わせて評価するケースに戻す会社が増えています。そのような会社の話を聞いてみると、EVAなどの経済的指標は事業別の評価ではなく、全社の評価として使用するものだという見解です。まさに、そのとおりだと思います。

　こうした指標を見てみると、投資家目線の財務指標が中心となっており、多数の事業を抱える会社については、事業は事業部門に任せるというケースが増えていることがわかります。そうした会社では、戦略や事業の進捗を判断できる⑤KPIなどを活用することは稀です。もちろん、単一事業に近い場合、複数事業を抱える会社であっても個別事業部門内を管理する場合、また、未熟またはパフォーマンスが低い事業を管理する場合については、KPI、さらには細かい計画進捗も含めて、集権的に評価するケースも多くなります。

■ 評価・モニタリングに使用される指標

①経済的価値	②総合力	③基本指標	④規模	⑤KPI
EVA （各社アレンジの EVA準拠指標な ども） EVAスプレッド	ROIC （投下資本利益率） ROA （総資産利益率） ROE （株主資本利益率）	成長性 （売上高の成長性） 収益性 （営業利益率など のROS） 効率性 （各種回転率）	売上額 利益額 （営業利益、 EBITDAなど） キャッシュ・ フロー （FCFなど）	シェア …

　指標とは別に、評価の善し悪しを決める「水準」も決めなければなりま

せん。水準には、次のようなものが使われます。

■ 評価水準の例

①前年比
②予算対比
③市場・業界平均対比
④ベンチマーク会社対比

③市場・業界平均対比や④ベンチマーク会社対比も、事業の実力を計るという観点からは非常に有益ですが、いかんせんデータの取得がタイムリーにできない可能性が高いという欠点があります。地味ではありますが、①②のような着実な水準で評価する会社が多いようです。

[6] 社会的責任遂行機能――サステナビリティ推進

社会的責任遂行機能に関しては、近年のトレンドであるサステナビリティ推進に絞って説明します。

これまではCSRや環境対応の部署で、本業とは何ら関係ない内容も含めた、いわゆる社会貢献、各種環境対応の推進や取りまとめを実施することが多かったと言えます。しかし、本章の4-1で説明したとおり、社会とのつながりがより意識されるようになってきていることから、より大きな枠組みとして、持続的な社会形成、すなわちサステナビリティという概念が導入され、サステナビリティ推進室などによる牽引が始まっています。

コーポレート（本社）としての理想的な機能は、得意な事業を用いて特定の企業だからこそできる社会の課題解決を牽引することであり、経営や事業にサステナビリティの立場から進言する機能、もしくは、そもそも独立ではなく戦略的策定機能の中に深く入り込む機能であると言えます。

しかし現実問題として、社内プロセスで温室効果ガスを削減する（さらには計算する）といった、わかりやすい取り組みなどに留まり、意義深い機能ではあるものの、サービス機能に留まってしまっているケースが散見されます。これからは、サステナビリティ推進について、コーポレート機能とサービス機能を峻別し、後者のみならず双方の機能の充実を図るべきであると考えます。

4-5

経営基盤の構築④
人材管理

戦略に従った適切な人材配置、事業のパフォーマンスを上げるための人材の
モチベーション向上、事業を束ねていく経営人材の育成の3点を実施すべき

[1] 人材管理は事業の推進に従う

　本章の4-2で、「組織は事業の推進を担当する人材の集合体」と説明しま
した。事業を推進するには人材がいなければ話にならず、そして事業の推
進を導くためにも人材が必要です。事業の基本的な原動力は、やはり人材
なのです。

　それでは、人材を活用するうえで考えなければならないこととは何でし
ょうか。

①戦略に従った適切な人材配置

　1つ目は、戦略に従った適切な人材配置です。戦略の実行や業務（オペ
レーション）を滞りなく進めるためには、戦略で思い描いたとおりに、人
材が必要なところに人材を配置することが必要です。そのため、戦略と人
事がバラバラに動いているということはありえないはずです。

　たとえば、戦略を念頭に置かず、毎年、とりあえず同じ数だけ同じよう
な人材を採用している会社もあるのではないでしょうか。

図表　人材管理における重要論点

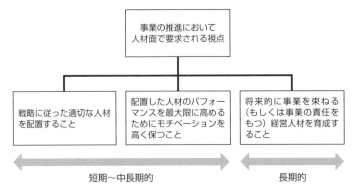

　たしかに、事業と異なり、人材には年齢があるため（事業も、ビジネスモデルの陳腐化という意味では歳をとりますが…）、人材の年齢構成を適正に保つという意味では、そうした採用も大切なのかもしれません。

　しかし、それよりも、戦略に従った本当に必要な人材の配置を意識することが重要です。

②人材のモチベーションを高く保つ

　2つ目は、人材のモチベーションを高く保つことです。モチベーションとは、動機・やる気であり、人材がもっている本当の実力を発揮できるかどうかということに大きくかかわってきます。配置した人材のパフォーマンスを最大限に高める、すなわち事業のパフォーマンスを最大限に高めるためにも、人材のモチベーションを高く保つことが必要なのです。

③事業を束ねる・事業の責任をもつ経営人材の育成

　そして最後は、事業そのものというよりも、事業を束ねる・事業の責任をもつ経営人材の育成です。

　どんなにミドルや現場がよくても、強い経営層（権力ではなく、実力という意味で強い経営層）が存在しない組織は経営のミスを引き起こし、事業に甚大な損害を与えかねません。逆に、強い経営層が存在することによって事業を強力に引っ張り、事業のパフォーマンスが上がることも多いでしょう。どの会社にとっても強い経営層が存在するということは重要なのです。

　しかし、さまざまな会社を見てみると、現在の経営層に問題があるというケースももちろんありますが、企業規模を問わず「次世代の経営層を、どのように育成していくか」が課題になっていることが多いのです。

　「事業の推進を導く＝会社のマネジメント」という観点からは、上記3点が人材管理における重要な論点になります。

　近年でも、この3点が重要であることに変わりはありません。しかし、イノベーションにより事業を革新・拡張していくに当たり、内部の組織や人材のみならず外部とのアライアンスも含め、最適なフォーメーションを再構築する必要があります。

　また、事業で社会の課題解決をめざすに当たっては、単独企業や既存人材だけではやり切れないことも多く、新規人材の登用やアライアンスも必

要だと考えられます。そのため、こうした組織・人材の流動性が高まる状況においては、その最適配置・モチベーション向上がますます必要になります。

　さらには、多様化した組織・人材を束ねることのできる経営人材、より好ましくはアライアンス先をリスペクトし、うまく対等に渡り合える経営人材が必要となってくるのです。

［2］事業を把握した適切な人材配置

　適切な人材配置には、まず、事業の状況や事業が保有する課題を検討する必要があります。事業を見ずして必要な人材や人材の過不足を割り出すことはできないからです。こうした事業の分析が前提として必要です。

図表　適正な人材配置の検討の流れ

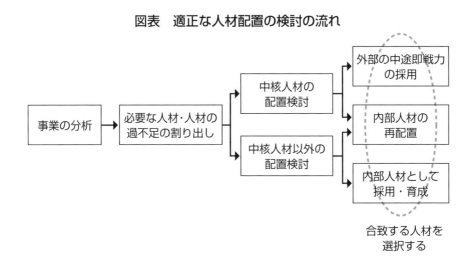

　中核人材の配置が必要な場合と、中核人材以外の配置が必要な場合とでは状況が異なります。とくに注意が必要な中核人材の配置について考えます。

　中核人材の配置が必要な場合は、会社として急いで適切な人材を割り当てたいときが多いのではないでしょうか。たとえば、組織改編によって高いレベルのポジションに割り当てる人材がいないケースや、想定していた中核人材が抜けるケースがあるでしょう（そうならないために高いモチベーションの維持が必要ですが）。そういったケースでも、逼迫した状況な

ので、「悠長に育成して…」などとは言っていられません。

　そこで、条件の合致する内部の人材を再配置できれば、スピーディーで、しかも組織への馴染みもよいとは思いますが、必ずしもそのような人材が社内に存在するとは限りません。その場合、コストは高くなりますが、人材紹介会社を利用するなどして、外部の即戦力を採用する必要があります。ただし、中核人材が逼迫している業界などでは、競合他社と人材の取り合いになるので注意が必要です。こうしたところでも、業界を見る、すなわち事業をつぶさに分析しておかないと痛い目を見ます。事業を見ない人材管理はありえません。

　なお、内部人材の再配置に関しては、グループ全体での適材適所の実現を迫られることも多くなると思います。グループ内の人材の流動性をスムーズに実施するためには、グループ共通の人事制度の構築が必要です。一例ですが、グループ共通の人事制度としては、出向・転籍などのルール整備、退職金などの制度、グループ共通の教育プログラムなどが挙げられるでしょう。

[3] 人材のモチベーションを保ち、パフォーマンスを上げる

　モチベーションは動機・やる気と考えることができますが、人材のモチベーションを高く保つためにはどうすればよいでしょうか。そのためには、モチベーションは何によって高まるのかを知る必要があります。

　有名な理論の1つに、F・ハーズバーグの「モチベーションの二要因理論」があります。この理論によると、モチベーションに影響を与えるものは、不満の解消によるもの（衛生要因）と、満足感の醸成によるもの（動機づけ要因）の2通りがあります。前者の衛生要因も重要ですが、不満をいくら解消しても満足度を高めることにつながらないため、ハーズバーグは後者の動機づけ要因を刺激することが重要としています。

　動機づけ要因は、仕事の達成感、チャレンジングな仕事、責任範囲の拡大、結果に対する称賛、能力向上と自己成長などが含まれます。前の4つに関しては、マネジャーやリーダーの動きが下の人材に対して非常に強い影響をもっています。第1章〜第3章で説明してきたマネジャーやリーダーの適切な動きというものは、人材の高いモチベーション維持に欠かせないのです。また、仕事を与えるという観点からは、前項で説明した適切な人材配置や、本章の4-3で述べた適切な権限委譲も非常に重要でしょう。

図表　モチベーションの要因構造と高いモチベーション維持に必要なこと

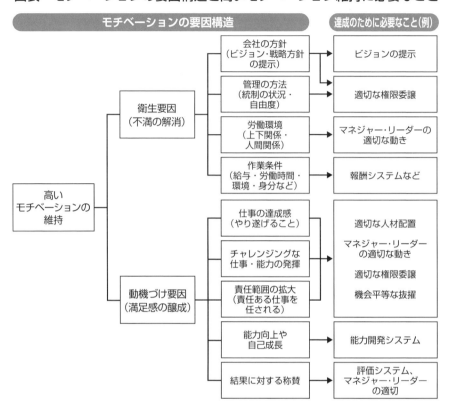

[4] グループ経営・グローバル化でも有効な「機会平等な抜擢」

　モチベーション向上のために、近年のグループ経営・グローバル化を踏まえて取り上げておきたいことがあります。それは、「機会平等な抜擢（とくに幹部選抜）」です。

　グループ会社（子会社）は、召し使いでもロボットでもありません。親会社に勝るとも劣らない優秀な人材が、グループ会社内に多数存在するケースはざらにあります。

　とくに、新興国などにおける海外グループ会社には、現地のトップ人材が集まってくることも多いのです。親会社にとっても、そうした人材をグループでフル活用しない手はないでしょう。

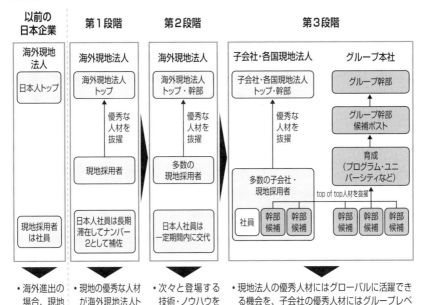

図表　グローバルグループレベルの機会平等な幹部選抜（ソニーの例）

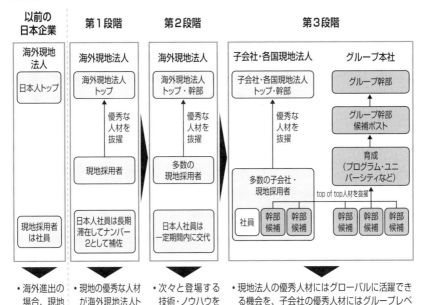

出所：『日経ビジネスオンライン（"ソニーユニバーシティー"で経営トップとビジョンを共有グループ
　　　の幹部候補を育てる）』（藤田州孝・安部和志著、日経BP）をもとに作成

　グループ内の優秀な人材に幹部選抜のチャンスを平等に与えることで、仕事の達成感の増大やチャレンジングな仕事・責任範囲の拡大を図ることができ、さらには自己成長への意欲についても刺激でき、彼らのモチベーションを高めることが期待できます。

　ソニーグループなどでは、上の図表のような仕組みを導入して（ソニーは第3段階を採用）、グローバルグループ各社の人材に平等な幹部選抜の機会を与えています。

　近年、中国や他の新興国において、現地の優秀な人材が日系企業を選択しなくなっていると言われています。これは、報酬システムなどの問題もあると思いますが、根本的な理由は海外子会社などで採用した現地の人材に、グループ幹部となるチャンスが平等に与えられていないからではないでしょうか。旧態依然の人材管理では、グローバル競争力を失うことになるでしょう。

前述のとおり、強い経営層が存在すれば、その経営層が事業を強力に引っ張り、事業のパフォーマンスが上がることに異論はないと思います。しかし、常に優秀な経営層が出てくるとは限りませんし、力のある人材は存在するものの、たまたま機会に恵まれずに埋もれてしまうケースもあるでしょう。本当に力のある人材を選抜するために、次のような手法・仕組みがあります。

■力のある人材を選抜する手法・仕組み

①幹部選抜と社内教育機関（コーポレートユニバーシティ）の設置
②ジュニアボードの組成

①コーポレートユニバーシティ

幹部選抜はモチベーションを上げる方法としても紹介しましたが、当然、次世代の経営層候補を確保することが主となります。これに加えて、「コーポレートユニバーシティ」と呼ばれる社内教育機関を設置して幹部候補を育成していく仕組みがあります。ソニー、トヨタ、キヤノン、パナソニックなどの大企業で取り入れられているケースが多くなっています。

図表　コーポレートユニバーシティの事例（ソニーユニバーシティの概要）

ソニーユニバーシティの目的
- ソニーのグローバル次世代リーダーを育成する場
- 受講者は、経営陣とのディスカッションや社内外の有識者との交流を通じて互いに切磋琢磨しながら、グローバル企業の経営者に求められる広い視座やリーダーシップ、人間力を身につけていく

プログラム

1. ビジネス・シミュレーション	： 経営戦略の立案を通して、経営者意識を身につけてもらう
2. リーダーシップの育成	： 組織を率いるリーダーシップの本質を理解してもらう
3. 新規事業提案	： グループ内の異なる事業の強みを組み合わせた新規事業を提案してもらう

対象者
- 大別して、①事業責任者クラス、②部長クラス、③課長クラスと、3階層ごとにリーダーの育成を行なっている
  ①事業責任者クラス
  ——次世代リーダーとして次にグループの経営チームに参画する候補者という位置づけ
  ——経営者としての資質の強化に重点を置く
  ②③部長・課長クラス
  ——自分が所属するグループで何が起きているかを認識させ、グループ全体の視点を早くから身につけてもらえる場をつくる

出所：ソニーウェブサイトおよび各種記事をもとに作成

　各社の単純な模倣をしているケースもありますが、模倣だけでは真の育成にはつながらないと考えられます。単なる知識の習得ではなく、自社の価値観を肌身で学び取るようなプログラムを構築する必要があるでしょうし、ソニーなどでは経営層が必ず参加しているように、経営陣自らが考え方を次代に渡すという意気込みも必要でしょう。

②ジュニアボード

　ジュニアボードとは、次世代の経営層候補である部課長クラスを集め、仮想的な役員会という位置づけで経営課題などのテーマをとことん検討してもらうものです。検討した結果のアウトプットにも価値はあるかもしれませんが、むしろ検討のプロセスを通して、参加した部課長クラスが次世代の経営層として育成されることがおもな目的になります。

　ジュニアボードにおける検討が進むにつれ、本当に光っている人材が見えてくる可能性もあります。育成を主眼に置いているため、現在の経営層は、ジュニアボードによって出てきたアウトプットに対して経営者の目線で冷徹に評価をし、喧々諤々とメンバーとディスカッションをする必要があるでしょう。なお、この仕組みは、中堅・中小企業で取り入れられるケースが多くなっています。

図表　ジュニアボードのイメージ

検討すべき経営課題の提供

仮想的な
ボード（役員会）

経営層

　コーポレートユニバーシティとジュニアボード、どちらの仕組みであっても、必要なのは、現在の経営層が信念をもって助言・指導に当たるということです（手取り足取り教えることではありません）。そうしなければ、次代の経営層は育たないでしょう。

経営基盤の構築⑤
競争力を生み出す風土・文化

会社の風土・文化は、独自の価値観・考え方・精神が組織に根づいていることを示すものであり、徹底的な浸透により競争力を生み出せる

[1] 会社の風土・文化はしっかり根づいた独自の価値観・考え方・精神

　ここまでは、組織構造、権限と責任、マネジメントの機能と仕組み、人材管理など、会社のマネジメントの比較的「ハード」な側面を説明してきました。しかし、会社のマネジメントはハードだけでは成り立たず、風土・文化といった「ソフト」な側面もコントロールする必要があることが知られています。では、そのソフトな側面である会社の風土・文化とは何でしょうか。

　端的に言えば、会社に"しっかりと根づいた"独自の価値観・考え方・精神と言えるのではないでしょうか。たとえば、「顧客のニーズを先回りして、顧客の驚く製品・サービスの提供を追求する」という競争力に直結する考え方があったとして、それが社員一人ひとりに当たり前のものとして根づいている状態をイメージしてみてください。

　経営理念に近いものにはなりますが、これらは、自分の行動に関する考え方・精神と言えます。「行動指針」や「行動規範」といったもので明文化している会社もあれば、ソニーの「ソニースピリット」のように明文化を避けているものもあります（ソニースピリットをあえて明文化すれば、"革新的な技術・サービスで社会を変革する、フロンティア精神、個人の自律性と創造性の尊重になる"でしょうか）。

　明文化して掲げるかどうかは重要ではありません。その価値観・考え方・精神が組織の中に「しっかりと根づく＝浸透する」ことで、人材がその価値観・考え方・精神で自然と動けることが重要なのです。経営スタッフが"行動指針だけつくって終わり"という会社もありますが、それではまったく意味がありません。会社に本当に必要な風土・文化を経営層が認識し、全社に徹底的に浸透させてこそ人材が動くようになります。

　風土・文化が浸透すれば、会社の競争力を生み出すような価値観・考え方・精神が、グループ各社を含め末端の人材まで行き渡り、それによって、

会社全体で競争力の高い動きができるようになります。競争力を生み出すような風土・文化が醸成されていれば、意識せずとも競争力の高い戦略が生み出されるでしょうし、競争力の高い戦略を実行することができるでしょう。見えにくい風土・文化に競争要因を埋め込めば、他社も模倣が難しいはずです。

また、本章の4-1、4-4において、「パーパスは組織・人材を共鳴させてつなぎとめる概念であり、そこに賛同した組織・人材が集うことによって、その結束が高まることが期待されている」と述べました。パーパスを風土・文化と直結させ、浸透させることができれば、その結束力は比肩する他社はなくなるのではないでしょうか。

[2] 風土や文化は組織に力を与える重要なもの

会社ではありませんが、震災によってダメージを受けた日本において、人々が自然と規律正しく助け合うことで素晴らしい復興スピードを見せていたり、9.11のテロ事件においてアメリカ国民が団結してテロに屈しない様子を見せていたりするケースでは、独自のナショナリズム（＝文化）があるからこそ、国全体が力を発揮しているのです。伝統のある宗教が、人々の動きや生活に強く影響を与えていることも同様です。

一見すると、風土や文化は軽視してもよさそうなソフトですが、上記したケースの観点から考えると、組織に力を与える非常に重要なものと言えます。

図表　風土・文化浸透による競争力発現のイメージ

173

逆に、経営者による超集権的な恐怖政治によって社員が萎縮してしまって何も物が言えない状況に陥る、多様性を差別する、変化を恐れるなど、期せずして醸成されてしまう「負の風土・文化」もあります。こうなってしまうと、人材のモチベーションが下がり、組織力が低下していきます。負の風土や文化は、なかなか気づきにくいので注意が必要です。

[3] 風土・文化を浸透させる5つの視点

それでは、風土・文化を全社に浸透させるためには、どうすべきでしょうか。大きく分けて次の5つの視点があると考えます。

■風土・文化を浸透させる5つの視点

①経営層レベルにおける風土・文化の確立
②適切な事業領域内での共有
③経営層と現場のコミュニケーション
④育成・採用による浸透
⑤横軸の一体感

①風土・文化の確立

1つの方法として、経営層が自身の行動によって示したり、徹底的に言い続けたりすることによって、トップから風土・文化の確立を狙うというやり方があります。

明文化することも1つの方法ですが、まずは経営層が率先して行動に移したり、言い続けたりすることのほうが社員も受け入れやすいでしょう。この方法は経営者のマネジメントですので、第5章でくわしく説明します。

②適切な事業領域内での共有

本節の冒頭で、「顧客のニーズを先回りして、顧客の驚く製品・サービスの提供を追求する」という風土・文化の例を挙げましたが、この風土や文化は、当然のことながら、すべての事業に通用するわけではありません。風土・文化は、適切な事業領域内で共有してこそ、真の力を発揮します。

もし強力な風土・文化がすでに醸成されているのであれば、事業領域を考える際に風土・文化が活かせる領域を中心に検討する必要が出てくるか

もしれません。すなわち、風土・文化のシナジー効果を狙うのです。

図表　風土・文化を浸透させる考え方

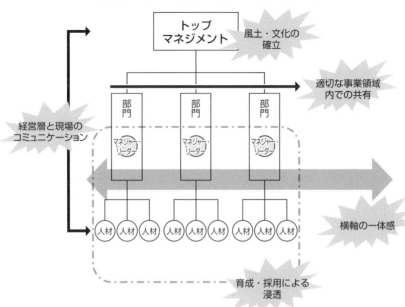

③経営層と現場のコミュニケーション

　経営層は、普段は現場の社員と会うことが少ないかもしれません。しかし、経営層が現場の社員と顔を合わせることは、現場に大きな影響を与えます。具体的には、現場は、経営層から雰囲気を直に感じ取ることができるのです。一方、経営層にとっては、現場とのコミュニケーションが現場に会社の風土・文化を浸透させる機会となります。

　このように、現場にとっても経営層にとっても、ともにメリットがあることから、一方通行のコミュニケーションなのではなく、双方向のコミュニケーションが有効だと言えるのではないでしょうか。

　具体的な経営層と現場のコミュニケーションの方法として、リアルな観点では、経営層による現場の拠点訪問やタウンホールミーティング（対話集会）が挙げられます。こうした方法によれば、経営方針や価値観・考え方などを直接伝えることができるので、経営層の真剣さが伝われば、その効果は大きなものとなるでしょう。ここで、経営層がすべての拠点を回るのは無理な場合もありますが、少なくともコア事業についてはコミュニケ

ーションを図っておく必要があるでしょう。

　また、バーチャルな観点では、イントラネットを活用したブログやメッセージ、メールなどを経営層が発信することもできることでしょう。リアルなコミュニケーションに比べて1回の浸透は弱くなりますが、バーチャルなコミュニケーションは頻度を高めることができるのが利点です。

④育成・採用による浸透

　マネジャーやリーダークラスは、会社の風土・文化を熟知している可能性が高いと言えます。彼らと若手が一緒に仕事をすることで、若手が仕事そのものから風土・文化を感じ取っていくという方法があります。言わば、先輩の「仕事ぶり」を見て、感じて、体現できるようになっていくというものです。そういう意味では、OJTは非常に有効な育成方法と言えるでしょう。

　また一方で、マネジャーやリーダークラスも常日頃から会社の風土や文化に触れておく必要があります。定期的な研修を行なうことも1つの手ですが、やはりコーポレートユニバーシティやジュニアボードなどによって次代経営層を育成するなかで、実際に経営層から肌で感じ取ることのほうが有効と考えられます。

　ここまでは育成という観点で風土・文化の浸透を説明しましたが、採用という観点の浸透も考えられます。人材を採用する際に、自社の風土・文化に共感している人材や共感できる人材を採用するという方法です。人の考え方は千差万別です。トヨタの考え方でなくホンダの考え方に共感する人材もいれば、その逆もいますし、他の自動車メーカーの考え方に共感する人材もいます。

　人間の考え方を変えるのは非常に難しいことですので、会社の風土・文化とのマッチング（相性）を考えて採用することは非常に重要なことです。なお、採用後は当然、十分な研修によって、採用した社員に価値観・考え方・精神を学び取ってもらう必要があるでしょう。

⑤横軸の一体感

　最後に、部門間・人材間の横のつながりについて説明します。部門や人材は、縦の影響はもちろん、横からの影響も非常に強く受けます。

　まず、1つ目が人材交流（人材の流動）です。グループ内で人材が行き交うことによって、初めて会社の風土・文化に触れることがあることでし

ょうし、逆に異動先に風土・文化を浸透させることもあります。

　次に、リアルな交流ではなく、バーチャルな交流として、経営層と現場のコミュニケーションと同じように、イントラネットやメール、社内報などを活用した交流が考えられます。

　そして、横軸の一体感の視点のなかでもっとも効果的だと考えられるのが、第3章で登場した横串を通したプロジェクトチームの推進です。圧倒的なリーダーシップをもったプロジェクトリーダーが会社の風土・文化を熟知していれば、そのプロジェクトチームのメンバーはその風土・文化にどっぷり浸かることになるからです。

　プロジェクトチームの組成の際には、会社の風土・文化を浸透させるチャンスととらえ、チームのリーダーやメンバーのメンバリングを考えたり、風土・文化に浸かったりするような推進方法を考えることが重要です。

　ここまで、風土・文化の浸透に関する考え方の例を説明してきましたが、風土・文化の浸透は時間がかかり非常に難しいものです。しかし、事業の競争力を高める重要な要素ですので、大企業であれ中堅・中小企業であれ、軽視せずに取り組むべきでしょう。大事なことは経営層と経営スタッフが一緒になって自ら風土・文化を体現し、そのうえで真剣に浸透させていくことです。

　前述したように、風土・文化はソフトで軽視しやすいものなので、その構築・浸透を中途半端に進めると「ああ、やっぱり意味がなかった」で終わってしまいます。他の経営基盤である「組織構造、権限・責任とマネジメントのスタイル、マネジメントの機能と仕組み、人材管理」と同等の扱いで取り組み、真の会社のマネジメントを実施してほしいと思います。

第 **5** 章

会社全体のパフォーマンスを向上させる経営者のマネジメント

5-1

トップマネジメントにとって
リーダーシップがもっとも重要

経営には守りの要素も必要だが、やはり絶えざる改革が求められる

[1] 経営者の仕事とは？

　第4章では経営スタッフのマネジメントを説明しましたが、同じ会社の
マネジメントでも経営者（経営トップ）のマネジメントは異なります。社
内の改革を実現するリーダーシップは、経営者ならではのマネジメントだ
からです。さて、そもそも、「経営者」とは何をする仕事なのでしょうか。

　ドラマなどに出てくる「社長」像は、社長室の大きなイスにふんぞり返
って、部下を呼びつけては何かを指示している、といったところではない
でしょうか。もちろん、これは、あくまでステレオタイプのイメージです
が、実は経営者の仕事というのは、一般には見えにくいものではないでし
ょうか。

　経営者の仕事とは、正真正銘の「マネジメント」です。経営者とは「ト
ップマネジメント」と称される存在であるわけですから、まさしく最高レ
ベルのマネジメントをしているはずです。では、「経営者のマネジメント」
とは、どのようなものでしょうか。

　マネジメントと類似した言葉として、「アドミニストレーション」と「リ
ーダーシップ」があります。前者は、手続き・ルールどおりに組織活動を
遂行することであり、日本語で言うところの「管理」に近いものでしょう。
一方、後者はメンバーを鼓舞して組織目標を実現していくことです。前者
を「守り」、後者を「攻め」とたとえることもできるでしょう。

　マネジメントには、この両者を包含する意味があるのですが、経営者の
マネジメントとは、言うまでもなく「リーダーシップ」の要素がもっとも
強いものでなければなりません。もちろん、経営には「守り」の要素も必
要ですが、やはり絶えざる「改革」が求められるわけです。単なる「御神
輿経営者」では務まらないということです。

　したがって、経営者のマネジメントは、リーダーシップを体現するもの
でなければならないのです。

■「アドミニストレーション」VS「リーダーシップ」

アドミニストレーション	リーダーシップ
手続きを重視する	哲学や価値観を重視する
現在を重視する	未来を重視する
秩序を求める	変化を求める

[2] ドラッカーはトップマネジメントを6つの役割に分類した

　経営者のマネジメントを構成する要素としては、具体的に何があるのでしょうか。

　ここでは、まずP・F・ドラッカーの考え方を振り返ることにしましょう。ドラッカーは、トップマネジメントの役割として、次の6項目を挙げています。

■ドラッカーが考えるトップマネジメントの役割

①事業の目的を考える役割
　目標設定や戦略策定などがこれに該当する

②組織全体の規範を定める役割
　価値基準を設定し、目的と実績との差異を管理することがこれに該当する

③組織をつくり上げ、維持する役割
　組織全体の価値観をつくり上げ、後継者を育成することなどがこれに該当する

④渉外の役割
　顧客・取引先・金融機関・労働組合・政府機関などの利害関係者（ステークホルダー）との関係構築を行なうことがこれに該当する

⑤儀礼的な役割
　冠婚葬祭や各種行事への参加などがこれに該当する

⑥重大な危機に対応する役割
　有事の際に陣頭指揮をとるということがこれに該当する

これらこそが、経営者が実行すべき最高レベルのマネジメントということになります。

[3] ドラッカーの定義を現代風にアレンジした「経営者のマネジメント」

本書では、ドラッカーの主張を踏まえたうえで今日的課題などを加味し、下記の5つの役割を、「経営者のマネジメント」として整理してみたいと思います。

■今の状況に合わせてアレンジした「経営者のマネジメント」の役割

①事業の目的を決める
②投資の方向性を決める
③組織を動かす
④利害関係者との信頼関係を築く
⑤危機に対応する

①事業の目的を決める

これは、ドラッカーの言うように、経営者にとって最初の役割です。ビジョンを策定するという役割は、経営者抜きにはできないことです。

②投資の方向性を決める

経営資源のあり方や事業ポートフォリオの方向性を分析するというだけであれば、経営スタッフのレベルで行なうことができます。しかし、実際に、どこに投資するか、重大な投資案件の可否をどうするかは、経営者にしかできない判断となります。とくに、M&Aや新規事業となると、不確実性がさらに高まり、その可否は必ずしも分析的に決まるものではありません。経営トップの意思決定に委ねられる部分が大と言えるでしょう。

③組織を動かす

組織を「動かす」としたところがミソです。単に組織を「つくる」というだけであれば、実務的には人事部なり経営企画室なりのレベルで完結してしまうことでしょう。右肩上がりの時代であれば、がんばればがんばっただけ業績も上がり、収入も増えました。また、組織も大きくなり、その

結果、ポストも与えられていきました。モチベーションが保ちやすい状況にあったわけです。そんな時代であれば、組織体をつくりさえすれば、各部署で社員が一丸となって、がんばってくれたというわけです。

しかし、そういう時代は終わりました。組織を動かして、絶えず「変革」を続けなければなりません。だからと言って、いわゆる「成果主義」のように、単にニンジンをぶら下げるだけでは人は動きません。組織を「動かす」には、全社的な仕掛けが必要になっているのです。その仕掛けを考えられるのは、経営トップということになるわけです。

④利害関係者との信頼関係を築く

これは、ドラッカーの言う「渉外の役割」に、「儀礼的な役割」を合わせたものということになります。ドラッカーの言う儀礼的な役割とは、対内的だけでなく対外的な活動を指すわけですから、まさしく同じカテゴリーに包含すべきものでしょう。

⑤危機に対応する

新型コロナウイルス感染症、異常気象、大地震など、ここ数年だけでも、企業を取り巻く危機は、ますます想定外のものとなりつつあります。あらかじめリスク要因を想定して、それに対する準備を行なうリスクマネジメントだけではリスクは防ぎようがありません。

実際に起こってしまった危機に対して、どのように対応するのかが、きわめて重要な課題となっています。ここでも、経営トップの果たす役割は重大です。それは単なるお題目ではありません。

このような危機に際して、経営者の対応次第で企業の生死が決まるということが、昨今の実例からも見てとれるでしょう。

[4] 経営者のマネジメントの特徴は「不確実性が最高レベル」

では、経営者のマネジメントとは、他の階層のマネジメントと比べて何が異なるのでしょうか。

それをひと言で言うと、「不確実性が最高レベルにある」ということです。経営者の意思決定は、必ずしも十分な情報を得てから行なわれるわけではありません。M&Aにせよ、危機対応にせよ、不確実性のきわめて高いもので、既存の情報をどんなに収集したところで、答えが出ないものばかり

です。

　実際の社長の仕事においては、MBAの教科書が教える「意思決定論」などは何の役にも立ちません。絶えず情報不足のなかで「見えない将来」を予見しながら、意思決定をすることが求められるのです。

　このような意思決定に際しては、社内の他の階層では誰も責任をとることができません。責任をとれるのは、経営トップ以外にいないのです。私が尊敬する、ある社長は、「経営会議で徹底的に議論をしてもらう。しかし、決定は常に私が行なう」と言っています。まさしく、責任をとれるのは経営トップだけだということを指しているのでしょう。

　このように、経営者のマネジメントとは、経営スタッフが上げてくる情報を前提にしながらも、ある種の「カン」を発揮して意思決定をすることになるのです。

5-2

事業の目的を決める

事業の目的には経営理念とビジョンという２つの次元がある

[1] 事業の目的とは？

経営者のマネジメントとして、まず挙げなければならないのは、事業の目的を決めるという行為です。前述したように、事業の目的といった場合、大別すると次の２つの次元があります。

■事業の目的

①経営理念
②ビジョン

ひと言で言うと、経営理念は経営者の意思決定のよりどころとなるもの、ビジョンは中長期的な目標ということになります。では、経営理念とビジョンは、どのように関係しているのでしょうか。

[2] 経営理念

経営理念とは、「会社の価値観」であり、企業経営のよりどころとなる方針のことです。「ミッション」「クレド」「社是」「社訓」など、さまざまな表現で表されることもあります。

また昨今では、ステークホルダー資本主義やサステナビリティ重視という潮流の中で、「パーパス」という表現も注目されるようになってきました。パーパスとは、株主志向の短期的経営ではなく、社会や環境、多様なステークホルダーと共存共栄していく長期的経営を志向するべく、社内外に掲げていく「社会における存在意義」ということです。米国の財界ロビーの「ビジネス・ラウンドテーブル」が、「企業のパーパスに関する宣言（Statement on the Purpose of a Corporation）」（2019年8月）を行なった

ことによって、脚光を浴びるようになってきました。

■「企業のパーパスに関する宣言」における５つのコミットメント

- 顧客への価値の提供（Delivering value to our customers）
- 従業員への投資（Investing in our employees）
- サプライヤーとの公正かつ倫理的取引
  （Dealing fairly and ethically with our suppliers）
- コミュニティの支援（Supporting the communities in which we work）
- 株主への長期的価値の創出（Generating long-term value for share-
  holders）

出所：ビジネス・ラウンドテーブル　ウェブサイト（https://www.businessroundtable.org/busi-ness-roundtable-redefines-the-purpose-of-a-corporation-to-promote-an-economy-that-serves-all-americans）

　これらの経営理念に類する用語は、厳密にはそれぞれ相違があり、論者によってさまざまな定義がなされてはいますが、必ずしも統一見解がとられているとは言えません。そこで本書では、「経営理念」という表現で統一することとします。

　経営理念は、半永久的なものです。もちろん、業歴の長い会社の場合は、数十年単位で展開していくことはあります。たとえばトヨタの場合、創業期の1935年に「豊田綱領」が策定され、その後1990年代に「基本理念」などに発展し、現在は「トヨタフィロソフィー」として重層的に体系化されています。だからと言って、創業期の価値観が変わったということではなく、それが時代とともに発展したと解釈すべきです。

　このように、経営理念は、必ずしも歴代社長がそれぞれ見直すことになるわけではありませんが、だからこそ、企業経営のよりどころとして、経営者自身の意思決定時によって立つ軸となるべきものです。先ほども説明したように、経営者の意思決定は、必ずしも十分な情報をもとに行なわれるわけではありません。そうした状況で意思決定をするには、経営理念を原則として判断するということになるのです。

　このように、えてして「お題目」と思われがちな経営理念ですが、すぐれた経営理念は、経営者の意思決定にとって、１つの判断軸となりえるわけです。以下の事例を見ればわかるように、優良企業の経営理念は、かなり具体的なメッセージを帯びています。経営者の「顔」が見えるものにな

っており、意思決定上の規範となりえるものであることがご理解いただけるでしょう。

　つまり、経営理念とは、経営者のマネジメントにおいて実務上、有用に機能しているものだと言えるのです。

■トヨタの「豊田綱領」（1935年）

豊田綱領

豊田佐吉翁の遺志を体し

一、上下一致、至誠業務に服し、産業報国の実を挙ぐべし。

一、研究と創造に心を致し、常に時流に先んずべし。

一、華美を戒め、質実剛健たるべし。

一、温情友愛の精神を発揮し、家庭的美風を作興すべし。

一、神仏を尊崇し、報恩感謝の生活を為すべし。

出所：トヨタ ウェブサイト

■トヨタの「基本理念」（1992年策定、1997年改定）

1．内外の法およびその精神を遵守し、オープンでフェアな企業活動を通じて、国際社会から信頼される企業市民をめざす

2．各国、各地域の文化、慣習を尊重し、地域に根ざした企業活動を通じて、経済・社会の発展に貢献する

3．クリーンで安全な商品の提供を使命とし、あらゆる企業活動を通じて、住みよい地球と豊かな社会づくりに取り組む

4．さまざまな分野での最先端技術の研究と開発に努め、世界中のお客様のご要望にお応えする魅力あふれる商品・サービスを提供する

5．労使相互信頼・責任を基本に、個人の創造力とチームワークの強みを最大限に高める企業風土をつくる

6．グローバルで革新的な経営により、社会との調和ある成長をめざす

7．開かれた取引関係を基本に、互いに研究と創造に努め、長期安定的な成長と共存共栄を実現する

出所：トヨタ ウェブサイト

図表　トヨタフィロソフィー

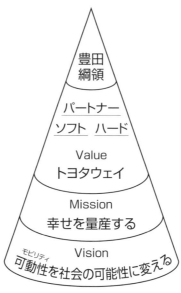

豊田
綱領

パートナー
ソフト　ハード

Value
トヨタウェイ

Mission
幸せを量産する

Vision
可動性(モビリティ)を社会の可能性に変える

出所：トヨタ ウェブサイト

■サイバーエージェントの「パーパス」

新しい力とインターネットで
日本の閉塞感を打破する

あらゆる産業のデジタルシフトに貢献する

新しい未来のテレビABEMAを、いつでもどこでも繋がる社会インフラに

テクノロジーとクリエイティブの融合で世界に挑戦する

年功序列を排除し、21世紀型の日本的経営を体現する

時代の変化に適合し、グローバルカンパニーを目指す

インターネットを通じて日本を元気に

出所：サイバーエージェント ウェブサイト

[3] ビジョン

　ビジョンとは、会社にとっての「将来なりたい会社像」を指すものであり、中長期的な目標のことです。

　通常、5年後や10年後の将来像を描くことになるでしょうから、社長交代などの節目に策定することが多いと思います。したがって、半永久的に変わらない経営理念とは異なり、ビジョン策定の場合は経営者自身の仕事として関与する可能性が高くなります。

　そこで問題となるのが、その関与の方法です。ビジョンの策定方法を大別すると、次の2つの方法があります。

■ビジョンの策定方法

> ①トップダウン
> ②ボトムアップ

　経営者やその周囲の経営スタッフがまとめるのは①、現場社員の声を幅広く集めてプロジェクト形式で作成していくのは②ということになります。企業規模が小さければ①、規模が大きくなるほど②になる傾向があるでしょう。社員数が増えると、現場の意見を幅広く採り入れる必要があるため、当然そうなるわけです。

[4] ビジョンをボトムアップでつくるとしても、経営者の姿勢を示す

　ビジョンの策定において大切なのは、②のボトムアップの方法で策定するとしても、社員側に丸投げはしないということです。「社員みんなのやりたいことをゼロベースでまとめてほしい」などという美辞麗句のもとに丸投げをしてしまう経営者をたまに見かけますが、それでは経営不在というものです。

　社員みんなで考えればうまくいくというのであれば、社長などいないほうがましです。そもそも、「社員みんなで、ゼロベースで考えよ」と言われても、何をどこまで考えていいのか、社員の側も戸惑ってしまうでしょう。こういう指示をする社長に限って、社員側から上がってきた答申案について、後で難癖をつけ、社員側のモチベーションを低下させてしまうこ

とがよくあります。

　そんな失敗をしないようにするには、たとえ社員側にボトムアップでビジョンを検討させるとしても、その前段階で必ず経営者としての方針は示すべきだということです。それは、たとえば「本業を掘り下げた成長ビジョンを考えてほしい」「10年後には周辺事業を5割以上にするべく構造転換を軸に考えてほしい」など、ごく簡単なひと言でかまいません。逆に、これ以上、具体的に言ってしまうと、社員に考えさせることにはならないからです。

　こうした、ひと言があるか否かで、社員側の検討方法が変わります。社員から見たときに、「経営者の意思」を感じるはずです。発想というのは、制約がないから自由にアイデアが出やすくなるわけではありません。むしろ、一定の制約や軸があるほうが、発想しやすくなるものです。

[5] 社員に任せた以上は、答申案を最大限尊重する

　社長方針を出した後は、社員プロジェクトの答申案を待つことになります。ここで大切なのは、社員に任せた以上は、答申案を最大限尊重することです。もちろん、どうしようもないものが出た場合は仕方がありませんが、現場の声を集めてボトムアップで策定すると決めたのであれば、経営者として、どうしても譲れないもの以外は、受け入れるということです。それが、ボトムアップで策定すると決めたという意味です。「責任は俺がとる」という姿勢を見せることが大切なのです。

　つまり、ビジョン策定における経営者のマネジメントは、社長方針を提示して「経営者の意思を示す」ことと、最後の答申案を最大限尊重しながら承認して「経営者の覚悟を示す」ことの2点ということになります。

図表　ビジョン策定における経営者のマネジメント

社長方針提示「経営者の意思を示す」
社員プロジェクトによる検討・答申案作成
答申案承認「経営者の覚悟を示す」

投資の方向性を決める

経営者が関与する重大な投資は３種類ある

[1] 定量的に判断できない投資案件を意思決定する

　本業の設備投資、M&A、新規事業などにおいて、経営者が意思決定を下す必要がありますが、不確実性が高い状況下の意思決定は至難の業です。現場から上げられる意見について、どのように「選択と集中」をすればいいのでしょうか。

　経営者の意思決定は、前述のように、不確実性が最高レベルのものばかりですが、投資の意思決定は、その最たるものと言えるでしょう。新規事業にせよM&Aにせよ、その将来性については、実のところ「神のみぞ知る」という領域であり、どんなに精緻なシミュレーションをしたところで誰も責任はとれません。

　もちろん、経営企画室なり社長室なりといった事務方が、定量データをもとに将来の事業ポートフォリオをつくったり、投資案件を精査したりという作業をします。しかし、実際に判断するのは間違いなく経営者の仕事です。実務的には、投資の可否について事務方から稟議を上げるというやり方のところが多いはずです。その場合、事前相談（根回し）が行なわれ、取締役会や経営会議の前に事実上決定しているケースも多いでしょう。しかし、その事務方の意向にそのまま乗るのか、それをあえて覆すのか、やはり経営者には選択肢があるわけです。

　経営者が関与するような重大な投資とは、具体的には次の３点くらいと言えるでしょう。

■経営者が関与するような重大な投資

①本業の設備投資
②M&A
③新規事業

[2] 投資のマネジメント①　本業の設備投資

　工場新設や情報システム投資など、一定金額以上の設備投資となる場合は、取締役会および経営トップの決裁となるでしょう。

　これらの本業の設備投資の場合は、もちろんケースバイケースではありますが、現場サイドからの実務的ニーズによって上がってくる案件であることが多いはずです。現業に熟知した現場サイドのほうが、情報量においては経営陣よりは優っているはずだからです。

　したがって、経営者の意思決定としては、現場サイドの稟議を決裁するか否かというマネジメントとなります。現場サイドとしては、自分たちが望む投資をどんどん上げてきます。しかし、それをすべて受け入れていたらキリがないため、経営陣が全社的見地から「選択と集中」をするというマネジメントスタイルになるわけです。

[3] 投資のマネジメント②　M&A

　M&Aは、もっとも秘匿性が高い投資案件のタイプです。したがって、経営トップの直轄案件となることが多く、通常の経営管理を担当する部署（経営企画室など）とは別の社長直属の部隊（社長室、特命チームなど）が担当することが多いでしょう。

　ルートとしては、金融機関や取引先等の仲介者を通じてもち込まれる引き合いと、経営トップ同士の人脈で先方から直接もち込まれるものとの2種類があるでしょう。

　たとえ、後者の場合であっても、具体的な検討は上記のような社長直属の部隊が実施することになります。統合後のシナジー（相乗効果）の検討、収益シミュレーション、買収価格算定など、投資銀行や監査法人などの支援を受けながら秘密裏に実施することになります。

　しかし、事務方が行なえるのは論理的な分析までです。論理的な分析だけで将来が予見できるのならば、そんな簡単なことはありません。一説には、M&Aの7割は失敗という結果に終わっているという見方があります。論理的な分析だけで答えが出ないからこそ、そういう帰結になってしまうのでしょう。

　つまり、本当の意味での相性や成長ポテンシャルの評価については、経営者自身が行なうしかありません。経営者自身が先方の経営陣と交流した

うえで、先方の価値観や企業風土を見極めて、その実感を踏まえたうえで評価するしかないのです。

　そこで求められるのは、経営者としての「カン」です。相手の人物像をとらえる人間力、本物を見抜く洞察力などが必要となるのであり、これは経営者以外にはできないものでしょう。

　M&Aにおける経営者のマネジメントは、より「直観」に基づくものになるというわけです。

[4] 投資のマネジメント③　新規事業

　新規事業への参入は、本業投資と比べると不確実性が高まるのは、言うまでもないでしょう。そもそも、今まで経験したことのない事業をやるわけですから、本業投資と比べると判断材料が乏しいわけです。

　そのように考えると、新規事業を論理性だけで意思決定するのはナンセンスだということがわかることでしょう。それより重要なのは、「やってみたい！」という情熱です。

　私たちのコンサルティングでも、新規事業をゼロから考えるという案件は、クライアント企業の思いを重視します。もちろん、新規事業案をリストアップし、それらを市場成長性や競合性、経営資源との適性などを勘案して論理的に絞り込むというような「合理的意思決定」をとることはいくらでも可能です。

　しかし、それだけで新規事業の立ち上げが成功することはまずないでしょう。それは、とりもなおさず、当事者の「やってみたい！」という情熱がともなわないからです。

　人は誰でも、他者からやらされるものよりも、自分で思いついたもののほうが、やる気が出ます。とくに、海のものとも山のものともわからない新規事業であれば、それはなおさらです。

[5] 新規事業における経営者のマネジメント

　したがって、新規事業を軌道に乗せる方法は、次のいずれかしかありません。

■ 新規事業を軌道に乗せる方法

> ①経営者自身が発案して陣頭指揮をとる
> ②熱意をもった発案者を経営者がバックアップする

　自分自身が事業アイデアを発案するような起業家型の経営者の場合は、①のパターンとなります。これは社長直轄案件として実行するわけですから、責任は明確ですし、誰にも文句は言われません。

　一方、権限委譲型の経営者の場合は、②となります。担当者が自分の思いで新規事業を発案し、それを実行に移すというパターンです。このパターンは、やや複雑です。

　新規事業を発案して実行する担当者は、えてして組織内からマイナスの注目を浴びることがあります。大半の本業に従事している社員からは、「俺たちが稼いだ金を食いつぶしやがって」とか、「わけのわからない道楽めいたことをやりやがって」などと見られがちなのです。そのなかで、なかなか成果の出ない新規事業をやり続けるというのは、担当者にとって非常に厳しいものです。

　そこで重要となるのが、経営者によるバックアップです。担当者自身に対しては「俺がOKを出したのだから、心配しないで、やり続けろ」というメッセージを送り続けるとともに、具体的な支援の必要性を確認することなどが求められます。また、会社全体に対しても、新規事業プロジェクトの重要性をアピールし続けるということが必要になるのです。

　つまり、①の場合は経営者自身が陣頭指揮をとるという「実行のマネジメント」が、②の場合は担当者を守ってやるという「環境整備のマネジメント」が求められるのです。

［6］ 立ち上げの「情熱」と撤退の「理性」

　そして、いずれの場合も、新規事業参入に必要なのは、「撤退基準」の設定です。

　新規事業が立ち上がらないままフェードアウトするのならば痛手は少なくてすみますが、いつまでも収益を上げられずに赤字を垂れ流すという事態に至った場合、会社組織に与えるダメージが大きいわけです。

　とくに、先ほどの①の経営者自身が陣頭指揮をとる場合、経営者自身が

実行しているわけですから、表立っては誰も批判はできません。経営者自身が情熱をもって始めたのはいいですが、のめり込んでしまっては元も子もありません。

そこで、参入前の事業計画段階で、撤退基準を設けることが必要です。どこまで投資額を突っ込むか、どこまで黒字化を待つかなど、投資回収に対して何らかの基準を設定し、それを満たさない場合は撤退するというルールを決めるのです。こうしたルールを経営者自身が承認し、その制約のもとで推進するというマネジメントが求められます。

つまり、新規事業の立ち上げに必要なのは「情熱」ですが、それをやめる際のルールも同時に決めておくという、冷静な「理性」を意思決定として併せもつ必要があるということです。

図表　新規事業における経営者のマネジメントの留意点

新規事業の軌道の乗せ方	マネジメントの留意点
①経営者自身が発案して陣頭指揮をとる場合	経営者自身が暴走しないために、参入前に「撤退基準」を明文化する
②熱意をもった発案者を経営者がバックアップする場合	担当者がつぶれないように、担当者を支援する環境整備を行なう

5-4

組織を動かす

過去の成功体験にとらわれず、
変革をマネジメントすることが求められる

[1] 社員の意識改革を試みる

「より安く、より速く、より正確に」だけでは、企業は成長することが難しい時代になってきました。不確実な状況下でも成長するためには、絶えず変革をしなくてはなりません。そして、「変革」や「意識改革」を現場の社員にまで浸透させなければならないのです。

[2] 経営者は変革をマネジメントする

経営者に求められるマネジメントの3つ目は、「組織を動かす」ことです。組織を動かして絶えず「変革」を続けることが、経営者の役割としてますます重要になってきました。

かつての右肩上がりの時代は、やるべきことが明確でした。過去の延長線上に将来が見えたので、現在よりも「より安く、より速く、より正確に」がんばれば、成果がついてきました。

しかし、今は違います。不確実性が高まっている今という時代は、過去の延長線上には答えがありません。むしろ、過去の成功体験にとらわれていることが、失敗のリスクを高めます。会社全体として、日々「変革」をすることが求められているのです。

だからと言って、言葉だけで「変革」や「意識改革」を求めても、社員の耳には右から左へ流れていくだけでしょう。スローガンだけで実現するほど、変革はたやすいものではないのです。

したがって、大切なのは、変革の仕掛けをつくることです。その旗振りができるのは、経営トップだけです。つまり、変革の立役者となりえるのは、経営者しかいないということなのです。

[3] 変革のマネジメント① 価値基準をつくる

変革の仕掛けとして大切なのは、「どのような行動をすればよいのか？」という基準を組織全体に与えることです。「経営理念」や「ビジョン」で語られることもあるかもしれませんが、それだけでは不十分です。社員にとって、「どう動けばいいのか？」という基準は、経営者が日々、口を酸っぱくして知らせる必要があります。

たとえば、私の知っているA社長は、社内では絶えず「失敗せよ」と言い続けています。「チャレンジ」を行動指針に掲げている会社は多数ありますが、なかなか、そのとおりにはいきません。やはり、リスクをとり切れないためにチャレンジが進まないわけです。そこで、A社長は、さらに踏み込んで「失敗せよ」という言い方までしているわけです。もちろん、前向きな失敗に限るわけですが、「失敗を賞賛する」という価値基準があってこそ、初めてチャレンジが進むのです。逆に、ここまでの価値基準を設定しないと、本当の意味でのチャレンジは進まないということなのです。

また、B社長は、「悪い情報は私に上げよ」と言い続けています。よく言われる話ではありますが、よい情報は黙っていても集まりますが、悪い情報は隠蔽されがちです。そこで、B社長は、「よい情報がくるということは、物事がうまくいっているということだから、現場サイドが粛々と進めればよい。評価してもらいたければ、直属の上司に上げてほめてもらえばいい。悪い情報がくるということは、何らかの意思決定が必要ということだから、それこそ経営陣に上げてほしい」と社員に対して発信するわけです。意思決定を迅速にするために、B社長が考えた末の「価値基準」ということです。もちろん、この価値基準が実現できるように、社員から匿名のメール送付を可能にするなど、体制も併せて整備しています。

[4] ルールにも落とし込む

これらの「価値基準」をさらに、業績評価制度や人事制度というルールに落とし込むことも大切です。どう動けば評価してもらえるのかを明文化するということです。

具体的な制度設計は経営企画部なり人事部なりが担当するわけですが、どのような価値基準を盛り込むかは、まさしく経営者の考え方が色濃く反映されるものであるべきです。

私が考えるに、組織力を中長期的に高める価値基準は、次の２点です。

■組織力を中長期的に高める価値基準

①前向きな失敗を評価する
②人材育成を評価する

①は、前述したとおりです。単に「チャレンジせよ」などと言われても、誰もリスクを負いたくはありません。「結局、失敗したら出世に響いた」などということがあれば、誰も変革に向けてのチャレンジなどしないでしょう。やはり、制度として明確にすることが必要なのです。

②は、とくに今の組織に欠落しがちな点だけに盛り込むべきです。ただでさえ、組織のスリム化が進み、一人ひとりの業務量が増加しているなかで、さらに成果主義などの導入に追い討ちをかけられ、社員一人ひとりがつい目先の業績に追われるようになっています。その結果、後輩や部下を「教える」「育てる」という関係が希薄になりがちで、組織力低下の危機が問題となっています。

人材育成はあらゆる企業で課題とされながらも、短期業績には結びつかないため、優先度が下がってしまうということでしょう。年長者からしたら、下の人間にノウハウを伝えても個人業績的には何もいいことがないわけです。だからこそ、人材育成に対しては個別に評価しなければならないのです。

「縁の下の力もち」的な仕事を評価すること、それが組織力の強化につながります。そして、それは、経営者自らが指針を出してルール化につなげる必要があるわけです。

■価値基準をつくる

経営者としての行動指針を「言い続ける」

↓

経営者としての方針をルールに盛り込む

[5] 変革のマネジメント②　権限委譲をする

　変化の速い時代だからこそ、現場に近い社員一人ひとりが考えて動くことが求められます。それには、社員に権限を委譲して任せることが必要です。このように、運営を現場サイドの裁量に任せることによって、意思決定が早まるだけでなく、現場サイドのモチベーションを高めることにもなるし、人材育成にもつながるというわけです。

　以上が教科書的な説明ですが、理屈はわかっていても、なかなか理屈どおりに権限委譲が進んでいない会社が多いのです。

　オーナー的経営者に多いのは、何でも自分でやってしまうという人です。たとえば、肩書上は「会長」に退きながらも、箸の上げ下ろしレベルまで指示をしないと気がすまないという経営者は多いものです。しかし、それを続けている限り、社員は育ちません。トップの属人的経営から組織的経営に移行できないのは、経営者自身がすべてにかかわろうとするからです。

　だからと言って、すべてを権限委譲するというのはあくまで理想論であって、現実的にはうまくいきません。

[6] メリハリの効いた権限委譲

　では、どうするべきでしょうか。

　「できる経営者」に多く見られるのは、「メリハリを効かせた権限委譲」です。その事業にとって「キモ」と思われる部分には経営者自身が直接詳細に関与しますが、それ以外は現場サイドに権限を委譲するという方法です。

　私の知っている小売業のC社長は、「店舗開発の可否だけは自分の目で見て決める」と言っています。もち込まれた候補物件について、必ず社長自らが視察をしたうえで意思決定しています。逆に、物件の決定後は、商品開発やオペレーションも含めて、極力現場サイドに任せるというスタンスをとっています。

　いずれにせよ、「権限委譲」というのは、単なる自由放任とは異なります。期限を決める、定期的に確認する、評価する、といった進捗管理が必須なのは言うまでもありません。

[7] 意思決定ルールを明確にする

　掛け声だけでなく、権限委譲を定着させるためには、やはり意思決定の方法をルール化することが大切です。

　第1は、決裁ルートを短縮化することです。現場に権限を委譲したと言いながら、7個も8個も捺印（承認）をもらわなければならないとすれば、意思決定のスピードは高まりません。

　第2は、会議体の位置づけを明確化することです。日本企業には、「経営会議」「事業部長会議」などと銘打ちながら、経営者が一席ぶつだけという会議が多すぎます。もちろん、会議が不要だとは言いませんが、その位置づけを明確にすべきです。「決裁をする会議」「報告をする会議」「アイデアを創出する会議」など、各会議体の役割を明確にすることが必要です。そうすれば、決裁の場としての会議体も明確になり、意思決定のスピードを高めることができます。

　いずれも、経営トップが意思を固めなければ実現しません。なぜなら、下の人間からは、上司の権限を制約するような上記決裁ルートの短縮化や会議体の位置づけの明確化は提言しにくいものだからです。

　もちろん、ルール自体は事務方がつくるわけですが、その指針だけは経営者が明確にすることが必要です。

■権限委譲のポイント

メリハリを効かせる	意思決定ルールを明確にする
・事業の「キモ」以外を権限委譲する	・決裁ルートを短縮化する ・決裁の場としての会議を明確化する

[8] 変革のマネジメント③　後継者を育てる（Off-JTとOJT）

　上場企業の場合、コーポレートガバナンス・コードにおいて、取締役会の役割の1つとして、後継者育成が掲げられています。

　しかし、取締役会はあくまで「監督」をする立場であり、実際に育成するのは執行側です。経営トップの後継者を育てられるのは、経営トップだけです。逆に言えば、後継者が育っていないとすれば、社長自身のせいだと考えるべきです。「あとを任せられる奴は誰もいない、俺がいなければ、

■コーポレートガバナンス・コード

> **補充原則 4-1③**
>
> 　取締役会は、会社の目指すところ（経営理念等）や具体的な経営戦略を踏まえ、最高経営責任者（CEO）等の後継者計画（プランニング）の策定・運用に 主体的に関与するとともに、後継者候補の育成が十分な時間と資源をかけて計画的に行われていくよう、適切に監督を行うべきである。

この会社は動かない」などと思っているとしたら、後継者育成に失敗した証拠だということです。

　では、どうするべきなのでしょうか。

　次期経営者となる後継者の育成も、Off-JT と OJT の両方が必要です。

　Off-JT は、いわゆる「経営幹部研修」の類のことです。大切なのは、人事部任せにするのではなく、社長直属のプロジェクトにすることです。「サクセッションプラン（後継者育成計画）」の一環として、通常研修とは異なる位置づけにすることが必要です。そして、経営者自身が講師となることが大切です。究極的に言えば、講義内容は何でもかまいません。それよりも経営者自らが演壇に立ち、後継者候補と密にコンタクトをとり続けることが重要なのです。

　一方、OJT は、小さいながらも、まとまったユニットの責任者に就かせ、そのなかで、いわゆる「修羅場」体験をさせるということに尽きます。小さいながらも組織のトップとして意思決定をするという経験は、経営者のマネジメントを知るうえで何ものにも代えられないほど貴重なものです。工場新設、海外現地法人立ち上げ、不採算子会社再建などの仕事は、本流業務と違って不確実性が高く正解がない仕事であるため、経営者のマネジメントを知る絶好の機会となるのです。

　しかし、これも、前述のように、組織としての権限委譲ができていることが前提です。いちいち上にお伺いを立てることなく、自分自身で意思決定できる環境にあるからこそ、経営者のマネジメントの方法を学ぶことができるのです。

　Off-JT も OJT も、いずれも経営者主体の「サクセッションプラン（後継者育成計画）」の一環に位置づけることが大切です。

[9] 後継者を育てるために、経営者自らが辞め時を決める

　そして、後継者育成において、もっとも重要なのは、経営者自らが「退く時期を決める」ことです。4年や6年など一定任期で世代交代する慣習にあるようなサラリーマン企業ならば問題ありませんが、とくにオーナー企業の場合は、経営承継はきわめて大きな問題となります。

　法的には社長を解任する権限は取締役会にありますが、よほどの背任行為や社内抗争でもない限り、解任にまで至るケースは少ないでしょう。そうなると、いつまででも社長を続けることが可能となります。

　しかし、残念ながら人間には寿命があります。どれほど平均寿命が延びたとしても、トップマネジメントとしての万全な意思決定ができる時期は限られているはずです。

　つまり、社長の辞め時は社長自らが決めるしかないのです。

　経営者から見ると、自分以外は全員未熟に見えるものです。したがって、前述のように「あとを任せられる奴は誰もいない」と思うわけです。とくに創業経営者の場合、事業と自分自身を同一視してしまい、経営者の地位に固執してしまうことが、経営学上の各種研究からも明らかになっています。自分が居座れば居座るほど、まわりの人間はますますイエスマンと化していきます。ますます後継者になりうる人材とはほど遠い存在になってしまうのです。

　だからこそ、経営者は自分で辞め時を決めて、後継者に任せてみる必要があります。肩書きが人をつくります。一見頼りないと感じる人間であっても、任せてみれば、それなりの働きをするはずです。頼りないと感じているのは、職務上、経営者にお伺いを立てなければならなかったからであって、経営者として任せれば、想定以上の働きをするかもしれません。

　そこで重要となるのが、後継者を選ぶ際に、経営者自身との相性では決めない、ということです。えてして、経営者は自分の意向を汲んでくれる人を選びがちです。各種研究においても、経営者は自分が影響力を行使しやすいように後継者を選ぶ傾向にあるということが明らかになっています。しかし、そうなると、自分の「劣化版」が経営を引き継ぐこととなり、企業の発展には決してプラスにはなりません。

　経営者自身としては「？」と思うような人間でも、能力を考えて後継者候補として選択肢に挙げることが大切です。

　上場企業であれば、前述のように取締役会による後継者計画というガバ

ナンスが働きますが、非上場企業であれば、そういうわけにもいきません。経営者自らが律するしかないのです。

　いずれにせよ、社長直属でサクセッションプランをつくり、自分自身の辞め時を決めて、いち早く後継者に任せる体制をつくらなければなりません。

■後継者育成のポイント

経営者直属のサクセッションプラン	経営者自らの退任時期設定
①**Off-JT**　経営者自身が講師となって後継人材と交流する ②**OJT**　小さなユニットの責任者に任命して「修羅場」体験をさせる	・経営者が自分で辞め時を設定し、後継者人材に任せることを決める

利害関係者との信頼関係を築く

さまざまな外部機関とのコミュニケーションをマネジメントする

[1] 経営者は渉外担当者

　経営者のマネジメントの４つ目は、利害関係者との信頼関係を構築することです。Ｐ・Ｆ・ドラッカーも言うように、経営者は渉外担当者であるべきです。経営者には、さまざまな外部機関とのコミュニケーションをマネジメントすることが求められています。

[2] ステークホルダー資本主義の時代

　一昔前までは、株主利益の最大化こそが株式会社の目的だとする、株主資本主義が喧伝されていました。

　しかし、前述の米国ビジネス・ラウンドテーブルによる「企業のパーパスに関する宣言」（2019年８月）や、それに続く世界経済フォーラム年次総会（ダボス会議）が2020年の年次総会のテーマとして、「ステークホルダーがつくる、持続可能で結束した世界」を掲げたことで、「ステークホルダー資本主義」が一気に大きな潮流となってきました。

　しかし、これは決して新たな潮流というわけでもありません。日本では江戸時代の昔から、「三方よし」（売り手よし、買い手よし、世間よし）という言葉がありましたし、従業員重視ということ自体、日本的経営の特徴の１つだと指摘されていました。

■伊藤忠商事の経営理念

出所：伊藤忠商事 ウェブサイト

あらゆる利害関係者（ステークホルダー）との共存共栄を図ることは、ある意味普遍的なことなのだと言えるでしょう。

とは言え、ステークホルダーとの関係構築という点では、株主は重要な要素ではあるので、ここでは次の2つの観点から説明していきます。

■外部機関とのコミュニケーション手段

①IR（投資家向け広報活動）：株主との関係構築
②SDGs（持続可能な開発目標）：多様な利害関係者との関係構築

[3] 利害関係者との関係基盤のマネジメント①　IR

IR（Investor Relations：インベスター・リレーションズ）とは、投資家向けに経営状態や財務状況、業績の実績、今後の見通しなどを広報する広報活動のことであり、「投資家」との関係基盤を構築することです。株主に対する「エクイティIR」だけでなく、債権者（金融機関）に対する「デットIR」も重要です。株主資本か借入かにかかわらず、「資金の出し手」に対する広報活動と考えればよいでしょう。したがって、IR活動は、渉外活動であると同時に財務活動ということになります。

投資家というのは、言うまでもなく、将来性を買っているわけです。そのため、投資家が知りたいのは決算データなどの過去の財務成果ではなく、将来に向けての戦略であり、その戦略の実現可能性です。

もちろん、戦略そのものは説明資料を見ればわかりますが、そこに書かれているのは、大半はバラ色の未来です。とくに昨今は、「ESG投資（従来の財務情報だけでなく、環境：Environment、社会：Social、ガバナンス：Governanceの要素も考慮した投資）」に対応するべく、企業サイドも統合報告書の作成など、サステナビリティに対する開示を充実させています。

しかし、投資家にとって本当に知りたいのは、それをどの程度、本気でやるつもりなのかという「本気度」です。それが本当に実現できるのか、「絵に描いた餅」に終わらないかどうかということです。戦略が、どのような背景で策定されたのか、本当に実現できそうかどうか、それを経営者との質疑応答から見極めたいと思うわけです。そう考えれば、投資家がもっとも欲するのは、経営者との直接対話だということになるでしょう。

たしかに、上場企業のなかでもIRがすぐれていると言われる企業ほど、経営者自身がIRを重要業務と考えていることが伺えます。定例の決算説明会に出席するだけでなく、スモールミーティング（少人数のアナリストとの対話会）や海外ロードショー（海外機関投資家への説明）などを精力的にこなす経営者も多く存在します。

[4] IRの基本は、経営者自身の言葉で話すこと

IRで誤解されやすいのは、「流暢（りゅうちょう）に話さなければいけない」という思い込みです。そのため、自分は口下手だからという理由でIR活動を敬遠しがちな経営者もいるようです。しかし、投資家が求めているのは、流麗（りゅうれい）な演説ではありません。もちろん、流暢に話せればそれに越したことはありませんが、それよりも重要なのは、経営者自身がとつとつとでも自分の言葉で今後のビジョンを語ることです。

私が知っている、あるファンドマネジャーは、「実際の投資判断には説明資料の類は何の意味もない。個別面談の場で社長の趣味、関心事、読書傾向などを聞くことから、その人の価値観を見極めることだ」と言っています。それほど、経営者が自分の思いを伝えるということが大切である、ということでしょう。

ウィズ・コロナの時代となり、ミーティングは必ずしも対面でなければならないというモードは消失しました。とくに海外ロードショーを現地で実施するという機会は、今後も減少していくでしょう。同様に国内でも、スモールミーティング、1on1ミーティングはリモートで実施することに違和感はありませんので、かなり効率化されてきたと言えるでしょう。だからこそ、短時間でもいいので、経営者には、投資家とこまめにコンタクトをとるという姿勢が重要となるのです。

[5] 現実策としてのIR活動マネジメント

ただ現実的には、経営者自身がすべての投資家・アナリストに対応できるわけではありません。個人投資家であれば、なおさらです。

そこで、何らかの次善策が必要となります。ポイントは、次の2点でしょう。

①投資家⇒経営者：IR担当者からのフィードバックの場を密にもつ
②経営者⇒投資家：ネットを活用して経営者自身が語りかける場を設ける

　1点目は、IR担当者を通じて投資家の声を収集するということです。日常の投資家対応は、現実的にはIR担当者が実施するわけですから、ここに投資家の意見・要望が集まるわけです。実際、大半は耳の痛いことばかりでしょう。正直「うるさい」と思うことも多いかもしれませんが、これが資本市場の声です。これを外部の声として受け止め、少しでも現実の経営に取り入れていくという真摯な姿勢が必要です。

　2点目は、経営者が投資家へ語りかける方法として、ネットを活用するということです。ブログやツイッター、フェイスブック、インスタグラム、ユーチューブなど、SNSの浸透により、経営者が自分の言葉を日々遍（あまね）く発信することが容易にできるようになりました。定例の決算説明会や経営戦略説明会では、どうしても公式発言しかできませんが、もう少しくだけた形での情報発信は、こうしたSNSならではのものです。

　実際、GMOインターネットの熊谷正寿社長の個人サイト「クマガイコム」や、サイバーエージェントの藤田晋社長のブログ「渋谷ではたらく社長のアメブロ」など、社長個人が情報発信し続けている事例もあります。

　こうした場で経営者の思いを伝え、人となりをあまねく理解してもらうことは、とても効果的だと言えるでしょう。しかも、コストのかかることではありません。ちょっとした時間の使い方で可能になりますので、ぜひ検討していただきたいものです。

　もちろん、昨今の風潮からも、炎上騒ぎにならないよう、表現や内容は慎重に検討しなければなりません。

理想：経営者 ⟷ 投資家
　　　直接対話の場で経営者が自分の言葉でビジョンを伝える

現実：直接対話ができない場合は下記の方法で補完する

投資家 ⇒ 経営者	**経営者 ⇒ 投資家**
IR担当者を通じて投資家の声をフィードバックしてもらう	ネット環境を活用して経営者自身の言葉でビジョンを語りかける

[6] 利害関係者との関係基盤のマネジメント②　SDGs

　SDGsとは、2015年に国連で採択された、17の持続可能な開発目標のことです。今では、小学生でもふつうに学校で習う内容となっており、常識というレベルになった感があります。前述のサステナビリティやステークホルダー資本主義とも軌を一にしたものと位置づけられ、企業としても社会に対する責任として、これらの目標を念頭に活動することが求められています。

　その活動は多岐にわたりますが、その本質は、利害関係者との共存共栄です。さまざまな利害関係者（顧客・仕入先・地域住民・労働者など）と協調関係を構築しながら、サステナビリティ（持続可能性）を実現していくということです。

　しかし、ここでも大切なのは、「本気度」です。「とりあえず、取り組まなきゃいけないから」という横並びの姿勢で形だけ取り繕ってきれいごとを開示したところで、意味がありません。

　それどころか、実態がともなっていないのにSDGsに取り組んでいるかのように見せかける行為は、「SDG s ウォッシュ」と呼ばれ、炎上のもとになりかねません。かえってレピュテーション（評判）の失墜を招くこととなります。

　本当の意味で自社として取り組むべき項目はどれか、それをどの程度やるべきか、事務方と協議を重ねることです。会社としての本腰を入れて、それを経営者としてリードしていくという姿勢が必要になります。

図表　SDGs（持続可能な開発目標）

出所：国際連合広報センター　ウェブサイト

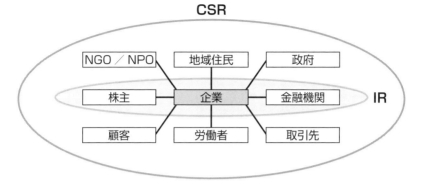

図表　企業を取り巻くさまざまな利害関係者

CSR

NGO／NPO　地域住民　政府

株主　企業　金融機関　IR

顧客　労働者　取引先

　そして、このように利害関係者と積極的に対話をすべき存在が、経営トップということになります。とりもなおさず、経営者とは「会社の顔」だからです。

　重要度の高いセレモニーや冠婚葬祭、住民との対話集会、各種団体の会合など、経営者が利害関係者との対話に要する時間は、業務時間の中でかなりの比率になることでしょう。とくに、後述のように、危機対応ともなれば、経営者は利害関係者との対応に追われることになります。

　もちろん、それでも経営者一人が割ける時間には限界がありますので、他の役員と分担するのが現実的でしょう。

　また、それだけでなく、前述のIRにおける対応のように、リモート環境・ネット環境を活用して経営者自身の言葉で発信し続けるということが効果的でしょう。

危機に対応する

とくに「クライシスマネジメント」にこそ
経営者の陣頭指揮が求められる

[1] 企業を取り巻く多様なリスク

経営者の5つのマネジメントの最後は、危機への対応です。

会社の不祥事への経営者の対応が、その会社の存続を決すると言っても
過言ではありません。一方、震災や異常気象といった自然災害、新型コロ
ナウイルス感染症の拡大などのパンデミック、そして戦乱、もはやマクロ
環境でも「想定外」という言葉は言い訳にならないほど、いろいろな事象
が発生しています。

というわけで、危機におけるトップのあり方を考えてみましょう。

しかし、ひと口にリスクと言っても、きわめて多様です。いろいろな分
類の仕方がありますが、ここでは外部要因リスクと内部要因リスクとに大
別してみましょう。

図表　企業を取り巻くおもなリスク

外部要因リスク	内部要因リスク
①政治的リスク ・戦争 ・テロ・暴動　　など	①戦略リスク ・商品開発失敗 ・M&A失敗　　など
②経済的リスク ・景気変動 ・為替変動 ・原材料価格の高騰　　など	②労務リスク ・労働争議 ・過労死 ・セクハラ　　など
③社会的リスク ・住民・団体とのトラブル ・反社会的勢力とのトラブル　　など	③財務リスク ・運用失敗 ・取引先倒産　　など
④自然災害 ・地震 ・異常気象 ・伝染病　　など	④法務リスク ・社内不正 ・顧客情報漏えい ・個人情報保護違反　　など
⑤外部事故 ・火災・爆発 ・交通事故 ・放射能汚染　　など	⑤内部事故 ・食中毒 ・システムトラブル ・製品物責任　　など

いずれの場合も、会社全体を揺るがすような危機が発生したならば、これらへの対応は、経営者に課せられた最後の責務と言えます。

とくに、その企業自体に起因する内部要因リスクの場合、実際に発生した後の当該企業の対応には、世間の注目が集まります。全利害関係者の冷たい視線を浴びることになるわけです。したがって、経営者の対応がその会社の存続を決すると言っても過言ではないでしょう。

[2] 危機管理には2種類ある

しかし、ひと口に危機管理と言っても、大別して2種類あります。「リスクマネジメント」と「クライシスマネジメント」です。

リスクマネジメントとは、リスクを未然に防ぐための事前対応のことです。具体的には、リスクマネジメント委員会を発足させ、想定されるリスクを洗い出し、シミュレーションを実施し、マニュアルをつくり、訓練を実施するなど、事前に準備をしておくことです。

一方、クライシスマネジメントとは、実際に発生した緊急事態に対応することです。具体的には、緊急対策本部を発足させ、情報を収集し、記者会見を行ない、被害を最小限に留めるべく措置を行なうなど、発生してしまった危機に対して事後的に対応を行なうことです。

経営者としては、もちろん両方大切ですが、その重大性・緊急性の観点から、とくにクライシスマネジメントにこそ、経営者の陣頭指揮が求められます。なぜなら、緊急事態の場合、通常の組織内の指揮命令系統では対応し切れないことが多いからです。どんなに事前のリスクマネジメントを準備していたとしても、必ずや想定外の事態が発生し、組織は少なからず混乱します。そうした状況で、組織をあるべき方向に導けるのは、経営者だけなのです。

図表　経営者と危機管理

経営者の承認のもとに事務方が準備

危機発生！

経営者が陣頭指揮にあたるべし！

リスクマネジメント　クライシスマネジメント

以下では、とくにクライシスマネジメントにおける経営者のマネジメントについて説明していきたいと思います。

[3] クライシスマネジメントの成功例・失敗例

　会社全体を揺るがすような危機の場合、これを本当の意味でマネジメントできるのは、経営トップ以外にいません。とくに、企業自身の問題に起因する内部要因リスク（情報漏えい、製品クレームなど）の場合、経営トップの対応いかんで、その後の会社の存続が決まると言っても過言ではないでしょう。

　経営者の対応が悪影響をもたらした典型的な失敗例は、2000年に起こった雪印の食中毒事件でしょう。報道陣に追及された当時の社長が、思い余って「私は寝てないんだよ！」と激高してしまったのです。このシーンは、テレビニュースを通じて日本全国に流され、同社は再編を余儀なくされました。

　一方、経営者の対応で危機を脱した成功例として、ジャパネットたかたとトヨタ自動車の2例を挙げてみたいと思います。

①社長だけの判断が成功したジャパネットたかた

　ジャパネットたかたでは、2004年に顧客リストの流出が発覚しました。同社では、事態公表と同時に直ちに営業自粛に入り、真相究明に全力を傾けます。営業自粛の間も毎週経過報告と謝罪を続けていきました。営業自粛は結局1か月半に及び、その間の減収は150億円にも上ったとのことです。しかし、そのような徹底した対応が消費者をはじめとした利害関係者の支持を受け、営業再開後は順調に業績が回復していきました。

　ジャパネットたかたの事例で注目すべきなのは、これらの対応はすべて髙田明社長（当時）が自分自身で判断して決定したものだということです。危機管理マニュアルや専門家のアドバイスは一切なく、その時点での社長の判断だったというわけです。のちに髙田社長自身は、お詫びの気持ちから自然に自粛という結論が出たと語っています（各種公表資料より）。

②社長が「会社の顔」として前面に立ったトヨタ自動車

　一方、2009年から2010年にかけてのトヨタ自動車のクレーム問題は、世界的自動車メーカーにとって最大の危機となりました。当初は、その対応

が後手に回っている感があり、米国での非難は高まるばかりでした。そんな逆風下で、2010年2月以降、豊田章男社長が米国で陣頭指揮に立ちます。下院公聴会で証人として出席、CNNに生出演、ウォール・ストリート・ジャーナルへ寄稿するなど、まさしく「会社の顔」として前面に立つに至りました。

ウォール・ストリート・ジャーナルでは、「すべてのトヨタ車に私の名前がついているのだ。車が傷つけば、それはあたかも私自身も傷つくようなものだ」と個人としての思いを熱く語るとともに、顧客対応が不十分だったことを率直に謝罪しています。そのうえで、技術コンサルタント会社への包括的調査の依頼、顧客モニターチームの増員、新しいブレーキシステムの採用など、具体的な改善策を述べています（各種公表資料より）。

こうした、経営トップによる「顔の見える」活動は、その後の事態収束に向けて、非常に効果的だったと考えられます。

［4］ まさに経営者の姿勢が問われる

このように、会社を揺るがすような危機が発生した場合は、それに対処できるのは経営者以外にいません。もちろん、危機管理の仕組みはとても大切ですが、それはおもに事務方が考え、整備するものです。どんなに想定していたとしても、いずれ「想定外」の事態が起こります。実際に、その場で方針を決定して組織を動かしていくのは、経営者しかできないことなのです。

そんな想定外の状況下で、「会社の顔」として、あらゆる利害関係者と対峙することになるのは経営者です。リスクマネジメントとして、いろいろな予行演習はしていたとしても、実際の危機発生時に矢面に立たされる精神的苦痛は、計りしれないものでしょう。

そのような状況下で実際に役立つのは、マニュアルどおりの回答ではなく、やはり経営者本人の心の言葉ではないでしょうか。人間は結局「感情の動物」です。あらゆる利害関係者とも、結局は感情のレベルで通じ合えるか否かです。

先ほどの事例のように、経営者自身が自分の心で思って自分の言葉で伝えることこそが、経営者によるクライシスマネジメントなのだと言えるでしょう。

5-7

経営者が裸の王様にならないために

社外取締役は素人だからこそ必要であり、経営陣に気づきを与える

[1] 経営者のマネジメントを律するコーポレートガバナンス

　ここまで、経営者が行なうべき5つのマネジメント機能について説明してきました。最後は、逆に、その経営者を律する仕組みである「コーポレートガバナンス」を取り上げ、本章を締めくくりたいと思います。

　本章では、経営者は企業の「トップ」として、トップ固有のマネジメントがあるのだという説明をしてきました。経営トップには、最高レベルの意思決定ができるように、最高度の権限が付与されています。しかし当然ながら、何でも自由にやっていいというわけではありません。

　経営者は神様ではない以上、どこかで経営者の暴走を防ぐ仕組み、経営者の行動を律する仕組みが必要です。逆に言えば、そのような牽制（けんせい）の仕組みがあるからこそ、経営者は緊張感をもって適正なマネジメントが行なえるのです。そのような監視・牽制の仕組みがコーポレートガバナンスということになります。

[2] 日本企業のコーポレートガバナンス

　コーポレートガバナンスと言うと、日本にはなかった借り物の概念のようですが、実情としては日本にも昔からあったものです。

　メインバンク制が、それです。非上場のオーナー企業と言うと、経営者が好き勝手に意思決定できるようなイメージがありますが、決してそんなことはありません。資金調達ルートがほぼ銀行に限られる非上場オーナー企業にとっては、「資金の出し手」である銀行の存在が、実態としてガバナンスの仕組みとして働いているのです。

　上場企業の場合は、1990年代以降、持合解消による株主構造の多様化、資金調達ルートの多様化などによって、上記のような上場企業に対する銀行からのガバナンスは薄れましたが、逆に株式市場からのガバナンスが明

確に行使されるようになってきました。

　そして、各種の改革を踏まえて、「コーポレートガバナンス・コード」として、上場企業が行なう企業統治において参照すべき原則・指針が2015年に制定され、その後改訂が続けられています。

　つまり、日本企業では、株主というよりも債権者からのガバナンスの仕組みが伝統的に強かったわけですが、上場企業については、その伝統が崩れつつあり、改めてコーポレートガバナンスという概念が取り上げられるに至りました。

　したがって、以下では、おもに上場企業（および上場準備企業）を対象に、あるべきガバナンス形態について検討していきたいと思います。

■コーポレートガバナンス・コードの基本原則

【株主の権利・平等性の確保】

1．上場会社は、株主の権利が実質的に確保されるよう適切な対応を行うとともに、株主がその権利を適切に行使することができる環境の整備を行うべきである。

　　また、上場会社は、株主の実質的な平等性を確保すべきである。

　　少数株主や外国人株主については、株主の権利の実質的な確保、権利行使に係る環境や実質的な平等性の確保に課題や懸念が生じやすい面があることから、十分に配慮を行うべきである。

【株主以外のステークホルダーとの適切な協働】

2．上場会社は、会社の持続的な成長と中長期的な企業価値の創出は、従業員、顧客、取引先、債権者、地域社会をはじめとする様々なステークホルダーによるリソースの提供や貢献の結果であることを十分に認識し、これらのステークホルダーとの適切な協働に努めるべきである。

　　取締役会・経営陣は、これらのステークホルダーの権利・立場や健全な事業活動倫理を尊重する企業文化・風土の醸成に向けてリーダーシップを発揮すべきである。

【適切な情報開示と透明性の確保】

3．上場会社は、会社の財政状態・経営成績等の財務情報や、経営戦略・経営課題、リスクやガバナンスに係る情報等の非財務情報について、法令に基づく開示を適切に行うとともに、法令に基づく開示以外の情報提供にも主体的に取り組むべきである。

その際、取締役会は、開示・提供される情報が株主との間で建設的な対話を行う上での基盤となることも踏まえ、そうした情報（とりわけ非財務情報）が、正確で利用者にとって分かりやすく、情報として有用性の高いものとなるようにすべきである。

【取締役会等の責務】

4．上場会社の取締役会は、株主に対する受託者責任・説明責任を踏まえ、会社の持続的成長と中長期的な企業価値の向上を促し、収益力・資本効率等の改善を図るべく、

　⑴　企業戦略等の大きな方向性を示すこと

　⑵　経営陣幹部による適切なリスクテイクを支える環境整備を行うこと

　⑶　独立した客観的な立場から、経営陣（執行役及びいわゆる執行役員を含む）・取締役に対する実効性の高い監督を行うこと

　　をはじめとする役割・責務を適切に果たすべきである。

　こうした役割・責務は、監査役会設置会社（その役割・責務の一部は監査役及び監査役会が担うこととなる）、指名委員会等設置会社、監査等委員会設置会社など、いずれの機関設計を採用する場合にも、等しく適切に果たされるべきである。

【株主との対話】

5．上場会社は、その持続的な成長と中長期的な企業価値の向上に資するため、株主総会の場以外においても、株主との間で建設的な対話を行うべきである。

　経営陣幹部・取締役（社外取締役を含む）は、こうした対話を通じて株主の声に耳を傾け、その関心・懸念に正当な関心を払うとともに、自らの経営方針を株主に分かりやすい形で明確に説明しその理解を得る努力を行い、株主を含むステークホルダーの立場に関するバランスのとれた理解と、そうした理解を踏まえた適切な対応に努めるべきである。

出所：東京証券取引所

[3] 本来あるべきコーポレートガバナンスとは？

　「会社は誰のものか？」という議論はいろいろありますが、法的には株主のものということになります。株主は取締役会に決定・監督を委ね、取締役会の監督のもとに経営者（社長）が執行者のトップとして経営を行なうことが本来の株式会社の姿です。

しかし、多くの上場企業では、株主は分散化・流動化しており、会社の保有者として明確な姿をもっていません。デイトレーダーという極端な例をもち出すまでもなく、経営に関心をもって長期保有をしている株主のほうが少ないでしょう。まさしく「経営と所有の分離」が進展しているのです。

その結果、経営者という地位は、株主に経営執行を委任されるものと言うよりも、従業員の「出世スゴロクの上がり」と言うべき存在となっています。経営者にとっては、株主との直接的な関係を感じにくくなっているわけです。本当の意味で、「株主様から社長になることを任された」と実感している経営者がどれだけいるでしょうか。このように、当初の株式会社という機関設計からは乖離しているのが現状でしょう。

しかし、だからこそ、株主が経営者を監視する仕組みが必要なのです。経営者は決して「王様」であってはなりません。「株主がうるさくて自由に経営ができない」という考えはナンセンスです。経営者が「うるさいな」と思うくらいのほうが、適正なマネジメントができるので、株主を軽視すべきではありません。

[4] 株主総会は信頼関係構築の場

ひと昔前まで、株主総会は、まさしくシナリオどおり「シャンシャン」で終わることがふつうでした。逆に、質疑応答が活発に行なわれるのは、何か不祥事があるときぐらいでした。

しかし、近年の株主総会は、随分「開かれた」ものになりつつあります。私も、いろいろな会社の株主総会を見る機会がありますが、個人株主からの質問にも積極的に応答していこうという姿勢が感じられるようになりました。

経営者にとって、年に一度の株主総会は、とても胃の痛くなる思いをするはずです。「総会のことを考えると憂鬱になるよ」と本音をもらす経営者もいらっしゃいますが、それが偽らざる心境でしょう。

しかし、「開かれた株主総会」において、その重要度がますます増しているのが、議長である経営者の役割です。質問者である株主の視線は、すべて議長である経営者に向けられます。もはや、想定問答集を読んでいるだけでは、とても対応できなくなっています。

質問者は、経営者の姿勢に敏感です。質問をはぐらかそうという姿勢が

わずかでも見えたならば、その信頼を失ってしまうでしょう。100%の回答ができない場合でも、株主の質問を正面からとらえる姿勢こそが大切なのです。多少精度が落ちても、経営者が自分自身の言葉で語りさえすれば、株主の納得度は高まるはずです。

[5] 経営者として株主と正面から向き合うことが会社全体への信頼となる

私が出席した、ある株主総会で、こんなことがありました。一人の個人株主が、次のように決算書の読み方について質問をしてきたのです。「この貸し借り何とかっていうのは、何ですか？」。貸借対照表（バランスシート）とは何かについて質問したわけですが、あまりに初歩的で場違いな質問に、周囲の株主まで苦笑せざるをえないほどでした。

その会社の経営者がどのように対応するのか注目していたところ、決してその質問を軽んじることなく、実に丁寧に素人にもわかりやすく、バランスシートの読み方を説明していました。その経営者の真摯な姿勢には、感動すら覚えたものです。それは、その場にいた周囲の株主も同様であったことでしょう。苦笑していた人々の顔も、心なしか好意的な表情に変わっていきました。もちろん、株主総会という場で、そのような質問はめったにありませんが、一事が万事、こうした経営者の真摯な姿勢が経営者自身への信頼感、ひいては会社全体への信頼感を醸成していくことになるはずです。

もちろん、株主総会としての公式の議事進行がありますので、直接関係のない質問は遠慮してほしいのが本音です。そこで最近は、株主総会は株主総会として終え、その後に「株主懇話会」などの名称で自由に経営者と株主が討議する場を設定することが増えています。

いずれにせよ、株主との接触はなるべく避けたい、という姿勢では生き残ることはできません。どんなに辛い厳しい場であっても、経営者として株主と正面から向き合う姿勢が必要なのです。

[6] 社外取締役は経営者を律することができるか？

取締役の地位は、社長ポストと同様、長らく従業員の「出世スゴロクの上がり」となっていましたが、近年は執行役員と取締役を分離し、取締役には本来の経営執行の監督という機能をもたせようという流れが定着して

きました。

　さらに取締役の独立性を高めるべく、社外取締役制度もすっかり普及しました。東京証券取引所のプライム市場上場会社では、独立社外取締役を少なくとも３分の１（その他の市場の上場会社においては２名）以上選任すべきとされ（コーポレートガバナンス・コード原則4-8）、下の図表に示した調査によると実態としても、その流れに沿って進んでいることがうかがえます。

図表　上場企業における社外取締役制度の普及状況

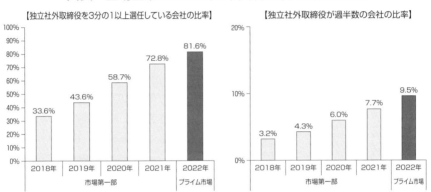

【独立社外取締役を3分の1以上選任している会社の比率】

2018年	2019年	2020年	2021年	2022年
33.6%	43.6%	58.7%	72.8%	81.6%
市場第一部				プライム市場

【独立社外取締役が過半数の会社の比率】

2018年	2019年	2020年	2021年	2022年
3.2%	4.3%	6.0%	7.7%	9.5%
市場第一部				プライム市場

（注）2022年は４月14日時点のガバナンス報告書データを集計
出所：『改訂コーポレートガバナンス・コードに新たに盛り込まれた事項に関する上場会社の対応状況』（東京証券取引所、2022年５月16日）

　しかし、ここで問題として指摘されているのが、社外取締役は本当に機能するのか、ということです。「独立社外取締役」とは言え、何らかの形で経営者と関係のある人脈の中から選ばれることも多く、本当の意味で独立した人選は多くありません。また、月に一度の取締役会に出席するだけでは、まともな社内情報を収集できるはずもなく、社内取締役並みの意思決定の源泉をもち合わせてはいないわけです。「素人の社外取締役に何ができるのか」という声も聞かれます。

　たしかに、社外取締役一人の力だけでは、社内取締役と対等に専門的な議論をすることは難しいでしょう。不正を発見したり、経営陣を刷新したりすることも困難なはずです。実質的な権限という意味では、制約があるのは事実です。

　しかし私は、それでも社外取締役はガバナンス上必要だと考えます。社外取締役は、素人だからこそ必要なのです。取締役会がすべて社内取締役

で構成されていると、議論が内向きになります。お互いが共通の土台で社内用語を用いて話していれば効率もよく、採決が早く進むでしょう。しかし、それが落とし穴になりえます。「社内の常識が世間の非常識」と言われることがありますが、社内で自明の理と思われていることが、将来の不祥事や失敗の種になりえるのです。

[7]「素人の質問」こそが取締役会のガバナンスに有効

そこで大切なのが、社外取締役の発する「素人の質問」です。共通の土台がないからこそ発する素人的な視点が、きわめて有効に働くことがあります。「どうして、この投資をするのですか？」「どうして、このルールが必要なのですか？」といった第三者的な質問は、議論を客観的に見つめ直すきっかけになるわけです。

毎度毎度、議論の進行をさえぎるような発言をされても困りますが、重要な局面で、このような発言を1つ2つしてもらい、経営陣に気づきを与える、これこそが社外取締役の役割だと言えるでしょう。

経営者としては、社外取締役への役割（期待）を明確に定め、それを過大評価も過小評価もすることなく、経営者自身の意思決定に対するセカンドオピニオンとして活用するべきなのです。

おわりに

　最後までお付き合いいただきまして、誠にありがとうございました。

　本書の旧版（初版）は、2012年、東日本大震災の翌年に発刊されました。日本社会にも「まさか」の想定外事象が起こりえるということを、まざまざと思い知らされた時期でした。また、「事前に決めたとおりの計画を実行すればよい」などということは、個人においても組織においても、ありえないと思い知らされた時期でした。

　そして、あれから十余年、コロナ禍とウクライナ侵攻などを受けて、グローバル社会全体に激震が走りました。今までのビジネスの常識が180度変わってしまいました。「VUCAの時代」は単なるバズワードではなく、「走りながら考える、そして考えながら走る」ことを強いられることとなりました。

　その意味では、マネジメントの難易度は、ますます高まっているのは言うまでもありません。したがって、私たちを含め、組織にかかわる人々みんなが試行錯誤を繰り返しながら、現在進行形の「マネジメント」の形をつくり上げていくしかないのだと考えます。

　とは言え、「応用」はあくまで「基本」の上に成り立つものです。基本を知らない応用は、単なる〝思いつき〟に過ぎません。したがって、まずはマネジメントの基本を押さえていただくのが本書の趣旨です。

　そんななかで、本書（新版）では、マネジメントのあり方を前著に引き続き「階層別」という切り口でまとめました。その最大の理由は、読み手の方々の臨場感を考慮してのことです。

　ティール組織やDAOのような自律分散型組織が注目される時代とはなりましたが、現実的には、ほとんどの組織には何らかの階層があるはずだからです。それぞれの階層によって、行なうべきマネジメントの視点は異

なるはずです。したがって、本書では、現実的に「役立つ」ことを想定して、「階層別」という切り口としました。

　本書の試みが皆さまのお眼鏡にかない、皆さまの日々のマネジメントの一助となるようであれば、執筆陣として望外の幸せです。

2023年 2 月

主な参考文献

『1分間リーダーシップ』（ケン・ブランチャード／パトリシア・ジガーミ／ドリア・
　ジガーミ 著、ダイヤモンド社）

『恐れのない組織──「心理的安全性」が学習・イノベーション・成長をもたらす』
　（エイミー・C・エドモンドソン 著、野津智子 訳、村瀬俊朗 解説、英治出版）

『企業変革力』（ジョン・P・コッター 著、梅津祐良 訳、日経BP）

『グループ経営の実際』（寺澤直樹 著、日経BP 日本経済新聞出版社）

『経営革命大全』（ジョセフ・ボイエット／ジミー・ボイエット 著、金井壽宏 監訳、
　大川修二 訳、日経BP 日本経済新聞出版社）

『経営戦略の基本』（株式会社日本総合研究所経営戦略研究会 著、日本実業出版社）

『月刊リーダーシップ（2010年10月号）』（一般社団法人日本監督士協会）

『新版　組織行動のマネジメント』（スティーブン・P・ロビンス 著、髙木晴夫 訳、ダ
　イヤモンド社）

『鈴木敏文の統計心理学』（勝見明 著、プレジデント社）

『組織論』（桑田耕太郎／田尾雅夫 著、有斐閣）

『チーム・ビルディング』（堀公俊／加藤彰／加留部貴行 著、日経BP 日本経済新聞出版社）

『チームリーダーのコーチング 基本とコツ』（本間正人 著、学研パブリッシング）

『知識経営実践論』（妹尾大／阿久津聡／野中郁次郎 著、白桃書房）

『知識創造企業』（野中郁次郎／竹内弘高 著、梅本勝博 訳、東洋経済新報社）

『ティール組織──マネジメントの常識を覆す次世代型組織の出現』
　（フレデリック・ラルー 著、鈴木立哉 訳、嘉村賢州 解説、英治出版）

『ファシリテーション・グラフィック（初版）』（堀公俊／加藤彰 著、日経BP 日本経
　済新聞出版社）

『ファシリテーション入門』（堀公俊 著、日経BP 日本経済新聞出版社）

『ファシリテーションの技術』（堀公俊 著、日本ファシリテーション協会 監修、PHP
　研究所）

『マネジメント』（P・F・ドラッカー 著、野田一男／村上恒夫 監訳、ダイヤモンド社）

『マネジメント【エッセンシャル版】』
　（P・F・ドラッカー 著、上田惇生 訳、ダイヤモンド社）

『Essentials of Organization Theory and Design』
　（Richard L. Daft 著、South-Western Pub）

『The Motivation to Work』（Frederick Herzberg 著、Transaction Pub）

索　引

著 者 一 覧

手塚　貞治 (てづか　さだはる) ※編著者

國學院大學経済学部教授・立教大学大学院ビジネススクール兼任講師。
元 株式会社日本総合研究所プリンシパル。
東京大学大学院総合文化研究科博士課程修了。専門は経営戦略論・事業計画論等。共著書は『経営戦略の基本』、著書は『武器としての戦略フレームワーク』『「フォロワー」のための競争戦略』（以上、日本実業出版社）など多数。

浅川　秀之 (あさかわ　ひでゆき)

株式会社日本総合研究所 リサーチ・コンサルティング部門 主席研究員／プリンシパル。大阪大学大学院基礎工学研究科修士課程修了。日本電気株式会社にて製品開発（おもに光通信分野）に従事したのち現職。専門は情報通信、エレクトロニクス、メディア分野を中心とした経営戦略・事業戦略策定、M&A支援、事業資産評価、研究開発戦略策定等。総務省情報通信審議会委員（2023年〜）、総務省電気通信市場検証会議構成員（2016年〜）。共著書は『経営戦略の基本』。

安東　守央 (あんどう　もりお)

株式会社日本総合研究所 創発戦略センター／リサーチ・コンサルティング部門　マーケティング部長。早稲田大学商学部卒。プロクター・アンド・ギャンブル・ファーイースト・インク　マーケティング本部を経て現職。専門領域は経営戦略、新規事業開発、マーケティング戦略、ブランド戦略、ソーシャルビジネス。共著書は『経営戦略の基本』。

岡田　匡史 (おかだ　まさし)

株式会社日本総合研究所 リサーチ・コンサルティング部門 主席／部長　事業開発・技術デザイン戦略グループ担当。東京大学大学院工学系研究科航空宇宙工学専攻修士課程修了。ドメイン拡張・事業開発を中心とした、本業を超えたトップライン創出が専門。【技術】技術系企業・インフラ系企業に対する技術を核とした事業領域探索・事業開発、資源充足のためのM&A支援、コーポレートR&D支援、デザイン・PoC支援、【ブランド】ライフスタイル領域におけるビジネスモデル革新・業態開発、【投資・ファイナンス】洋上風力等プロジェクトファイナンスを活用した投資型事業の開発等、幅広い領域をカバー。共著書は『経営戦略の基本』。

吉田　賢哉 (よしだ　けんや)

株式会社日本総合研究所　リサーチ・コンサルティング部門　シニアマネジャー。東京工業大学大学院社会理工学研究科経営工学専攻修士課程修了。専門は、組織戦略、組織改革・組織活性化、ナレッジマネジメント、新規事業戦略立案、新規事業立ち上げ支援、経営戦略立案、中期経営計画策定、ビジョン策定、海外展開支援、産業振興、市場・商品需要予測等。共著書は『経営戦略の基本』。

手塚貞治（てづか さだはる）

國學院大學経済学部教授・立教大学大学院ビジネススクール兼任講師。元 株式会社日本総合研究所プリンシパル。東京大学大学院総合文化研究科博士課程修了。専門は経営戦略論・事業計画論等。

著書に『武器としての戦略フレームワーク』『「事業計画書」作成講座』『「フォロワー」のための競争戦略』（以上、日本実業出版社）、『経営戦略の基本がイチから身につく本』『経営者のためのIPOを考えたら読む本』（以上、すばる舎）、『ジュニアボード・マネジメント』『必ず結果を出す！ フレームワーク仕事術』（以上、PHP研究所）などがある。

新版 マネジメントの基本

2012年3月1日　初 版 発 行
2023年4月1日　最新2版発行

編著者　手塚貞治 ©S.Tezuka 2023
著　者　浅川秀之 ©H.Asakawa 2023
　　　　安東守央 ©M.Ando 2023
　　　　岡田匡史 ©M.Okada 2023
　　　　吉田賢哉 ©K.Yoshida 2023
発行者　杉本淳一

発行所　株式
　　　　会社 日本実業出版社　東京都新宿区市谷本村町3−29 〒162-0845
　　　　編集部 ☎03-3268-5651
　　　　営業部 ☎03-3268-5161　振 替 00170-1-25349
　　　　　　　　　　　　　　　　https://www.njg.co.jp/

印刷／壮光舎　製本／若林製本

ISBN 978-4-534-06000-6　Printed in JAPAN

日本実業出版社の本

下記の価格は消費税（10%）を含む金額です。

この1冊ですべてわかる
経営戦略の基本

㈱日本総合研究所
経営戦略研究会
定価 1650円（税込）

古典的な経営戦略から新しい戦略までをまとめ、経営戦略の全体像、全社・事業戦略の策定と実施、戦略効果をさらに高めるノウハウまで網羅した1冊。経営戦略を初めて学ぶ人に最適な入門書。

武器としての戦略フレームワーク
問題解決・アイデア創出のために、
どの思考ツールをどう使いこなすか？

手塚貞治
定価 1980円（税込）

SWOT、3C、リーンキャンバスなど数多のフレームワークを、戦略の策定・実行シーンでどう使い、どのように論理×直観を働かせて問題解決やアイデア創出を行なうかを実践的に解説。

「ビジネスモデル思考」で新規事業を成功させる
「事業計画書」作成講座

手塚貞治
定価 2035円（税込）

初めて新規事業を立ち上げる人に向けて、「儲かるビジネスモデルとは？」などの事業計画書をつくるときに必要な考え方と、それを言語化するノウハウを、事例を交えて詳しく解説。

こうして社員は、やる気を失っていく
リーダーのための「人が自ら動く組織心理」

松岡保昌
定価 1760円（税込）

「社員がやる気を失っていく」には共通するパターンがあり、疲弊する組織や離職率の高い会社の「あるあるケース」を反面教師に、社員のモチベーションを高めるための改善策を解説。

定価変更の場合はご了承ください。

SUSTAINABILITY
SCIENCE

周 瑋生 編著

SDGs時代の
サステイナビリティ学

法律文化社

は し が き

　人類社会は、第一次産業革命を境にして人口、経済とエネルギー消費、環境負荷など爆発的な成長・拡大を遂げてきた。中でも20世紀後半からの大量生産・大量消費・大量廃棄・大量汚染に象徴されるように、経済発展と技術進歩による更なる快適で豊かな生活を追求する一方で、経済格差・ジェンダー・環境の悪化・貧困と飢餓・水や食料問題など、私たちの目の前には解決すべき経済、社会と環境といった多岐にわたる地域規模と地球規模の課題が山積し、そのうえ昨今の新型コロナウイルス（COVID19）の世界的大流行により世界経済は大きく低迷し、生活様式も大きく変革しようとし、人類を取り巻く生存空間と資源環境の限界性から地球システムと人類社会のサステイナビリティ（sustainability、持続可能性）が重大な岐路に立たされている。

　そのため今日、人類社会のサステイナブルな発展に向けて、世界共通の取組が展開されている。中でも2015年の国連サミットにおいて全会一致で採択されたSDGs（Sustainable Development Goals、持続可能な開発目標）は、先進国・途上国すべての国を対象に、2030年に向けて「地球上の誰一人取り残さない」（leave no one behind）という社会的包摂・経済成長・環境保護の3つの核心的要素のバランスのとれたサステイナブルな社会の実現を目指した普遍的な取組であり、世界共通の目標である。

　一方、「サステイナビリティ」という思想・概念は、人類社会の誕生、進化と発展に伴ってきたものと考えられるが、1992年の「地球サミット（リオサミット）」が「サステイナビリティ」の概念を世界的に普及させるきっかけとなった。2000年の国連ミレニアムサミットでは、SDGsの前身であるMDGs（Millennium Development Goals「ミレニアム開発目標」）が採択され、主に発展途上国の貧困・教育・健康・環境などを改善するための社会開発を目標に掲げていた。以来、サステイナビリティを概念から実践へ移行し、持続可能な社会を実現するための模索・実践が盛んに展開されてきた。

さらに、「サステイナビリティ学（sustainability science）」が21世紀初頭から学問として提唱され、その構築も国家、地域、都市、企業、製品などという空間的尺度から、または社会、経済、環境、制度などの分野において始まった。ところで、この「サステイナビリティ」の理念の理解・定義は論者によって様々であり、その研究の蓄積量も膨大であるため、サステイナビリティ学は超学的な学問体系として、いまだ発展の途上といえよう。

　人類自身が自らのニーズを満たす方式は、絶えず変化している。また、新型コロナウイルスのような世界的大流行による人類の生存環境も絶えず変化している。そこで、サステイナビリティも、不変な状態ではなく、絶えず模索する過程であり、目標も変化し続けている。すなわち、サステイナビリティは最後の状態が存在しないといえよう。

　SDGs時代におけるサステイナビリティ学は、経済、社会、環境など各分野に跨る複雑な系統である。本書は、従来の学問分野を超えて、環境・社会・経済をシステム的に思考し、文理横断の専門家によりオムニバスで執筆されたため、理工学系の学生には社会学系の知識を、また社会学系の学生には理工学系の視点からユニークなSDGs時代のサステイナビリティ学を学ぶことを目的とする。

　本書は、SDGs時代におけるサステイナビリティ学の理論、実践活動や具体的な対策と課題を述べ、それぞれの学問領域において、サステイナビリティをキーワードに、現代社会問題の諸相並びに各章とSDGsとの関わりをグローバルシステムの視点から問題の基本構造を俯瞰し、問題を複合的かつ総合的な視点から理解して取り組むことを切口としてサステイナビリティ学の入門へと誘う。

　最後に、本書の出版にあたり、法律文化社編集部小西英央氏には大変お世話になり、執筆者を代表して心からの謝意を表したい。

2022年初春　於京都

周　瑋生

目　　次

第III部　サステイナブルな社会の構築

人類社会のサステイナビリティとSDGs

周　瑋生

1.1　人類文明の進化と危機

(1)　産業革命

　人類文明は技術の出現・発展によりその変革と進化が進んできた。私たちは、技術によって図表1−1に示すように狩猟社会、農耕社会、工業社会、情報社会とそれに続く新たな超スマート社会を含む5つの社会形態に分けられる。その中でも、1750年頃からの第一次産業革命を境に突入した工業社会は、

図表1−1　人類文明進化の社会類型と産業革命・エネルギー革命

社会形態	特　徴
狩猟社会 農耕社会	～1750年頃：第1次産業革命までの数百万年にわたり薪炭などを使用
工業社会	1750年頃～：第1次産業革命（蒸気機関、石炭、製鉄、鉄道の使用）、第1次エネルギー革命（石炭革命）
	1870年頃～：第2次産業革命（プラスチック等新素材、石油、電気、自動車、家電製品の使用）、第2次エネルギー革命（石油革命）
情報社会	1970年頃～：第3次産業革命（近代産業社会、高度情報化社会、電子化―デジタル技術革命）、オイルショック
超スマート 社会	2010年頃～：第4次産業革命（AI、IoT、5Gの活用、サイバー空間と物理空間、実体経済とデジタル経済の高度な融合）

出典：筆者作成

今日まで300年も経たないものの人類の経済と生活活動において、人口、経済、エネルギー消費量、環境負荷などどの分野においても飛躍的な成長・拡大を遂げてきた。また各産業革命の長さを比較すると、その速度は加速していることがわかる。

⑵　エネルギー革命

　第一次産業革命は、それまで人類が数百万年にわたりエネルギー源として利用し続けてきた薪炭などから、石炭に移行したことにより生産性を飛躍的に高めたことで、第一次エネルギー革命（石炭革命）と呼ばれ、人類とエネルギーの歴史にとって、１つの大きな転換点となった。

　さらに、第二次産業革命、特に第２次世界大戦後の1950年代以降は、石油が急速に利用されるようになり、石炭から石油へと第二次エネルギー革命が起こった。中国、インドなど一部の発展途上国では依然として石炭中心のエネル

図表 1 - 2　人類とエネルギーとのかかわり

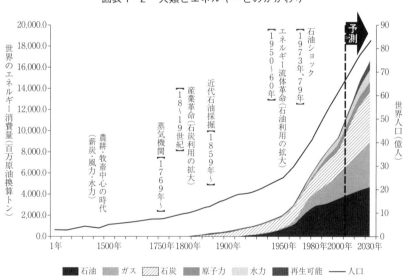

出典：経済産業省『エネルギー白書2013』

ギー構造ではあるものの、世界的には石油がエネルギーの主役となった。

　第一次産業革命以来の人類社会は、技術の飛躍的な進歩により産業革命の速度が加速し、それに伴いエネルギー利用効率も向上した。しかし、エネルギー消費原単位は低下しているものの、総エネルギー消費量は依然として人口増加・経済成長とともに急速に増加し、20世紀における100年余りの間に化石燃料使用量は10数倍に膨れ上がり、しかもその約80％は1950年代以降に達成されたという幾何級数的成長の道を歩んでいる（図表1-2）。

(3)　環境容量の限界

　人類が工業社会に突入するにつれて、大量生産、大量消費、大量廃棄と大量汚染の時代が始まり、多くの環境問題に直面し、各章で述べるように、まさに地球の環境容量を超えようとしている（図表1-3）。特に、化石燃料の大量消費は、社会の生産性と生活水準を大幅に向上させると同時に、資源枯渇、酸性雨や温暖化などの問題を引き起こしている。IPCC第6次報告（自然科学的根拠）（AR6/WG1）では、「人間の影響が大気、海洋及び陸域を温暖化させてきたこ

図表1-3　人類が直面するローカルとグローバルな環境問題

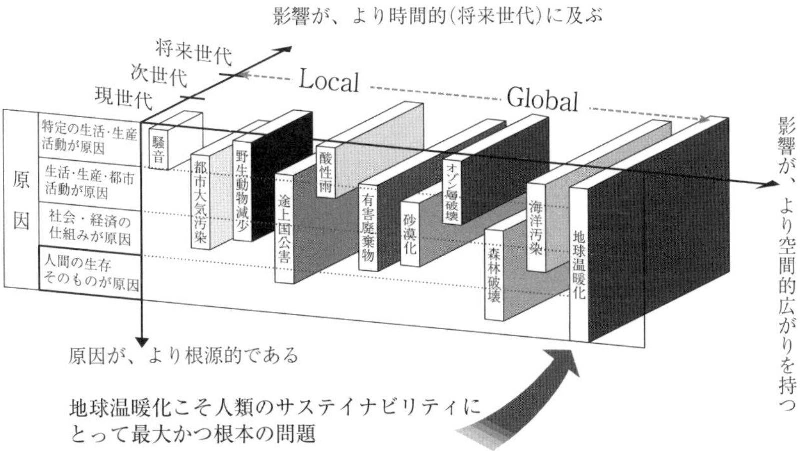

出典：筆者作成

第1章　人類社会のサステイナビリティとSDGs

3

とには疑う余地がない」と結論付けられている。地球温暖化こそ、人類のサステイナビリティにとって最大かつ長期的な危機である（詳細は第6章を参照されたい）。

1.2　持続可能な開発の核心的要素

(1)　持続可能な開発の概念

「持続可能な開発」（Sustainable Development）とは、「将来世代のニーズを損なうことなく現在の世代のニーズを満たすような開発」と定義付けられている。つまり、現在の人々の生活によって、未来の地球環境や人が暮らす社会・経済を壊すような開発をしてはならないということである。この概念とサステイナビリティ学の源流と発展については、第2章を参照されたい。

(2)　現代社会問題の諸相

2015年9月25日第70回国連総会で採択された「我々の世界を変革する：持続可能な開発のための2030アジェンダ」に記述されているように、持続可能な社会を実現するためには、社会的包摂・経済成長・環境保護の3つの核心的要素が不可欠である。現代社会問題の諸相として、この3つの核心的要素は依然として深刻な課題を抱えている。

　(i)　社　会　　現在、世界は依然として十億近い人々が貧困・飢餓や健康福祉・教育の乏しいうちに生活し、ジェンダー・水・エネルギーなどにおいても人間が人間らしく尊厳のある生活を送れずにいる。また新型コロナウイルス（COVID-19）など地球規模の健康の脅威や、より頻繁かつ甚大な自然災害、悪化する紛争、暴力的過激主義、テロリズムと関連する人道危機に直面している。

　(ii)　経　済　　失業、とりわけ若年層の失業は主たる懸念である。雇用・格差・経済成長・生活インフラなど、最低限の暮らしの保証からより良い暮らしへと、持続可能な開発に対する大きな課題に直面している。

　(iii)　環　境　　人類社会は、異なる原因と影響であるローカル的グローバル

的環境問題に直面している（図表1-3）。公害、生物種保護、気候変動問題、海と陸の資源に対して、人間だけでなく動植物が暮らす自然の持続可能性にまで影響を及ぼすのである。それ以外に、新型コロナウイルスのような世界的な非伝統安全問題は、社会・経済・環境など多方面にわたり脅威を与えている。

そのために、持続可能な開発を実現するには、地球上に住む全ての人々が協力して取り組む必要があり、各分野と横断的に関わる「制度・ガバナンス」及びパートナーシップの強化と「グリーンリカバリー」（Green Recovery）が求められている。

1.3　サステイナビリティとSDGs

(1)　SDGs の背景

SDGs（Sustainable Development Goals、持続可能な開発目標）とは、2015年9月の国連サミットで国連加盟193カ国が全会一致で採択された「持続可能な開発のための2030アジェンダ」における2016年から2030年の15年間で達成する国際目標である（国連 2015）。

SDGsの背景には、前述のように1970年代から継続する地球資源の枯渇や環境問題への危機意識があり、1980年代には「サステイナビリティ」（Sustainability、持続可能性）の概念が登場した。1992年に開催された「地球サミット（リオサミット）」が、「サステイナビリティ」の概念を世界的に普及させるきっかけとなり、2000年以降、「サステイナビリティ」への危機感はさらに高まっていくこととなった。2000年の国連ミレニアムサミットでは、SDGsの前身であるMDGs（Millennium Development Goals「ミレニアム開発目標」）が採択された。MDGsは2015年を年限として、主に発展途上国の貧困・教育・健康・環境などを改善するための8つのゴールと21のターゲットなど社会開発を目標としており、その結果、国際社会の協力によって飢餓人口の割合が半減するなど一定の成果を挙げた。SDGsはMDGsの後継としてMDGsで残された課題である、ジェンダー・経済格差・地球環境の悪化・紛争の発生・貧困と飢餓などを引き続き解決すべき課題として位置づけ、採択されたものである。MDGs

が貧困などの限定された社会課題を対象としていたのに対し、SDGs では先進国も含む全ての国の気候変動、人権、経済成長など、より広範な課題の解決を対象としているのが大きな特徴である。

⑵　SDGs の内容

SDGs は「持続可能な開発のための2030アジェンダ」における2016年から2030年までの国際目標である。図表1-4に示すように、先進国・発展途上国全ての国・地域を対象に、経済・社会・環境の3つの核心的要素のバランスがとれた持続可能な社会を目指す世界共通の目標として、17の目標とその目標ごとに設定された169のターゲット（子目標）及び231のグローバル指標（第15章参照）という3層構造の枠組みで構成され、各国の状況にかかわらず、地球上のほぼ全ての国が採択した国際目標である。そのため、「地球上の誰一人として取り残さない」（leave no one behind）持続可能で多様性と包摂性のある社会の実現を目指している（国連 2015）。

図表1-4　SDGs の17目標

出典：国連（2015）

SDGsの17目標は、「社会」（目標1から7）・「経済」（8から12）・「環境」（13から15）の3分野と、各分野と横断的に関わる「制度・ガバナンス」（16から17）に分けられる（図表1－4）。

　SDGsの主な特徴として、以下の6つを挙げることができる。

　普遍性：発展途上国と先進国、全ての国・地域が行動する

　包摂性：人間の安全保障の理念を反映し、「誰一人取り残さない」

　多様性：国、自治体、企業、コミュニティまで全てのステークホルダーが役割を果たす

　統合性：社会・経済・環境に統合的に取り組む

　自主性：各主体が自主的に関連の政策、計画、プログラムを策定する

　透明性：達成状況等に関する定期的にフォローアップと評価を行う

　国連広報センターによると、SDGsとターゲットは2030年までに、根本的な要素とした人間（People）、地球（Planet）、繁栄（Prosperity）、平和（Peace）、パートナーシップ（Partnership）という大きな重要性を備えた領域に関する行動を促すことになる（国連 2015）。

　SDGsは、普遍的な社会問題を対象としており、目標間は相互に関連しており、優先順位の区別はなく、各目標がともに達成されることを求められる。

　しかし、SDGsは国連が採択したものではあるが、レビューは実施するものの、法的な拘束力はない。国だけでなく、地方自治体、民間企業、教育機関、市民社会それぞれが当事者意識をもって取り組むことが期待されている。

　世界各国が、SDGsの期限である2016年から2030年の15年間において、全17項目の目標達成に向けて行動していくことで、2030年以降も“持続可能な社会”を実現させ続けることをSDGsは目指している。

(3)　SDGsへの取り組み

　SDGsは、2016年に世界的に導入され始め、国際社会への普及期間を経て、2020年以降「行動の10年（Decade of action）」に突入している。そして、このプロセスは「持続可能な開発目標のローカリゼーション」とも呼ばれている。政府は積極的にパートナーを探すと同時に、国の法制度に目標を組み込み、それ

らを立法化し、実施計画を策定し、予算を設定する必要がある。また、低開発国（発展途上国）は高開発国（先進国）の支援を必要としているため、国際的な調整が極めて重要となる。また、SDGs の実現に向け、国や地方自治体レベル、そして企業・事業レベルなど多様なステークホルダーが連携して取り組む必要がある。

　SDGs は発展途上国のみならず、先進国自身が取り組む普遍的なものであり、日本としても積極的に取り組んでいる。以下に日本を事例とした取り組みについて紹介する（外務省 2021）。なお、SDGs の達成度・進捗状況に関する評価方法や関連評価レポートについては第15章を参照されたい。

　（ⅰ）**政府レベル**　　日本政府は、2016年5月に総理大臣を本部長とする SDGs 推進本部を新設し、同年日本における取り組みの指針となる「SDGs 実施指針」を策定し、2019年に改定した。また、2017年には SDGs 推進のための施策を取りまとめた「SDGs アクションプラン」を発表し、毎年改定をしながら、政府と地方自治体が連携して様々な取り組みを進めている。

　また、日本政府は、企業や自治体などの SDGs 推進の動きを促すため、2017年に「ジャパン SDGs アワード」を創設し、毎年優れた取り組みを行っている企業や団体を表彰している。

　（ⅱ）**地方自治体レベル**　　日本政府は自治体の SDGs 導入を、地方創生の実現などの持続可能なまちづくりとして位置づけ、2024 年度までに SDGs に取り組む自治体の数を全国の60％にまで引き上げる目標を掲げている。この地方創生政策の枠組みの下、2017年度に「SDGs 未来都市」プロジェクトを発足させ、2021年度には「SDGs 未来都市」の優良自治体として31自治体（都市）が選定され、また「自治体 SDGs モデル事業」としても10自治体（都市）が指定された。

　自治体レベルの取り組みは、義務的・包括的取り組み（国の方針を受けて自治体行政の責務として推進するもの）と自主的・選択的取り組み（それぞれの自治体が固有の条件を踏まえて推進するもの）の2タイプに分類される。全国の自治体のSDGs 達成に向けた取り組みと進捗状況を計測するため、日本の国情を反映したローカル指標として、例えば「地方創生 SDGs ローカル指標」が策定されつつある。

(iii) **企業・事業レベル**　第14章で述べるように、近年、CSR（企業の社会的責任）やESG投資など企業の行動パターンに対し、価値の共有等を通して社会貢献を求める声が強くなり、企業も社会的責任としてこれに積極的に対応する姿勢を見せている。SDGsの理念はこのような動きと軌を一にする取り組みである。例えば、日本経済団体連合会は企業行動憲章を改定し、SDGsに積極的に取り組む方向を明確にし、提言しているSociety5.0の実現を、SDGsの枠組みとの連携の下に実現するとしている。これを受けて、産業各分野においてもSDGsの取り組みは急速に進展している（経団連2021）。

　企業は、重要なパートナーとしてSDGsを達成する上で、それぞれの中核的な事業を通じて、これに貢献することができる。国連グローバル・コンパクト（United Nations Global Compact）などによって共同作成された「SDGコンパス」（SDG Compass, http://sdgcompass.org/）は、いかにして企業がSDGsを経営戦略と整合させ、SDGsへの貢献を測定し管理していくかに関して、企業行動指針を提供している。

(iv) **個人レベル**　SDGsは、2030年までに「誰一人取り残さない」を目標としている。しかし、SDGsの達成は、国や企業による取り組みだけで実現させることは難しいというのが現状である。私たち個人の行動も非常に重要であり、一人ひとりが意識することでSDGsの目標達成に寄与する。例えば、節電・節水、マイバックやマイボトル活用、フードロス削減、公共交通機関利用、持続可能なエネルギー使用、家事の平等分担、自身のCO_2排出量を実質ゼロにするなど、SDGs達成に貢献できる身近なことから始めるのが重要である。

　また、SDGsの導入に際しては、SDGsの理解（教育）、実施体制、目標と指標の設定、アクションプログラムとフォローアップといった5つの段階を追って進めることが有効であろう。

1.4　現状のまとめと課題提示

(1)　地球の有限性とグローバル・サステイナビリティの必要条件

　これまでの大量生産・大量消費・大量廃棄・大量汚染に象徴される20世紀文明は、一方では人類に対して更なる快適な生活を保障するものの、他方では環境問題を深刻化させ、人類を取り巻く生存空間と資源環境の限界性という地球システムの有限性を示している。

　人類社会が持続可能（グローバル・サステイナビリティ）である最小限必要条件として、以下に示すハーマン・デイリー（Herman Daly）3原則が挙げられる。

①再生可能な資源の消費ペースは、その再生ペースを上回ってはならない。

②再生不可能な資源の消費ペースは、再生可能資源の開発ペースを上回ってはならない。

③汚染物質の排出量は、環境の吸収能力を上回ってはならない。

　前述の20世紀型発展モデルから、CO_2の大量排出による地球温暖化が顕在化されているように、この3原則とも満たされていないのが現状である。その代わりとして、以下に示すグローバル・サステイナビリティ5原則を提起する（Zhou *et al.* 2021）。

①循環：資源利用の最大化

②脱炭素：環境負荷の最小化

③共生：人と自然の調和

④安全：安全安心の社会づくり

⑤知能：社会経済技術系統の最適化（コストの最小化と社会効用の最大化）、超スマート化

　今こそ私たちの文明発展パターンにおける重大かつ危機的な欠陥を真摯に受けとめ、人類の知的力量を総動員し、SDGsの確実な実現を必要不可欠とすべきである。

(2) 多角的かつダイナミズムをもったシステム思考

　私たちは問題に直面した時に、問題がなぜ起きたのだろうと要因を分析し、対策案を考えて実施する。しかしその対策案が後で大きな問題を引き起こす要因になることに気が付かないでいることがある。また、問題に気付いていながら深く考えることをせず、先送りにしたために後で大きな問題に発展することもある。そうならないためには、自分の立ち位置を高く、目配りする範囲を広く、過去の教訓を学びつつ、将来への影響も深く考える思考方法、いわゆる多角的かつダイナミズムをもったシステム思考が求められる。

図表 1 - 5　本書の構成と SDGs とのかかわり

各章が SDGs とのかかわり（数値は SDGs の目標番号）		
第 1 章	人類社会のサステイナビリティと SDGs	SDGs 全般
第 2 章	サステイナビリティ学の基礎	SDGs 全般、6, 13
第 3 章	マクロ経済とサステイナビリティ	8
第 4 章	途上国とサステイナビリティ	1, 4
第 5 章	食・農業とサステイナビリティ	1, 2, 12, 14, 15
第 6 章	気候変動問題とサステイナビリティ	13
第 7 章	北東アジアのエネルギー戦略とサステイナビリティ	7, 13, 15, 17
第 8 章	地域とサステイナビリティ	11, 16
第 9 章	災害・安全とサステイナビリティ	4, 8, 9, 11, 12, 16, 17
第10章	建築・都市とサステイナビリティ	3, 6, 7, 8, 9, 11, 12, 13, 15, 17
第11章	高齢者介護とサステイナビリティ	1, 3, 4, 5, 7, 8, 17
第12章	技術・社会のイノベーションとサステイナビリティ	8, 9, 17
第13章	ライフサイクル思考に基づいたサステイナブルな経営	12, 13
第14章	ESG 時代の企業経営	SDGs 全般
第15章	サステイナビリティと SDGs の評価	SDGs 全般

(3)　本書の構成とSDGsとのかかわり

　本書は、人類文明と産業革命以来の歩み、並びに環境容量の限界からサステイナビリティ概念の根底にある学問の誕生、系譜と定義を解説し、SDGsの背景と必要性を概説した上で、サステイナビリティにおけるグローバルな課題、サステイナブルな社会の構築、サステイナブル経営とイノベーション、サステイナビリティの評価など、ローカルとグローバルシステムの視点から問題の基本構造を俯瞰し、問題を複合的かつ総合的に理解して取り組むサステイナビリティ学の必要性と方法論を概説し、SDGs時代におけるサステイナビリティ学入門へと誘う（図表1-5）。

【設　　問】
◇SDGsから1つ目標を挙げて、自分がその実現に向けてどう貢献するか考えてみよう。
◇現代社会問題の諸相から、人類社会のサステイナビリティを実現する必要条件を考えてみよう。

〔参考文献〕
外務省（2021）「持続可能な開発目標（SDGs）達成に向けて日本が果たす役割」
経団連（2021）「報告書『SDGsへの取組みの測定・評価に関する現状と課題』―『行動の10年』を迎えて―」
国連（2015）『我々の世界を変革する：持続可能な開発のための2030アジェンダ』〈https://www.mofa.go.jp/mofaj/gaiko/oda/sdgs/pdf/000101401.pdf（英語本文）〉〈https://www.mofa.go.jp/mofaj/gaiko/oda/sdgs/pdf/000101402.pdf（日本語仮訳、外務省）〉
日本学術会議（2021）「新しい学術の体系」〈https://www.scj.go.jp/ja/info/kohyo/pdf/kohyo-18-t995-60-2.pdf〉
Zhou, Weisheng., *et al.*（2021）*East Asian Low-Carbon Community: Realizing a Sustainable Decarbonized Society from Technology and Social Systems*, Springer.

第2章

サステイナビリティ学の基礎

仲上　健一

2.1　生存システムの崩壊とサステイナビリティ学の挑戦

(1)　サステイナビリティの危機

　今日の極端気象による豪雨災害、新型コロナウイルス感染症は、人類の生存システムの存続に警鐘を鳴らしている。国連開発計画駐日代表事務所のホームページでは「新型コロナウイルスに打ち勝つにはリーダーシップと結束が必要」と強いメッセージを発し、「国家内、国家間、人々と政府の間で、信頼と協力を再構築しなければなりません」と訴えている。

　生存システム崩壊の再構築のためには、これまでの人類の叡智を凝結する新しい学問が必要である。それが「サステイナビリティ学」である。『サステイナビリティ学への挑戦』（小宮山 2007）では、「要素でなく全体像を構築する学術」、「厳しく複雑な現実と取り組む学術」、「社会が求める学術」をサステイナビリティ学の目標としている。

　日本発の「超学」としてのサステイナビリティ学では、「地球システム」、「社会システム」、「人間システム」を破綻しつつあるシステムと規定して研究対象としている（図表2-1）。それぞれのシステムとそれらの関係性においても破綻がもたらされつつある状況を、サステイナビリティの危機として捉える。

　(i)　**地球システム**　　地球システムとは、気圏・地圏・水圏・生物圏であり、人間のみならず生物の生存基盤である。産業革命以降の人間活動の急激な拡大は、地球システムの変動に大きな影響をすでに及ぼしている。スウェーデンの環境学者ヨハン・ロックストローム博士が2009年に発表した概念である地球の

図表 2-1　サステイナビリティ学を構成するシステム

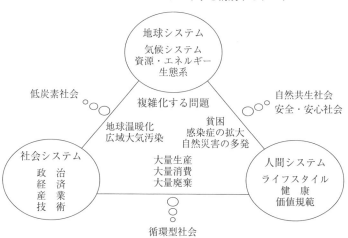

出典：http://www.grad.ibaraki.ac.jp/gpss/outline/sustiana.html

限界（プラネタリー・バウンダリー）では、「気候変動」、「生物圏の一体性」、「土地利用変化」、「生物地球化学的循環」については、人間が安全に活動できる境界を越えるレベルに達していると指摘している。また、IPCCAR 6（国連気候変動に関する政府間パネル第 6 次評価報告書）では、気候の現状として、「人為起源の気候変動は、世界中の全ての地域で、多くの気象及び気候の極端現象に既に影響を及ぼしている。熱波、大雨、干ばつ、熱帯低気圧のような極端現象について観測された変化に関する証拠、及び、特にそれら変化を人間の影響によるとする原因特定に関する証拠は、AR 5 以降、強化されている。」とし、将来ありうる気候として、「気候システムの多くの変化は、地球温暖化の進行に直接関係して拡大する。この気候システムの変化には、極端な高温、海洋熱波、大雨、いくつかの地域における農業及び生態学的干ばつの頻度と強度、強い熱帯低気圧の割合、並びに北極域の海氷、積雪及び永久凍土の縮小を含む。」と予測している。

　(ⅱ)　**社会システム**　21世紀に入り顕在化した社会システムの崩壊の事象として地球温暖化、極限災害、民族紛争、また日本における東日本大震災・福島

第一原発事故、さらにはアジア太平洋地域における政治・社会・経済システムの転換等々があげられる。これらの被害の規模は拡大し、政策課題の解決を図るための困難さは一層増してきている。

　戦後復興方策として構築された経済システム・社会システム・行政システム・国際協調システムは、国連、ISO、WTO等々の世界標準システムに依拠して、グローバル社会における諸課題に対処してきた。しかし、今日においては、再び国連システムのもとでの世界平和秩序を構築する可能性にも陰りが見え出したし、さらには政府開発援助のもとで行われた経済援助が南北格差が拡大したことも事実であり、多くの難民・失業者が生み出され、格差社会がかつてないほど現実化した。2000年に提唱されたMDGsを継承するSDGsのミッションは、社会システムのすべての分野でのサステイナビリティを創生することであろう。

　SDGs目標17「持続可能な開発に向けて実施手段を強化し、グローバル・パートナーシップを活性化する」は、第二次世界大戦後に構築されたグローバル社会の歪を修復するために、「知識、専門的知見、技術及び資金源を動員、共有するマルチステークホルダー・パートナーシップ」によるガバナンスの構築を提唱している。そのためには、技術革新のみならず、社会システムのイノベーションが求められる。

　⑾　**人間システム**　　地球環境の激変、経済のグローバリゼーションの加速による経済システムの破壊、民族紛争の激化、人間関係の崩壊は、人類へ明日への生きる希望を奪いつつある。その希望を失わせる要素は、日に日に大きくなり、我々の目前へと迫りつつある。人類の誕生から700万年以上を経て、終焉の足音が聞こえつつある。生きるための「文明」、生活を豊かにするための「文化」という知的装置を再度点検し新たな人間システムの修復が必要である。

　人類の危機は、これまで度々存在してきたし、これからもありうるであろう。危機に遭遇し、甚大な被害を経験するなかで、何らかの合意を得ながら解決をすることにより今日まで生きながらえ、また解決できなかった場合は消滅してきた。最も新しい人類であるホモサピエンスである我々も、新型コロナウイルスで新たな生存の危機に瀕している。人間が健康で豊かな生活を希求し、

安全・安心な日常を過ごすことは容易なことではなくなった。ライフスタイルの転換が他律的に行われたことによる精神的ストレスに耐えることは簡単なことではない。

(2)　サステイナブル社会の目指すもの

　これまでの農耕社会は社会システムを定常状態に維持・調節することで「サステイナブル社会」を何千年にわたって実現してきた。人口・耕地面積を一定にし、天候に対して適応することにより、一定の収穫量を確保してきた。その収穫量にあう社会に適応するように社会システムを維持してきた。しかし、そこには社会システム維持そのそのものの目標にも限界が生じてきた。体制を固定しようとする力と、社会を変革しようとする力の均衡が、外力のみならず内発的にもおこってきたのである。すなわち、国際的にも、国内的にも社会経済システムの限界を認識し、多様化の価値について認めざるを得ない状況が発生してきたのである。換言すれば、固定化によるサステイナブル社会の維持でなく、変化に対応するサステイナブル社会が希求される。

　21世紀環境立国戦略（2008年6月1日）では、持続可能な社会を構成する社会として、「低炭素社会」、「循環型社会」、「自然共生社会」とした。

　「低炭素社会」に向けた取組では、気候に悪影響を及ぼさない水準で大気中温室効果ガス濃度を安定化させると同時に生活の豊かさを実感できる社会である。

　「循環型社会」を目指した取組では、資源採取、生産、流通、消費、廃棄などの社会経済活動の全段階を通じて、廃棄物等の発生抑制や循環資源の利用する社会である。

　「自然共生社会」では、生物多様性が適切に保たれ、自然の循環に沿う形で農林水産業を含む社会経済活動を自然に調和する社会である。

　2020年10月、日本政府は、「2050年カーボンニュートラル」を宣言した。すなわち、2050年カーボンニュートラルに伴うグリーン成長戦略へと進もうとしている。

2.2 科学としてのサステイナビリティ学

(1) サステイナビリティ学の源流と発展

「サステナブル社会」の知の源泉を私たちはどこに見い出すことができるであろうか。Hannß Carl von Carlowitz（1645.12.24～1714.3.3、ドイツ）は、1713年に出版された "SYLVICULTURA OECONOMICA" において、森林環境保全問題に果敢に取り組んだ。1700年頃のドイツのSaxony地域においては、鉱業開発により人々の生活環境は脅威にさらされていた。それは、今日でいう鉱業拡大に起因するにおける森林消失さらには、人々の生活環境の破壊と同様である。Hannß Carl von Carlowitz らは、現状の深刻さとともにその問題点をつぶさに調査し、その問題の背景にある社会経済的状況を考察し、森林破壊問題を通じて、森林のサステイナビリティ学の概念を形成したのである。

　本書では、「技術・科学・努力そしてこの国の規則によって私たちの国では森林の維持と樹木の造成を促す。それは継続的で確固としていて持続的な利用を、ひいては私たち自身の存在を確かなものにする。」と持続可能な開発を提唱している。この思想は、今日のサステイナビリティ学の原点とも言えよう。300年たった今日においてもなお、森林保全問題は解決したわけではない。巨大な地球環境危機のなかでより現実的なサステイナブル社会の構築の重要性が求められるのである。300年後にも決して地球環境問題が解決するという保障はないが、サステイナビリティ学は発信を続けなければならない。

(2) 知の構造としてのサステイナビリティ学

　サステイナビリティ学では、「要素でなく全体像を構築する学術」、「厳しく複雑な現実と取り組む学術」、「社会が求める学術」を目指している。それは、地球システム・社会システム・人間システムの危機認識を出発点として、修復の可能性を求めているからである。

　「要素でなく全体像を構築する学術」では、膨大な専門知識を問題解決のために体系化・構造化することが重要である。日進月歩の学問の社会では、新し

い知見や独創的な発見また革新的なイノベーションが次々に発信される。今、サステイナビリティ学で求められているのは、確かな知識・技術の全体像を理解し、修復という観点で現時点での立ち位置を確認することである。そのためには、「知の構造化」という学術の羅針盤となる新たなプラットフォームが必要である。

　「厳しく複雑な現実と取り組む学術」では、極端気象による豪雨災害、新型コロナウイルス感染症等の課題に対して、過去の経験や蓄積だけでは対処できない現実に遭遇している。全世界で報告された新型コロナウイルス感染者の累計は 2 億2279万人を超え、死亡者の累計は約468万人（2021年 9 月 5 日 WHO）となり、収束の兆しは見えないのが現実である。個々の専門の感染症学分野の研究に基づく対処方法の実践とともに、「死なないためのサステイナビリティ学」の研究が求められる。

　「社会が求める学術」では、問題解決の構造分析とともに、人間行動の考察も必要である。人々の行動の動機づけとしては、「欲求が行動への動機づけ」、「社会的状況に客観的に応じて最適行動かが動機づけ」、「社会への承認欲求が動機づけ」となるタイプがある。さらに、これらの行動の動機づけとともに、人間行動パターンにおける意思決定の特性として、絶対信念型、合理的組織方、分散的消極的型があり、社会が何を求めどのように行動するかを見極めることが重要である。

　Bert J.M.de Vries はサステイナビリティ学の体系的な教科書として「Sustainability Science」（2013年）を出版した。本書では、サステイナビリティ学を次のように規定している。

・サステイナビリティ学は、社会・生態システムの進化のダイナミックスの理解である。
・サステイナビリティ学は超学際的：問題に対する解として、世界はより統合的で、より複雑でより不確実であることを受け入れなければならない。
・サステイナビリティ学の焦点は、資源システム（地球／生命科学）、利用者、そしてガバナンスシステム（社会科学）の相互作用である。
・サステイナビリティ学は人々の価値が何であるかを複雑で結合した社会・

生態システムを管理するための問題意識を伝達する。

　本書では、サステイナビリティ学の特質を現代社会における問題の複雑性を
ダイナミックに捉え、人々の生きる意思を科学的に捉えようとしている。

⑶　サステイナビリティ学の設計

　サステイナビリティ学の設計においては、図表2-2に示すように、破綻し
つつあるシステムである「地球システム」、「社会システム」、「人間システム」
に関する個別専門研究を基礎とする。この3システムの研究成果を技術的・社
会的イノベーションという観点で再統合し、人類の生存・安心安全という基準
でシステムの再構築を図る。サステイナビリティ学に関する情報は膨大である
が、今後、問題に応じて飛躍的に増加する。これらの情報をオントロジー（概
念・用語の明示的な仕様）により、整理分析するとともに、AIにより、最適な
政策決定分析を行う。サステイナビリティ学の目指す方向性は、「死なないた
めの政策科学」を創出するものである。一方本サステイナビリティ学のフレー
ムワークの上位にある政策科学からは、何が問題であるか、どのような政策決
定プロセスで解決することが可能であるかというフィードバックが必要であ

図表2-2　サステイナビリティ学のフレームワーク

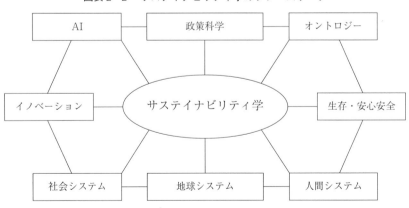

出典：本図は、宮川公男（1994）『政策科学の基礎』東洋経済新報社、49頁、図2-1公共政策をめぐる諸科学の相
互関連、を参照した

る。

2.3　政策科学とサステイナビリティ学

(1)　政策の科学化の意味

「政策科学とは何か」という議論が繰り返される中で、政策を科学的に分析するという意味が整理されてきた。

①政策体系に欠かせない立論部分を論拠づけるだけの科学的分析を行う。

②実際に行われた政策が選択・実施される過程およびそれを取り巻く社会構造を分析する。

政治で認められてきた「暗黙知」を排除し、陰示的アプローチを明示的アプローチに転換する試みである。分析結果の総括として、「政策提言」があり、これが現実の政治を変革される有効な方法となるかもしれない。しかし、それよりも、科学的態度で、現実の課題を冷静に分析し、その結果を実現するための合理的意思決定のフレームワークを提示し、実現のためのアプローチを示すことに「政策科学」が存在する意味がある。

「政策科学」は、社会の諸問題を実践的に解決するためには、総合的なアプローチだけでなく、旧来の学問領域を横断できる柔軟性を備えた学問として位置づけられる。「政策科学」の重大な特徴として、それを学ぶだけでなく、実際の社会と深いつながりを持ちつつ、社会を変革していこうという意思がある。

例えば、足尾銅山鉱毒事件の田中正造（1841-1913）や、南方熊楠（1867-1941）の自然保護運動などの偉人の情熱的行動は政策の科学化として捉えることができる。ところが、簡単に社会の実態を把握し、それを変化させることは、現実的には困難な課題であり、また安易にすべきでない。科学的な態度で社会と接することにより、より本質的な問題解決に到達するという態度であろう。もちろん社会変革のための実践を否定するものでなく、政策判断材料を提供するとともに、その背景にある社会的理解や長期を見通した政策科学的態度が求められる。

(2) サステイナビリティ学への政策科学的アプローチ

サステイナビリティ学における時代状況認識は、「政策科学」とも共通するものであり、政策科学の70年以上にわたる学問的蓄積、さらには「政策科学」を学んだ人材は、「サステイナビリティ学」の発展にとっても極めて有効である。

サステイナビリティ学における政策科学的アプローチとして、ステークホルダーの「意思決定問題」がある。サステイナビリティ学においても、何が「問題」なのか、そして、それぞれの課題に対して、創造力豊かな「選択肢」をつくり、賢い意思決定をするためのプロセスを検討しなければならない。このためには、信頼に足りうる「科学」による正確な情報と、意思決定プロセスを明確にする政策科学が必要となろう。サステイナビリティ学の対象とする諸課題に「制度、行為、計画」という政策科学アプローチをどのように接近させるかを確立することが求められる。

サステイナビリティ学の目標は、「地球システム、社会システム、人間システムの再構築と修復」と設定されている。ここにおける、政策科学的課題を整理すると次のように設定できる。

(i) **地球システム**

(a) 資源　①資源戦略、②省資源、③水・物質循環

(b) エネルギー　①エネルギー戦略、②省エネルギー、③エネルギーセキュリティ

(c) 生態系　①気候システム、②環境システム、③生物多様性

(ii) **社会システム**

(a) 政治制度　①環境法・政策、②国境ガバナンス、③国際協力

(b) 産業構造　①持続的農林水産業、②基盤技術開発、③生態産業

(c) 技術体系　①イノベーション、②環境基盤技術、③技術経営

(iii) **人間システム**

(a) 個人のライフスタイル　①生活環境、②循環型社会、③持続可能社会

(b) 健康・安全・安心　①人口問題、②健康、③災害リスク

(c) 価値規範　①環境倫理、②文化的多様性、③共生哲学

これらの、政策科学的課題は、政策体系に欠かせない立論部分を論拠づける
だけの科学的分析、さらには、政策が選択・実施される過程を明示的に検討し
ていくことが必要である。

2.4　サステイナビリティ学の新たな挑戦

⑴　水資源・環境問題とサステイナビリティ

　近年の降水量の極端な変化の要因は、地球温暖化による地球環境への影響の
ひとつであるが、その日常的な極端化はもはや「異常気象」という表現から「極
端気象」へと認識されるようになった。日本列島を毎年のように襲う豪雨災害
に対して、従来の治水計画の転換ともに、地域の脆弱性を克服する戦略的適応
策の創出が求められる。河川に管理に関する法律として、治水目的とした河川
法が1896年に制定され、1965年には利水目的とした新河川法、さらに1997年に
は、従来の治水・利水に加え「河川環境の整備と保全」を目的とした大幅な改
正が行われてきた。この改正は、明治29年の旧河川法の制定以来100年ぶりの
改定であり、また水資源開発事業のあり方をめぐっての大転換とも言えよう。
水資源開発事業の評価方式も、水資源開発事業が構想段階から終了段階まで
100年を超す現実を見た場合、地域社会の変容及び地球環境の激変を踏まえた
サステイナビリティ評価が求められる。本来、水資源開発事業は、社会的厚生
を増大するために、自然を改変し、社会システムを変革してきたものであり、
経済、社会、環境の諸要素が常に考慮されるべきものである。水資源開発事業
の適正なサステイナビリティ評価においては、経済、社会、環境にかかる要素
を評価指標として選定し、明確な評価目的の設定が最も重要である。

⑵　「災害と安全」のサステイナビリティ

　世界経済フォーラムのグローバルリスク報告書（第16版）では、「発生の可能
性が高いグローバルリスク」と「影響が大きいグローバルリスク」の上位5位
を次のように示した。
　「発生の可能性が高いグローバルリスク」では①異常気象、②気候変動の適

応の失敗、③人為的な環境破壊、④感染症、⑤生物多様性の損失、「影響が大きいグローバルリスク」では、①感染症、②気候変動の適応の失敗、③大量破壊兵器、④生物多様性の損失、⑤天然資源の危機である。

　これらの危機認識は、21世紀のみならず人類が生存する限り、避けて通れない課題である。そのためにも、政策科学オリエンティドのサステイナビリティ学の構築が必要である。人類を取り巻く災害に対して、減災の思想による対応が重要であり、新型コロナウイルスへの対応としてもBCP（事業継続計画）としての対応が必要である。

(3)　AI 戦略とサステイナビリティ

　多くの市民によるサステイナブル社会を目指す場合、このサステイナビリティ学に関する「プラットフォーム」が求められる。サステイナブル社会と政策情報に関しては、サステイナビリティに関する、目標設定、さらには目標実現の要素の体系化、サステイナブル社会の維持管理の政策情報が必要となるであろう。

　2019年3月、政府は、「人間中心のＡＩ社会原則」を取りまとめた。ＡＩの発展に伴って、我が国が目指すべき社会の姿、多国間の枠組み、国や地方の行政府が目指すべき方向を示すものであり、その基本理念として、

　①人間の尊厳が尊重される社会

　②多様な背景を持つ人々が多様な幸せを追求できる社会

　③持続性ある社会

の3点を定めている。

2.5　現状のまとめと課題提示

　サステイナビリティ学は、破綻しつつあるシステムとして、「地球システム」、「社会システム」、「人間システム」を研究対象とし、それぞれのシステムとそれらの関係性においても破綻がもたらされつつある状況を修復する学問である。

　サステイナビリティ学では、「要素でなく全体像を構築する学術」、「厳しく複雑な現実と取り組む学術」、「社会が求める学術」を目指している。

　サステイナビリティ学の目指す方向性は、「死なないための政策科学」を創出するものである。一方、サステイナビリティ学の実践的問題解決の理論である政策科学では何が問題であるか、どのような政策決定プロセスで解決することが可能であるかというフィードバックが必要である。

　サステイナビリティの先にある概念として「リジェネレーション（再生）」が提唱されつつある。サステイナビリティ学の社会的実装を通じて新しい社会を創出する「社会的構想力」が求められる。

【設　　問】
◇サステイナビリティ学と政策科学の類似点と相違点を考えてみよう。
◇本章は、主に水資源・環境問題について述べたが、SDGs目標6、13について到達目標の達成度について調べてみよう。

〔参考文献〕
気候変動に関する政府間パネル（IPCC）第6次評価報告書第1作業部会報告書（自然科学的根拠）政策決定者向け要約

小宮山宏・武内和彦・住明正・花木啓祐・三村信男（2011）『サステイナビリティ学①サステイナビリティ学の創生』東京大学出版会

小宮山宏編（2007）『サステイナビリティ学への挑戦』岩波書店

寺下太郎（2016）「海外研究動向カルロヴィッツ300年」『林業経済』Vol.69、No.2

統合イノベーション戦略推進会議決定「人間中心のAI社会原則」平成31年3月29日

仲上健一（2008）『サステイナビリティと水資源環境』成文堂

仲上健一（2013）「サステイナビリティ学の政策科学的展開」周瑋生編『サステイナビリティ学入門』法律文化社

21世紀環境立国戦略（平成19年6月1日）

Hannß Carl von Carlowitz（1713）Sylvicultura Oeconomica: Hausswithliche Nachrichit und Naturmäßige Anwesung zur Wilden Baum-Zucht, Verlag Kessel.

Varies, Bert J.M.de（2013）*Sustainability Science*, Cambridge University Press.

第 3 章

マクロ経済とサステイナビリティ

西村　陽造

3.1　経済的な持続可能性とは

　本章では、「サステイナビリティ」を生態系における概念としてではなく、「経済的な持続可能性（sustainability）」という概念として考察する。

　本書全体における生態系を踏まえた概念である「サステイナビリティ」は、経済主体の経済活動を通じてその達成が目指される。当然ながら、これらの経済活動の前提には、各経済主体の持続可能性がある。経済主体としての持続可能性がなければ、経済活動は成り立たないからである。

　経済的な持続可能性とは何か、どのような要因がこの持続可能性に影響を及ぼすのか、持続可能性の観点から日本経済はどのような課題を抱えているのか、また、生態系との関係を踏まえると、どのような課題があるのか、などについて本章では考察する。

　経済学では、一国の経済主体を、家計、企業、政府に分類することが多い。これらをすべて合計すると一国全体となる。これらの経済主体が持続可能であるとは、将来にわたって予算制約を満たすことであると、本章では考えることにする。換言すると、過去から将来にわたって予想される支出が収入を上回らないこと、もしくは、現在の資産、負債（債務）を出発点として将来に予想される支出と収入によって形成される負債が資産を上回らないことである（以下では負債も債務も同じ意味で使用する）。

　したがって、たとえ、現時点で債務を抱えていても、将来に収入が支出を上回ることで返済可能であれば、予算制約を満たしているので、その経済主体は

持続可能である。債務を返済できなくなった場合に、すなわち、予算制約を満たさなくなった場合に持続不能となる。このように、ある経済主体の持続可能性とは、その経済主体の債務の持続可能性と言いかえることもできる。

　以下では、政府、企業や個人、一国全体の順で、その持続可能性、すなわち、債務の持続可能性について考察する。

3.2　政府債務の持続可能性

　まずは、政府債務の持続可能性が満たすべき条件、その条件を満たさずに債務危機に陥るメカニズム、及びその対応策について考察する。

(1)　持続可能性が満たすべき条件

　ここでは、政府債務の将来経路を予想することで、債務が持続可能な水準にとどまるのか、それとも予算制約を満たさずに返済不能な、すなわち管理不能な水準にまで拡大するのか、のいずれであるかを識別するアプローチを解説する。

　政府債務の将来経路を予想するためには、次のような変数が必要になる。

B：政府債務残高（当期末残高）

B_{-1}：政府債務残高（前期末残高、添え字の -1 は前期を意味する）

D：政府の利払いを除く財政赤字（当期のプライマリー・バランスでみた財政赤字のこと、黒字であればマイナスで表示）

r：利子率（名目利子率ともいう。ここでは、政府債務残高にかかる利子率。例えば、1％の場合は0.01）

Y：名目 GDP（金額ベースの GDP）

g：名目 GDP 成長率（前期比増加率）

まず、以下の関係式から出発する。

$$B - B_{-1} = D + rB_{-1}$$

この式は、左辺の当期の政府債務残高の変化額が、右辺第1項の利払いを除

く財政赤字と第2項の利払い額（政府債務残高に利子率をかけたもの）に等しいことを意味する。右辺全体は財政赤字であるので、当期の政府債務残高の変化額は財政赤字に等しいことを意味している。

この式は次のように書き換えられる。

$$B = D + (1 + r) B_{-1}$$

債務の持続可能性を考えるうえで問題となるのは、政府債務残高の金額ではなく、経済規模に対する比率である。そこで上記の式を Y で除すと、

$$\frac{B}{Y} = \frac{D}{Y} + (1 + r)\ \frac{B_{-1}}{Y}$$

これをさらに変形すると、

$$\frac{B}{Y} = \frac{D}{Y} + (1 + r)\ \frac{Y_{-1}}{Y}\ \frac{B_{-1}}{Y_{-1}}$$

となる。ここで、名目 GDP 成長率は

$$g = (Y - Y_{-1}) / Y_{-1}$$

であるので、

$$Y_{-1}/Y = 1 / (1 + g)$$

となり、これを代入すると、

$$\frac{B}{Y} = \frac{D}{Y} + \frac{(1 + r)}{(1 + g)}\ \frac{B_{-1}}{Y_{-1}}$$

となる。さらに、次の近似式が知られている。

$$(1 + r) / (1 + g) \fallingdotseq 1 + r - g$$

この近似式を代入すると、

$$\frac{B}{Y} = \frac{D}{Y} + (1 + r - g)\ \frac{B_{-1}}{Y_{-1}}$$

となり、この式を整理すると次のようになる。

$$\frac{B}{Y} - \frac{B_{-1}}{Y_{-1}} = \frac{D}{Y} + (r - g)\frac{B_{-1}}{Y_{-1}} \qquad (1)$$

この式（1）より、政府債務残高の対GDP比率は、利払いを除く財政赤字（プライマリー・バランスの赤字とも呼ばれる）の対GDP比率がプラスであれば、また、政府債務にかかる利子率が名目GDP成長率を上回れば、上昇することがわかる。

中央銀行を政府部門に含めて考えると、中央銀行が発行した通貨を使って、民間部門から政府債務（例えば国債）を購入すると、ベースマネー（民間金融機関が中央銀行に預けている預金と流通現金の合計）が増加するかわりに、政府債務残高は減少する。このため、式（1）の右辺からベースマネー増加額の対GDP比率を控除する必要がある。式が複雑になるため省略しているが、この点が民間部門にはない重要なポイントである。このように、政府は通貨発行権を持つため、通貨の増発によって政府債務額を減少させることができるのである。

ただし、通貨発行額の増加、すなわち、ベースマネーの増加には、経済に流通する現金と銀行預金の合計であるマネーストック（マネーサプライ）を増加させることで、インフレ率（物価上昇率）を押し上げる効果がある。インフレ率が穏やかなレベルであれば問題ないが（主要国では2％をインフレ目標としている国が多い）、大きく上昇すると、経済に悪影響を及ぼすことには留意する必要がある。この悪影響には、債務者と債権者の間の所得移転効果などがあるが、詳細は経済学の教科書に譲りたい。

(2)　政府債務危機のメカニズムと対応策

利払いを除く財政赤字の対GDP比率が大幅である状態が続いたり、利子率が名目GDP成長率を上回った状態が続いたりすることで、式（1）にしたがって、債務の将来経路が持続不能な水準にまで拡大すると市場が予想すれば、その政府は債務危機に陥る。その結果、国債価格が暴落（国債利回りが急騰）し、政府の金融・資本市場での資金調達が難しくなる。

当初は債務の将来経路が持続不能と市場が予想していなくとも、なんらかの

要因によって人々が債務の返済可能性について疑問を持つことによって、債務の利子率が上昇すると、利払い額の増加によって債務の水準が上昇することで、債務の将来経路が持続不能となり、債務危機に陥ってしまう。

　債務危機に対する対応策としては、まず、中央銀行が政府債務（国債など）を買い取ることがある。この操作を通じて、民間部門が保有する政府債務残高を減少させるだけでなく、国債価格の下落を抑えることで、すなわち、債務にかかわる利子率の上昇を抑えることで、政府債務残高の将来経路を減少させることができる。その結果、この対応策は債務危機の鎮静化に貢献できる。

　ただし、中央銀行による政府債務の買い取り代金が民間部門に支払われるので、通貨発行額が増加する。その結果、マネーストックの増加をもたらすことで、インフレ率が上昇する。このインフレ率上昇がもたらす様々な問題によって生じる費用（デメリット）が、債務危機の鎮静化がもたらす便益（メリット）を下回る範囲であれば、この対応策は有効である。この対策の有効性の有無にかかわらず、自国通貨が国内で通用する限りは、中央銀行による政府債務の買い取りによって、債務不履行は回避することができる。

　以上は政府債務が自国通貨建てであることを前提とした場合である。政府債務が自国通貨建てではなく、外貨建てである場合は、保有する外貨建て資産がなければ、中央銀行は、発行した自国通貨を外国為替市場で売ることで外貨に交換して、外貨建て政府債務を購入することになる。通貨発行額の増加によるインフレ率の上昇に、外国為替市場での自国通貨売り圧力が加わることで、自国通貨の為替相場の減価は増幅されるので、中央銀行による外貨建て政府債務の買い取りは難しくなり、債務不履行を余儀なくされることもある。

　もうひとつの債務危機に対する対応は、債務不履行や債務削減（債権者と交渉して債務額を減免させること）である。両者とも程度の差はあれ経済効果としては同じ性質があるので、以下では債務不履行に絞ると、債務不履行のメリットがデメリットを上回れば、債務不履行が経済合理的な行動となる。

　債務不履行のメリットは、債務額が大きいほど、徴税システムが非効率なほど、債務のなかで対外債務が大きいほど、大きくなる。1番目と2番目については自明であるが、3番目については、債務不履行による外国人の被害が大き

くなるかわりに、自国民の被害は小さくなるためである。

　一方、債務不履行は次のようなデメリットをもたらす。すなわち、債務不履行による信頼喪失により、国債発行などによる金融・資本市場での資金調達が難しくなる。また、財政危機だけでなく、通貨危機、金融危機を誘発すれば、混乱がさらに大きくなる。

（3）　持続可能性と予算制約式

　ここまでは、債務の膨張に歯止めがかけられずに、予算制約式を満たすことができなくなるか否かを識別するアプローチについて解説したが、このことと予算制約式の関係について解説したい。

　まず、予算制約式が満たされるとは、既述の通り、現在の資産、負債（債務）を出発点として将来に予想される支出と収入によって形成される負債が資産を上回らないこと、と表現できる。これを数式で表現すると次のようになる。

$$\text{将来の歳出の割引現在価値の合計} + \text{現在の負債残高} \leq \text{将来の歳入の割引現在価値の合計} + \text{現在の資産残高} \tag{2}$$

ここで、将来の歳出の割引現在価値の合計とは、将来の歳出を利子率で割り引いて現在価値に評価したものの総額である。例えば、将来にわたって毎年 X 円の歳入がある場合、その割引現在価値の合計は、将来の利子率を i とすると、次式の左辺のように記述でき、この場合は、右辺に等しくなることが知られている。

$$\frac{X}{1+i} + \frac{X}{(1+i)^2} + \frac{X}{(1+i)^3} + \cdots\cdots = \frac{X}{i}$$

　歳入から歳出を控除したものが財政収支（プラスは黒字、マイナスは赤字）であるので、式（2）は次のように書くこともできる。

$$\text{現在の負債残高} \leq \text{将来の財政収支の割引現在価値の合計} + \text{現在の資産残高}$$

式（1）において政府債務が拡大して持続不能になるとは、将来の財政収支の

割引現在価値の合計のマイナス幅が拡大して、上記の不等式が成立しなくなること、すなわち、式（2）が示す予算制約が満たされなくなることを意味する。

3.3　企業や個人の債務の持続可能性

　ここまで政府債務について考察してきたが、民間部門の債務、すなわち、企業や個人の債務の持続可能性について考えてみよう。

(1)　予算制約式
　企業や個人の持続可能性についても、式（2）の歳出を支出、歳入を収入に入れ替えた次式、すなわち、

将来の支出の割引現在価値の合計＋現在の負債残高

≦将来の収入の割引現在価値の合計＋現在の資産残高

という予算制約を満たしていれば持続可能であり、満たしていなければ持続不能である。（収入－支出）は企業の場合は利潤と呼ばれるので、企業の持続可能性は、

現在の負債残高≦将来の利潤の割引現在価値の合計＋現在の資産残高

という予算制約を満たしているか否かで決まる。満たしていない持続不能な場合は債務超過と呼ばれ、債務不履行に陥る。

(2)　債務超過に陥った場合の対応
　債務超過に陥った企業は法的整理を余儀なくされるが、おおまかには清算型の法的整理と再建型の法的整理がある。政府債務の場合は、既述の通り、中央銀行が通貨を発行して政府債務を買い取ることで債務を減少させるという方法があるが、当然ながら、企業や個人においては、そのような方法はない。
　債務超過に陥った企業は既述の予算制約を満たさないので、

$$現在の負債残高 > 将来の利潤の割引現在価値 + 現在の資産残高$$

の状態にある。この不等式の右辺は、事業を継続して得られる将来の利潤を現在価値で評価したものの合計額に現在の資産残高を加えたものである。これが、この企業の現時点での清算価値、すなわち、事業を中止して資産を売却して回収できる価値を下回れば、この企業は清算型の法的整理が望ましことになる。事業を継続するよりも、現時点で清算した方が得られる価値が大きいからである。ここで、負債残高が清算価値を上回った部分の金額は、この企業に対する債権者の損失となる。

　逆に、この不等式の右辺が清算価値を上回れば、この企業は再建型の法的整理をして、事業を継続することが望ましい。その方が、現時点で企業を清算するよりも得だからである。

　ただし、再建型の法的整理によって事業継続を実現するには障害もある。債権者が1人であれば、上記の理由から再建型の法的整理が選択されるが、実際には、多数の債権者が存在する。債権者の数が多くなるほど、個々の債権者は債権放棄に応じずに損失を回避しようとする誘因が高まりやすくなり、その企業の事業の継続は難しくなるからである。

　なお、債務超過でなくとも、企業が債務不履行に陥り、破綻する場合がある。それは流動性不足による債務不履行である。流動性とは、現金や預金のように支払いに使うことのできる資産のことである。債務超過でない企業が、金融機関や市場から経営悪化の疑念を持たれた結果、資金調達に困難を来し、流動性不足となって、債務不履行に陥ることがある。また、こうした経営不振の疑念を持たれた結果、資金調達コストが上昇し、利払い費用の上昇などによって、債務超過に陥ることもありうる。

3.4　対外債務の持続可能性

　家計、企業、政府を合計した一国全体については、対外的な持続可能性である対外債務（対外負債）の持続可能性という考え方がある。対外債務は、正確

には対外債務から対外債権（対外資産とも呼ばれる）を差し引いた対外純債務の
ことである。反対に、対外債権から対外債務を差し引いたものは、対外純債権
（対外純資産とも呼ばれる）と呼ばれる。ここで、対外債務とは外国が国内に保
有する資産であり、対外債権とは自国が海外に保有する資産である（正確には
自国とは居住者、外国とは非居住者のこと）。

　経常収支が黒字であれば、対外純債務は減少し、経常収支が赤字であれば、
対外純債務は増加する。経常収支とは、正確な定義は国際金融の教科書に譲る
として、おおまかには、財・サービス収支（財・サービスの輸出から輸入を控除し
たもの）と、投資収益収支（利子・配当などの投資収益の海外からの受取りから海外
への支払いを控除したもの）の合計と考えて差し支えない。

　対外債務の持続可能性については、政府債務の持続可能性を検討した際の、
政府債務残高をその国の対外純債務残高、政府の利払いを除く財政赤字を投資
収益収支を除く経常収支赤字に置き換えれば良い。したがって、対外債務の
将来経路を予想するためには、以下のような変数が必要になる。

　B：対外純債務残高（当期末残高、符合がマイナスであれば対外純債権を意味す
　　る）

　D：投資収益収支を除く経常収支赤字（符合がマイナスであれば黒字を意味す
　　る）

　r：投資収益率（対外純債務から発生する投資収益の利率）

　Y：名目 GDP（金額ベースの GDP）

　g：名目 GDP 成長率（前年比増加率）

まず、次の式から出発する。

$$B - B_{-1} = D + rB_{-1}$$

　これは、左辺の当期の対外純債務残高の変化額は、右辺第 1 項の投資収益を
除く経常収支赤字と右辺第二項の投資収益収支の赤字（対外純債務残高に投資収
益率をかけたもの）の合計に等しいことを意味する。すなわち、対外純債務残高
の変化額は経常収支赤字に等しいことを意味する。この式の左辺を対外純債務
残高の対 GDP 比率の変化に書きかえると、政府債務の式（1）と同様に、次

のようになる。

$$\frac{B}{Y} - \frac{B_{-1}}{Y_{-1}} = \frac{D}{Y} + (r - g)\ \frac{B_{-1}}{Y_{-1}} \qquad (3)$$

　この式より、対外純債務残高の対 GDP 比率は、投資収益収支を除く経常収支赤字の対 GDP 比率がプラスであれば、また投資収益率が名目 GDP 成長率を上回れば、上昇する。なお、為替相場や資産価格の変化が対外純債務残高を変化させるが、単純化のためにこのことは捨象している。

　投資収益収支を除く経常収支赤字の対 GDP 比率が大幅である状態が続いたり、投資収益率が名目 GDP 成長率を上回った状態が続いたりすることで、式（3）にしたがって、対外純債務の将来経路が持続不能な水準にまで拡大すると市場が予想すれば、経常収支赤字のファイナンスに必要な海外からの資金流入を維持できなくなり、その国は債務危機に、別の用語を使うと、国際収支危機に陥る。このような事態を未然に防止するために、IMF（国際通貨基金）が加盟国に供与する融資制度は重要な役割を果たしており、危機発生時にはIMF や関係国が危機国を支援する。

3.5　経済的な持続可能性からみた日本の将来

　日本の経常収支は1980年代以降、黒字基調で、2020年末現在、世界一の対外純資産（債権）国である。対外的な持続可能性が懸念されるような状態かからは程遠い。政府の債務残高は GDP の 2 倍を超える額であるが、政府が保有する金融資産を差し引いた純債務の規模は小さくなる。日本が世界一の対外純資産国であるということは、政府の純債務を大幅に上回る民間部門の純資産（債権）が存在することを示している。政府は民間部門に対する徴税権を持つことに加えて、十分な実物資産を保有しているので、現在の日本は政府の債務の持続可能性について、懸念されるような状況からは程遠い。以上を反映して、日本の国債の利回り（利子率）は非常に低い。このことは、日本の経済成長率やインフレ率の低さを反映したものでもあるが、市場参加者が日本の政府の債務の持続可能性について、懸念を抱いていないことを反映したものでもある。

一方で、超長期的視野から考えてみよう。日本企業の国際競争力の現状には厳しいものがある。かつての花形輸出企業が経営不振によって外資による買収の検討対象となったり、「日本はデジタル後進国」などと自虐的に揶揄されたりしている。また、国際競争力が、経済面だけでなく経済安全保障面からも議論されるようになり、日本をとりまく環境は厳しさを増している。さらに、環境問題に関する国際的枠組みに対する対応をもしも誤れば、競争力は大きく損なわれる。国際競争力に大きな影響をおよぼすエネルギー・コストも国際比較でみると割高といわれ、研究開発活動についても様々な懸念が報道されている。こうした懸念に対する無策が続けば、現在の日本の良好な状態が、長期的には損なわれていく可能性には留意しておく必要がある。

3.6 現状のまとめと課題提示

環境面からみた持続可能性と経済面からみた持続可能性の両者と整合的な経済活動について考えてみよう。

エネルギーを含めた資源使用の効率性向上に資する技術革新は、環境面、経済面の双方の持続可能性に貢献する。ここでのエネルギーは、再生可能エネルギーであるか否かを問わない。

人口減少も環境面の持続可能性に貢献する。資源の消費量も温室効果ガス排出量も減少させるからである。増加を続けてきた世界人口は、将来、減少に転じるとの予想が多く、早いものでは2050年頃からとする予想もある。先進国が経験した所得水準の上昇に伴う出生率の低下が、経済成長が続く新興・発展途上国にも及ぶからである。人口減少とそれに伴う人口構成の変化がもたらす経済的変化に対応した政府の政策や企業戦略が講じられれば、環境面と経済面の持続可能性の両立が可能になろう。

人類の経済活動の気候や生態系への影響を踏まえた国際的な取組みは、他の章で詳述されているので説明は割愛するが、これらは異常気象などによる社会的・経済的被害を未然に防ぐことで、結局は経済的コストを低くするという考え方もあるが、少なくとも、短期的にはコストを増加させ、経済の持続可能性

には貢献しない。また、日本のように非再生可能エネルギーを使った技術で競争力を有している国や企業は、経済的不利益を被る。こうした事態を回避するための工夫が求められている。

温室効果ガス排出量削減などに関する国際的枠組みにおいては、コミットメントを表明しても未達成の国々が少なくないし、政治・経済・軍事で利害が対立する各国間の交渉の駆け引きの材料になっている側面は否めない。また、大国が十分な削減を行わなければ、それ以外の国々が削減しても、地球環境に意味のある影響を及ぼさない。さらに、排出量削減に貢献すると思われていた取組みのなかには、逆に排出量拡大や排出量以外の環境への悪影響をもたらしうるものもある。これらを踏まえた、適切な政府の政策や企業戦略が必要である。

なお、気候、生態系を含めた環境については、人類の歴史よりも長い時間軸で変化してきたこと、人類の活動以外の要因が大きな影響を及ぼすこと、人類の活動と環境との関係に関する学問も時間の経過とともに進歩すること、気候変動や異常気象の現状を自然災害の印象ではなく客観的かつ数量的に把握すること、などに留意しておくことは重要である。

【設　問】
◇経済的な持続可能性において、政府と企業とでは何が異なるか。
◇環境面と経済面の持続可能性を両立するためには、何が求められるか。

〔参考文献〕
西村陽造・佐久間浩司（2020）『新・国際金融のしくみ』有斐閣
福田慎一（2020）『金融論―市場と経済政策の有効性〔新版〕』有斐閣
Krugman, Paul（1985）"Sustainability and the Decline of the Dollar," *External Deficits and the Dollar*, ed. Bryant, R. *et al.*, Brookings Institution, pp.82—99.

第4章

途上国とサステイナビリティ

小田　尚也

4.1　持続的経済発展の必要性

　本章では途上国における経済成長、貧困、格差の問題を経済学的視点から考察する。途上国政府にとって最大の課題は、国民所得の増加による生活水準の向上と貧困の削減であると言えよう。所得の向上には、経済の一時的な成長ではなく、サステイナブルな成長が求められる。継続した高い経済成長が必須条件となる。一方で、経済成長の成果が社会全体で共有されず、その発展過程において、成長のメリットを享受できる層とできない層の間に所得をはじめとする様々な格差を生じさせる可能性もある。極端な格差は社会を分断し、不安定化させ、そして経済発展の持続性を阻害する要因となりうるのだ。よって途上国のサステイナブルな経済発展には、高い経済成長の達成とともに成長によってもたらされる可能性のある格差にも注意を払う必要がある。近年、SDGsや途上国政府が「包摂的成長」という言葉を使い、成長のメリットが広く社会で共有される経済成長を目標とする動きがあるが、これは成長の重要性と格差是正がサステイナブルな成長に必要であることを意識したものである。

　本章ではまず貧困削減における経済成長の重要性を示し、つづいて所得格差が経済に与える影響を概観する。そして最後に持続的な経済成長と格差是正における教育を通じた人的資本の重要性について説明する。

　さて、本論に入る前に本章で使用する重要な用語である「途上国」および「貧困」について説明をしておこう。本章の内容の理解のためにも、また用語が適切に使用されるためにも確認するところである。

(1) 定義：途上国

途上国（英語では developing countries）の定義は広範囲かつ曖昧である。途上国援助を行う国際機関の世界銀行は平均1人あたり所得の水準に応じて、世界の国を高所得国（2020年の1人あたり所得が USD12696以上）、高中所得国（同 USD4096〜12695）、低中所得国（同 USD1046〜USD4095）、低所得国（同 USD1045以下）に4分類している。一般的に高所得国以外を途上国と定義しており、本章もこれに準ずる。この分類による途上国の数は137カ国、高所得国に分類されるのは80カ国である（世界銀行による分類。世界銀行自体は、2015年に途上国という言葉の使用廃止を発表している）。読者は、途上国の中にも所得水準に大きな違いがあることを理解し、途上国全体を一括りにし、先進国と途上国という安易な二分化は避けるべきである。この点の理解した上で本章を読み進んでいただきたい。

(2) 定義：貧困

私たちがイメージする貧困は、主に所得貧困というもので、生存に必要なエネルギー摂取に要する費用とその他最低限必要な支出をもとにある一定の所得水準を貧困線と定め、それ以下の所得で生活する人たちを貧困層と定義する。この貧困層の人口をその国の全人口で除したものが貧困者比率である。

貧困線には各国で設定するものと、世界銀行によって設定される国際貧困線がある。この国際貧困線は、かつては1日あたり1米ドルと設定されていたが、その後、2005年の改定で1.25ドルとなり、現在は1.9ドル（2015年以降）が使用されている。このドルは2011年の購買力平価に基づくドルの値で、各国の物価水準を勘案し、ドルの実質価値が同じとなるように求められたものであり、日々為替市場で取引されている名目のドルとは異なる点に注意されたい。

上記の貧困は絶対的貧困と呼ばれるもので、これに対して相対的貧困という考え方がある。文字通り、社会の中において相対的に貧困であるかどうかを指す。一般に相対的貧困は世帯所得がその国の（等価可処分）所得の中央値の半分以下で生活する家計を相対的貧困と定義している。

以上が所得貧困に関する説明であるが、貧困とは複雑で多元的なものであ

り、所得のみによって定義されるものでない。例えばノーベル経済学賞を受賞したアマルティア・センは、生活する上での様々な「潜在能力（capability）」の欠如が貧困であると指摘し（Sen 1992）、この考えが国連開発計画の「人間開発指標（Human Development Index: HDI）」（第15章を参照されたい）につながっている。HDI は、所得に加え、教育や健康といった側面を考慮し、貧困を多元的に捉えるものである。

4.2　経済成長と貧困削減

2015年9月の第70回国連総会で採択された SGDs の前文に、"……*eradicating poverty in all its forms and dimensions, including extreme poverty, is the greatest global challenge and an indispensable requirement for sustainable development*" と記されている。つまり、貧困の排除は私たちが直面する最大規模のグローバルな課題であり、そして持続的発展の必須条件であると述べている。

⑴　MDGs、SDGs 下の貧困削減

SGDs の前の取り組みであるミレニアム開発目標（MDGs：2000～2015年）下で途上国の貧困は大きく減少し、極度の貧困で暮らす人（当時の指標で1日1.25ドル未満で生活する人）の割合を1990年の36％から2015年までに半減させるという目標は達成された（図表4-1）。貧困者比率は12％まで低下し、人口で見た場合、19億人から半数以下の8億3600万人となった（UNDP 2015）。2017年の値はさらに低下し、貧困者比率9.3％（1.90ドル未満で生活）、貧困人口6億9600万人と順調に貧困は削減されつつある（World Bank data）。

しかし、地域別ではアフリカのサハラ砂漠以南の国で構成されるサブサハラ・アフリカの貧困者比率は1990年から低下したが2015年時点で41％と依然として高い比率が継続した。同地域の多くの国が含まれる低所得国の貧困者比率は46.9％であった。低所得国で貧困が蔓延している状況は現在も変わらない。このような低所得国における高い貧困者比率と世界で7億人近い貧困層の存在

図表4-1　MDGs下における地域別貧困削減の状況

地域	貧困者比率(%)		減少率
	1990	2015	
世界全体	36	12	68%
サブサハラ・アフリカ	57	41	28%
南アジア	52	17	66%
東南アジア	46	7	84%
ラテンアメリカ・カリブ海	13	4	66%
中央アジア	8	2	77%
西アジア	5	3	46%
北アフリカ	5	1	81%

出典：UNDP（2015）

は決して看過できるものではなく、貧困問題はSDGsにおいても継続して重点課題と位置付けられ、その目標の一つとなっている（目標1「貧困をなくす」）。

貧困の削減・排除と国民の生活水準の向上が途上国政府の最優先課題であるとするならば、いかに高い経済成長を達成するかは重要である。経済成長の成果は一握りの人たちによって享受され、国民全体がその恩恵を受けず、よっていかに成長の果実を分配するかが重要であるとの指摘もある。成長と分配は経済政策の両輪であり、当然、バランスよく実施されなければならない。しかし、そもそも経済全体の規模を大きくしない限り、分配すべきものがない。既存研究でも貧困削減における経済成長の重要性は指摘されている。ゆえに、経済の規模を拡大させること、つまり経済を成長させることは極めて重要なのである（Bhagwati & Panagariya 2013）。

(2) 途上国の経済成長

データが入手可能な246カ国の年平均1人あたり実質GDP成長率（1998/98年から2018/19年）と2019年時点の1人あたり所得（対数変換値を使用）の関係を示したのが図表4-2である。両者の間には緩やかな逆U字の関係が見られる。つまり、高所得国と低所得国の成長率は低く、中所得国の成長率は高い傾向にある。高所得国の成長率は1.31％、低所得は2.01％であるのに対し、中所得国平均は4.01％（低中所得国3.44％、上位中所得国4.57％）であった。

問題なのは低所得国の低成長である。過去20年間の年平均2％の成長率で1人あたり平均所得は50％ほど増えたが、そもそも所得の低いこれらの国にとってこの増分は十分ではない。既述のように低所得国の多くは貧困者比率が依然

として高いサブサハラ・ア
フリカ諸国であり、高い経
済成長の持続なしに貧困状
況の改善は見込めない。一
方で中所得の国々では高い
経済成長が達成された。こ
れらの国では年平均4.01％
で成長し、過去20年間で平
均１人あたり所得は2.2倍
となった。

図表４-２　１人あたり所得と経済成長の関係

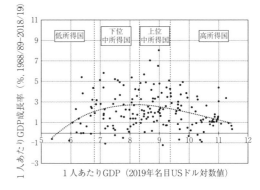

出典：World Bank data より筆者作成

　この所得の向上は中所得
国の貧困者比率削減に大きく貢献した。特に顕著なのが中国での比率の大幅な
低下である。1990年時点で中国の貧困者比率は61％という極めて高い数値で
あったが、2015年には４％まで低下し、貧困層が実に６億3761万人も減少し
た。これはこの間の世界の貧困層減少の６割に相当する数字である。中国のこ
の急速な貧困の削減の背景には、高い経済成長がある。１人あたり GDP は平
均で年率８％を超えるスピードで拡大し、平均個人所得は９倍近く上昇した。
このことからもいかに経済成長の持続が貧困削減にとって重要であるかを理解
することができる。

4.3　格差とサステイナビリティ

　前節で、持続的な経済成長の重要性を指摘したが、成長の成果を社会全体で
いかに共有するかという課題にも十分な配慮が必要である。経済活動が活発化
し、低所得者層にも富が浸透し、社会全体で成長の果実が享受されるトリクル
ダウンと呼ばれるメカニズムが働かず、成長の恩恵を享受することのできない
人々が存在し、その結果、社会には様々な格差が生まれていることも事実であ
る。このような格差は途上国の経済や社会の持続的な発展に様々な影響を及ぼ
す要因であり、本節では途上国における所得格差について検討する。

(1)　途上国における所得格差

　クズネッツは、経済が未発展の段階では所得の格差は少なく、発展とともにそれは拡大し、そしてある転換点を超えると、格差は縮小に向かうという有名なクズネッツの逆U字仮説を発表した（Kuznets 1955）。しかし、過去、多くの研究がこの仮説の実証に取り組んできたが、このような傾向は見出せていない。これに対し、ピケティは、資本を所有する金持ちの所得は経済成長以上に拡大し、所得格差は縮小するどころか拡大傾向にあることを詳細なデータを基に指摘している（Piketty 2014）。実際、OECD諸国では格差が拡大する傾向が確認されており（UNDP 2020）、クズネッツの描いた経済発展が格差縮小の処方箋となるという仮説には否定的な見方が多い。

　途上国における所得格差について言えることはこれらの国で格差の水準が一般的に高い傾向にあるということである。所得格差はいくつかの指標によって示すことができるが、ここではジニ係数（Gini coefficient）を使用する。ジニ係数は0から100の間の値を取り、係数が0の場合、完全なる平等で、100の場合、完全なる不平等を意味する。つまり、ジニ係数が大きくなるほど格差が大きいことを意味する。

　図表4-3は、データ入手可能な100カ国の所得水準と格差（2014年もしくは2015年値使用）の関係を示したものである。状況は様々であるが、両者の間には緩やかな負の有意な関係が存在する。

図表4-3　所得水準と所得格差の関係

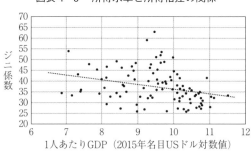

出典：World Bank data より筆者作成

　ジニ係数が40を超える国（高い所得格差と考えられる）は高所得国35カ国中、3カ国である一方、途上国においては65カ国中、30カ国となっている。一般的には所得格差は所得の高い国より低い国で高い傾向にあるということが言える。ただ

し、GDP データとは違い、多くの途上国で所得格差データは公表もしくは測定されていないケースがあり、もしこれらの国のデータが反映されればより経済水準と格差の関係が明確になると推察される。

また同じジニ係数の水準であったとしても、その意味が高所得国と途上国では異なる。ジニ係数で示される格差は相対的格差であり、絶対的格差を示すものではない。所得の低い国における所得格差は低所得層、貧困層にとって厳しいものであり、途上国のおける格差はより深刻に捉えなくてはならない。

(2) 所得格差が社会・経済に与える影響

所得格差と聞くとネガティブなイメージを抱きがちであるが、ある程度の格差は、競争、イノベーション、そして人的資本蓄積へのインセンティブとなり、経済にポジティブな影響を及ぼすと考えられる。これはかつて平等な国家の建設を目指した旧ソビエト連邦など多くの社会主義国の経済運営が失敗に終わったことからも明らかである。

一方で、格差は経済成長に様々なルートを通じて経済に負の影響を及ぼす。所得格差は低所得者の教育や保健衛生への機会を奪い、生産に必要な人的資本の蓄積を阻害することで経済成長のスピードを低下させる可能性がある。所得格差の大きい国ほど、その後の貧困削減のスピードが遅くなることを指摘する研究もある。また行き過ぎた格差は社会の不安定要因となり、経済運営にネガティブな影響を与えることが考えられる。

図表 4-4 は、クロスカントリーデータを使い各国の人口10万人あたりの殺人の発生数とジニ係数で示す所得格差の関係を描いたもので、両者の間には明確な正の相関が観察できる。因果関係の解釈としては、格差拡大は殺人の発生率を高め、治安の悪化を招いていると考えることができる。このように所得格差は社会の不安定要因となり、持続的な経済成長への足かせとなる可能性がある。極端な格差は貧しい人々の富裕層への反感を招き、また政権に対する不安を募らせ、ひいては治安悪化や政情不安を引き起こすリスク要因となる。

政策面では、所得格差の大きい国では、低所得者層を中心に分配を求める政策が強く支持され、大衆に迎合するポピュリズム政党が躍進する。そして成長

図表4-4　格差と殺人の関係（2015年値）

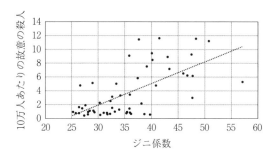

出典：World Development Indicators より筆者作成

を軽視し、極端に分配へシフトした政策が導入され、成長が阻害される可能性が考えられる。

このように所得格差の拡大は様々なルートを通じて直接的、間接的に途上国経済の成長に影響を及ぼすのである。

4.4　持続的な経済成長と格差是正への処方箋としての教育

所得格差是正の経済政策としては、所得移転による分配が検討されるが、行き過ぎた所得移転は低所得者層には支持されるものの、所得の高い層の勤労意欲をそぐものであり、その効果には限界があり、あくまでも短期的な解決箋でしかない。また財源を十分に議論しない安易な所得移転は財政赤字を拡大させ、将来的な増税を招くものであり、無計画な所得移転による弊害は大きい。それよりも中長期的な視点から求められるのは所得格差を生む要因を明らかにし、そこから格差是正の処方箋を見出すことである。では経済の成長を持続させつつ、所得格差を是正するにはどうすれば良いのだろうか。処方箋の一つとしてここでは人的資本の蓄積について議論する。

(1)　経済成長における教育の重要性

人的資本は、物的資本、労働力とともに重要な生産要素の一つで、主に教育などを通じて蓄積されるものである。人的資本と物的資本の大きな違いは、人的資本は個人に蓄積されるもので、物的資本と比べて、減価償却のスピードが遅く、一度獲得した人的資本はなかなか消失しない。また「3人寄れば文殊の知恵」という言葉あるように、人的資本は1＋1＝2ではなく、2以上の効力を発揮することができる。これを正の外部性と呼び、経済成長の重要な要因の

一つである。さらに人的
資本と技術革新は関連し
ており、人的資本は高い
技術を生み出すための不
可欠な要素でもある。技
術の進歩は生産性を高
め、所得向上に貢献す
る。経済発展の初期段階
においては物的資本の蓄
積により、経済成長を達
成することができるが、

図表 4 - 5　教育水準と所得の関係（2019年値）

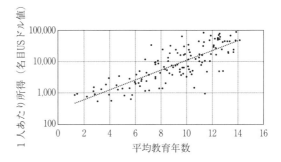

出典：World Bank data より筆者作成

やがては物的資本蓄積による限界生産物の低減により成長への貢献は消滅するため、人的資本の蓄積や技術進歩は長期的な経済成長に必須となる。

　図表4-5は各国の平均教育年数と1人あたりGDP（所得）の関係を示したものである。図から明らかなように、両者の間には強い正の相関があり、教育年数の増加と高い所得水準の関係を確認することができる。因果関係は、教育から所得、所得から教育の双方向で、教育による人的資本の蓄積が生産性を高め、そして所得の向上がさらなる教育を促進する。重要なのは、平均教育年数が増えるにつれ、1人あたり所得が指数関数的に増加する傾向が見られる点であり、所得向上と教育による人的資本形成の強い関係性を読み取ることができる。

(2)　機会の格差是正による所得格差の是正

　経済発展における教育の重要性は広く認識されているが、途上国における課題は教育を受ける機会が社会全体に均等に与えられていない点である。その結果、教育を受けることのできない人々、得てして低所得層の人々は人的資本を蓄積することができず、所得が低いままの状態となる。そして所得が低い故に、彼らの子供たちも教育の機会が制約され、親の代からの低所得が子の代へと継続していく。一方、教育を受けることのできる層はこれと全く正反対の状

況となり、人的資本の蓄積による所得向上と高い所得がさらなる人的資本の蓄積を可能とする。このように一度生じた格差は中々縮小することなく、格差は長期的に継続する傾向にある。

　図表4−6はMDGs下の途上国（低・中所得国）、低所得、南アジア、サブサハラ・アフリカ別の初等・中等教育の純就学率を見たものである。純就学率は、就学年数に達している児童のうち、何%が就学しているかを示すものである。MDGs下では「万人のための教育（Education for All: EFA）」と目標を掲げ、すべての子供たちが初等教育を受けられることを目標とした。EFAは達成できなかったが、大幅な進歩が見られた。就学率は途上国全体で9割まで、またかつて低所得国で5割を下回っていたものが8割近くまで上昇している。しかし、これらの国では依然として2割を超える子供たちが未就学であり、等閑視できない状況である。これに対して、中等教育の就学率は途上国全体で6割強、低所得国、そしてサブサハラ・アフリカでは3割に満たない状況である。中等教育以上の低就学率や依然として残る初等教育へのアクセスの欠如がそれぞれの国における所得格差や高所得国との格差の一要因となっている。所得を高めるために重要な人的資本形成において、教育の格差という機会の格差が存在し、それが結果としての所得格差の源泉となっている（Dabra-Norris *et al.* 2015）。所得格差はあくまでも結果における格差であり、根源的な課題である教育を含む様々な機会の格差を是正しなければならない。

　求められる政策は、途上国、特に低所得国の子供たちに教育の機会を広く提供することである。これによって教育の機会の格差が是正され、国内における所得格差が縮小し、そして人的資本の形成による高い経済成長の達成により国と国との所得格差の是正につながるであろう。また単に就学率を上げるといった数値目標だけでなく、学校で提供される教育の質の向上も同時に必要である。MDGs下で教育の量的な拡大が見られたが、その成果が経済発展に十分に反映されていないとの指摘があり、教育の量の拡大とともに質の向上が経済成長にとって不可欠である。このような量的拡大と質の向上を目指す教育機会の提供はSDGsの目標の一つであり、「すべての人々への包摂的かつ公正な質の高い教育を提供し、生涯学習の機会を促進する」（目標4）と設定している。

図表 4 - 6　途上国における初等中等教育純就学率

初等教育純就学率（％）

地　　域	1980	2015	増加
低・中所得国	75.0	88.6	13.6
低所得国	47.9	79.2	31.3
南アジア	64.3	90.4	26.1
サブサハラ・アフリカ	54.0	77.2	23.2

中等教育純就学率（％）

地　　域	2015
低・中所得国	62.5
低所得国	32.3
南アジア	59.4
サブサハラ・アフリカ	33.5

出典：World Bank data より筆者作成

4.5　現状のまとめと課題提示

　MDGs の貧困削減目標は達成され、2017年の貧困者比率は9.3％、貧困人口は 6 億9600万人と大幅に減少した。しかし、依然 7 億人近い貧困者の存在やサブサハラ・アフリカにおける40％を超える高い貧困者比率は貧困が途上国における重要かつ深刻な課題であることを示しており、貧困削減は SDGs でも重点目標として掲げられている。いかに途上国、特に低所得国、が持続的な高い経済成長を達成するかが課題である。本章では途上国における機会の格差とそれに起因する結果の格差の例として、教育格差を取り上げた。教育を通じた人的資本の形成が経済成長や所得に与えるポジティブな効果については十分に認識されているところである。途上国の初等教育就学率は MDGs 下で大幅に上昇したが、中等教育に関しては未だ不十分である。特に低所得国のそれは32％という低い数字で、子供たちの教育機会へのアクセスが限定的であることがわかる。このような教育という機会の格差が、国と国との所得格差や途上国内における格差の一要因となっている。いかに教育の機会を子供たちに拡げていくかが国際社会とともに途上国が優先的に取り組むべき課題である。

　さて、本章では経済発展に伴う環境への負荷等の問題は考慮しておらず、それらは他章に譲るとするが、途上国にとって環境に配慮しつつ経済成長を達成することは極めて困難な課題である。温室効果ガス規制など環境的要素が今後の経済成長への足かせとなる可能性は大きく、途上国は、経済成長、格差是

正、そして環境への配慮というバランスを保ったサステイナブルな成長を実現していかなくてはならない。

【設　問】
◇本章で取り上げた機会の格差について教育以外ではどのような格差が考えられるでしょうか。
◇途上国の一部の子供たちが就学できない理由の一つに、児童労働があります。彼らを児童労働から解放するための政策を考えてみましょう。

〔参考文献〕
Bhagwati, J. & Panagariya, A.（2013）*Why Growth Matters: How Economic Growth in India Reduced Poverty and the Lessons for Other Developing Countries*, Perseus Books, Public Affairs.
Dabla-Norris, E. *et al.*（2015）"Causes and Consequences of Income Inequality: A Global Perspective," IMF SDN/15/13, International Monetary Fund.
Kuznets, S.（1955）"Economic Growth and Income Inequality," *The American Economic Review*, 45（1）: 1–28.
Piketty, T.（2014）*Capital in the Twenty-First Century*, Harvard University Press, Belknap Press.〔邦訳：山形浩生・守岡桜・森本正史訳『21世紀の資本』みすず書房、2014年〕
Sen, A. K.（1992）*Inequality Reexamined*, Clarendon Press.〔邦訳：池本幸生・野上裕生・佐藤仁訳『不平等の再検討―潜在能力と自由』岩波書店、1999年〕
United Nations（UNDP）（2015）*The Millennium Development Goals Report 2015*.
United Nations（UNDP）（2020）*World Social Report 2020: The challenge of inequality in a rapidly changing world*, UNDESA.

食・農業とサステイナビリティ

高篠　仁奈

5.1　世界の食・農業と SDGs

　この章では、食・農業とサステイナビリティについて、経済発展の段階ごとに異なる農業の役割に留意しながら、持続可能な食と農業に関する政策課題を考える。5.1では、世界の食・農業問題に関連する SDGs の目標を概観し、経済の発展段階ごとにどのような取り組みが期待されるかについて述べる。

⑴　食・農業問題にかかわる SDGs

　経済発展の初期段階にある国では、貧困や飢餓の問題を解決することが最も重要な政策課題の一つとなる。農業の生産性を高め十分な食料を供給することは、貧困や飢餓の問題解決に大きな役割を果たす。経済が発展した社会においても、食と農業は持続可能な資源利用や生態系の保全と深い関わりがあり、私たちの生活に欠かすことができない。

　SDGs の17目標のうち、食と農業の問題にかかわる目標には何があるかを確認しよう（図表5-1）。まず、農業が直接かかわる目標には、貧困と飢餓をなくすこと（目標1と2）がある。また、持続可能な消費と生産のパターンを確保すること（目標12）や、海と陸上の生態系保全（目標14、15）も食・農業と深い関わりがある。

　SDGs 目標1．貧困をなくそう

　　あらゆる場所で、あらゆる形態の貧困に終止符を打つ。

　SDGs 目標2．飢餓をゼロに

図表 5 - 1　食・農林水産業に関連する SDGs

出典：国際連合広報センターに基づき筆者作成

飢餓に終止符を打ち、食料の安定確保と栄養状態の改善を達成するととも
に、持続可能な農業を推進する。

SDGs 目標12.　つくる責任　つかう責任

持続可能な消費と生産のパターンを確保する。

SDGs 目標14.　海の豊かさを守ろう

海洋と海洋資源を持続可能な開発に向けて保全し、持続可能な形で利用す
る。

SDGs 目標15.　陸の豊かさも守ろう

陸上生態系の保護、回復および持続可能な利用の推進、森林の持続可能な
管理、砂漠化への対処、土地劣化の阻止および逆転、ならびに生物多様性
損失の阻止を図る。

(2)　途上国の農業と SDGs

SDGs では、17の目標を達成するために、具体的には何をどのようにして達
成するのかについて、ターゲットが掲げられている。例えば、目標１のター
ゲットは、1.1、1.2、1.3、1.4、1.5、1.a、1.b となっている。1.1、1.2など、数字の
ターゲットは、各目標の具体的な課題を示し、1.a、1.b などアルファベットの
ターゲットは、課題の達成を実現するための方法について示している。貧困と
飢餓の撲滅（目標１と２）については、例として以下のようなターゲットがあ
げられている。

SDGs 目標１．貧困をなくそう

　　ターゲット1.1：2030年までに、現在１日1.25ドル未満で生活する人々と定義されている極度の貧困をあらゆる場所で終わらせる。

SDGs 目標２．飢餓をゼロに

　　ターゲット２.a：開発途上国、特に後発開発途上国における農業生産能力向上のために、国際協力の強化などを通じて、農村インフラ、農業研究・普及サービス、技術開発および植物・家畜のジーン・バンクへの投資の拡大を図る。

　経済発展の初期段階では、農村地域に貧困層が多く居住し、伝統的な農業技術を使っているために農業の生産性が低く、食料の供給が十分でない場合がある。そのような国の農業では、特に、貧困と飢餓の問題を克服するため、農業生産性の向上や農村開発の取り組みを優先して進めなければいけない。

(3) 先進国の食料問題と SDGs

　SDGs は、途上国だけでなく、先進国の生産や消費に関する取り組みも持続可能な発展には必要と考え、国際社会全体の目標を掲げている点に特徴がある。このような観点から、持続可能な消費と生産（目標12）と、海と陸上の生態系保全（目標14、15）は、先進国においても重要な課題といえる。個別のターゲットを見ると、例えば、以下のようなものがある。

SDGs 目標12．つくる責任　つかう責任

　　ターゲット12.3：2030年までに小売・消費レベルにおける世界全体の一人当たりの食料の廃棄を半減させ、収穫後損失などの生産・サプライチェーンにおける食品ロスを減少させる。

SDGs 目標14．海の豊かさを守ろう

　　ターゲット14.2：2020年までに、海洋および沿岸の生態系に関する重大な悪影響を回避するため、強靱性（レジリエンス）の強化などによる持続的な管理と保護を行い、健全で生産的な海洋を実現するため、海洋および沿岸の生態系の回復のための取り組みを行う。

SDGs 目標15．陸の豊かさも守ろう

ターゲット15.a：生物多様性と生態系の保全と持続的な利用のために、あらゆる資金源からの資金の動員および大幅な増額を行う。

　これらの目標は、私たちの食や農業とも深い関わりがあり、持続可能な食料生産と消費に向け、積極的な取り組みが期待されている。

5.2　途上国の農業と持続可能な開発

　5.2では、途上国で特に重要とされる課題に焦点をあて、貧困と飢餓の撲滅に向けた農村開発の役割と、農業生産性の向上と経済発展の関連性について述べる。

(1)　貧困撲滅に向けた農業の役割

　まず貧困とは何かを確認しよう。貧困には様々な定義があるが、国連開発計画（UNDP）によれば、貧困とは、教育、仕事、食料、保健医療、飲料水、住居、エネルギーなど最も基本的な物・サービスを手に入れられない状態のことであり、極度の、あるいは絶対的な貧困とは、生きていくうえで最低限必要な食料さえ確保できず、尊厳ある社会生活を営むことが困難な状態を指す。

　国連食糧農業機関（FAO）は、『世界食糧農業白書2015年報告』で、「貧困に苦しむ人々の割合は、過去30年で減少してきた。それでも世界人口の4分の1以上は、今も十分な収入が得られず、食糧を安定的に買うことができない。また、1日当たりの購買力が1.25ドル以下の貧困層は、10億人に上る。」と報告している。このような貧困をなくすために、なぜ農業が重要なのだろうか。

　農業は、発展の初期段階にあり貧困層が多い途上国では特に重要な産業部門である。一国の産業構造は、経済発展の度合いによって異なる。ペティ＝クラークの法則によれば、発展初期には、農業が国全体に占める割合が高く、経済発展にともない、工業部門、サービス部門の重要性が高まり、農業部門のGDPに占めるシェアは低下する。

　世界各国の農林水産業における生産が、国内総生産（GDP）に占める割合は、アフリカやアジアなどの途上国では農業が経済全体に占める割合が高く、北米

や日本などの先進国では低い。途上国では、農業が一国全体の生産に占める割合が高く、農業従事者の数も多い。そのため、国の経済成長を実現させ、貧困と飢餓を撲滅するために、農業が特に重要な役割を果たすこととなる。

(2) 飢餓・貧困と農村開発

飢餓と貧困の撲滅には、途上国の中でも、特に農村地域の開発と住民の所得向上が重要である。世界銀行が2013年に途上国89カ国で行った家計調査によると、貧困は農村部に偏っている（図表5-2左）。この調査は、途上国の人口の86.5％、全世界の人口の73％を対象としたが、農村部の住民の18.2％は極度の貧困（1日1.90ドル未満）で生活し、45.6％は極度および中程度の貧困状態（1日3.10ドル以未満）にある。都市部での割合は、極度の貧困が5.5％、極度および中程度が16.2％で、農村部の貧困問題がより深刻であることがわかる（Castañeda *et al.* 2016）。

途上国では人口が農村部に集中しているため、貧困層に占める都市部と農村部の割合をみると、大きな差がある（図表5-2右）。極度の貧困層の約80％、中程度の貧困層の約76％が農村部に住んでいる。そのため、貧困と飢餓を撲滅するためには、貧困層を支援する制度を設けながら農村開発を行い、農業の生

図表5-2　都市と農村における貧困率（％）

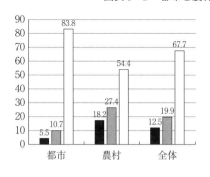

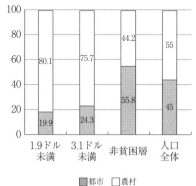

出典：Castañeda *et al.* (2016)

産性を向上させ、農家の所得を向上させることが重要といえる。

⑶　農業生産性の向上と経済発展

　経済全体の発展という視点から考えると、農業部門には、十分な食料を供給するだけでなく、近代的な産業への労働力供給、貯蓄などを通じた近代化への資本の供給といった役割がある。そのため、安定的な経済発展や近代化のためにも、農業の生産性を向上させる必要がある（福井ほか 2019）。

　まず、経済発展にともない国民の所得が高くなれば、食料への需要が増加するが、農業生産性が十分に向上しなければ、増加する食料需要を満たす食料を供給することができない。また、農業の生産性が上がれば、同じ量の食料を少ない労働力で生産することができ、余った労働力が工業部門などで働くことができるようになる。さらに、生産性の向上により、農村部での収入が改善して、国全体での貯蓄や税収が増加し、農産品輸出を通じて外貨を獲得すれば、工業化に必要な資本の供給につながり、近代化を推進する力となる。

　日本でも、近代的な産業が発展した時期に、品種改良や、新しい農法の普及が農業の生産性を上げ、食料供給を増大させた経験がある。生糸や茶、水産物の輸出は外貨獲得に貢献し、産業化の進展に貢献した。また、インドネシア、フィリピンなど、農村の貧困問題が深刻であったアジアの国々でも、コメ、小麦、トウモロコシなどの「緑の革命」による生産性上昇がおきたことで、農村の貧困問題を深刻化させることなく工業化を実現することができた。

　このように、経済発展の初期段階から近代化を進める経済において、安定的で持続可能な開発を実現するためには、農業の成長を欠かすことができない。

5.3　先進国の食料問題とサステイナビリティ

　5.3では、先進国でも取り組むべき問題について、食料の生産と消費が持続可能となるために、私たちが考慮すべき課題について検討する。

(1) 育てる責任、食べる責任

SDGs 目標12は、「つくる責任　つかう責任」として、持続可能な消費と生産のパターンを確保することを目指している。これを食と農業の問題に当てはめると、農畜水産物について「育てる責任、食べる責任」といえる。

欧州委員会は、2019年 EU 農業アウトルック会議を「持続可能性～農場から食卓まで～」と題して、ブリュッセルで開催した。EU 農業の最優先課題として、持続可能な社会を目標とした環境対策に農業が不可欠な役割を果たすとして、有機農業の推進や、若年農業者の確保などに注力する意思を示した（調査情報部国際調査グループ 2020）。

このような問題意識は、先進国全体で共有されており、日本においても、SDGs の達成に向けて様々な取り組みが行われている。食・農業のサステイナビリティは、私たちの生活とどのように関連するだろうか。

(2) 食料の廃棄と食品ロス

SDGs のターゲット12.3は、「2030年までに小売・消費レベルにおける世界全体の1人あたりの食料の廃棄を半減させ、収穫後損失などの生産・サプライチェーンにおける食料の損失を減少させる」という目標を掲げている。国際連合食糧農業機関（FAO）によると、世界全体で人の消費向けに生産された食料のおおよそ3分の1、量にして年約13億トンが失われ、捨てられている。1人あたりでは、途上国よりも先進国の方が無駄にされる食料が多く、1人あたりの食料廃棄は、ヨーロッパと北アメリカでは95-115kg/年であるが、サハラ以南アフリカや南・東南アジアではたった6-11kg/年と推定される（国際連合食糧農業機関 2011）。

食品ロスで大量の食べ物が無駄になることは「もったいない」だけではない。食品ロスは、ごみとして廃棄され、可燃ごみとして処分されるため、運搬や焼却にともない二酸化炭素を排出し、焼却後の灰の埋め立ては環境への負荷にもなる。食品ロスを減らすため、日本では、食品ロス削減推進法を定め、食品ロスの削減に向けた取り組みを行っている。

農林水産省によると、2017年の日本の1年間の食品廃棄物は1535万トンと推

計される。このうち、食べられる部分と考えられる食品ロスは612万トンで、これは、東京ドーム約5杯分と同じ量である。国民1人あたりお茶碗1杯分の食べられる食料が毎日捨てられている計算になる（農林水産省 2020）。

食品ロス612万トンのうち、小売店での売れ残りや飲食店での食べ残しなどの事業系食品ロスは328万トン、家での食べ残しや廃棄などの家庭系食品ロスは284万トンである。そのため、国や自治体だけでなく、加工・流通業者、小売業者、飲食店、消費者など、様々な取り組みが必要となる。

私たちも、食品の買いすぎを防ぐこと、外食で注文しすぎないことなど、日々の生活で気をつけることができる。日本ではまだなじみがないが、欧米では持ち帰り容器の提供を法的に義務付ける国もある。食中毒に気をつけながら食べ残しを持ち帰ることも食品ロスを防ぐ有効な方法といえる。

(3) 食料消費と資源、生態系の保全

国際連合広報センターによると、生物学的に持続可能なレベルにおける世界の海産資源の割合は1974年の90％から2013年の69％へと減少した。乱獲のため、漁業資源の多くが枯渇寸前となっている。陸地に目を向けると、世界の生物多様性の保護地区の割合は増加したものの、2015年には2万3000種の植物、菌類、動物について絶滅の危機が高いことが明らかになった。2016年のSDGs報告によると、地球の歴史を通じて、種の絶滅が、人間の活動によって通常よりも1000倍の速さで進んでいる。

SDGs目標14と15は、海と陸の豊かさを守り、そこに暮らす人々の生活を脅かすことなく、生物多様性と生態系の保全を実現し、将来世代も資源の恩恵を得られるような持続的な資源利用を目指している。

この目標を達成するために、私たちの身近な場所でも目にすることができる取り組みに、エコラベルがある。エコラベルとは、商品やサービスがどのように環境負荷を考慮して作られたかを示すマークのことである。私たちの身の回りでは、食品だけでなく、紙製品や洋服、家具、パソコンなど、様々な商品の包装などにエコラベルを見つけることができる（図表5-3）。

MSC認証は、「海のエコラベル」とも呼ばれ、資源を枯渇させないよう、過

図表 5 - 3　食品のエコラベル

出典：東京都港区ウェブサイト「エコラベルを探そう！」をもとに筆者作成

剰な漁獲を行わず、生態系を維持できる形で獲られた水産物に与えられる。ASC 認証は、海のエコラベルの養殖版で、責任ある養殖で生産されたことを示す。有機 JAS マークがついた農産物は、農林水産省の認証基準に合格していて、農薬や化学肥料の使用を避け、遺伝子組み換え技術を使わないで生産されている。コーヒーやチョコレートなどについている、緑のカエルマークはレインフォレスト・アライアンス認証と呼ばれる。このマークがついていれば、その商品を生産した農園が、環境や資源、生態系を守り、労働者と地域社会も含めて持続可能となるような生産が行われていることを確認できる。

　このようなエコラベルの意義を消費者が十分に理解し、考慮した上で認証された商品を選択すれば、環境保全に取り組む生産者を応援することができる。まずは現状を知り、自らの購買行動に責任を持つことが重要といえる。

5.4　現状のまとめと課題提示

　最後に、食・農業のサステイナビリティを実現するための政策科学研究について、食料の生産面と消費面の研究課題を紹介し、調和のとれた食・農業に向けた展望を述べる。

(1)　農家行動の理解と技術普及
　食と農業のサステイナビリティを実現するために、政策科学が果たす役割はなんであろうか。食と農業に関する諸課題に取り組むには、政策科学に関連す

第 5 章　食・農業とサステイナビリティ

る既存の学問分野の中でも、政治学、経営学、工学、環境学、情報学、文化学など、様々なアプローチが考えられる。ここでは、経済学的な視点から、具体的な課題の例を挙げる。

　経済学的な観点から、農場から食卓まで、というサプライチェーンの流れをみると、食と農業の問題は、生産、流通、消費の側面から分けて考えられる。生産を担う農家に目を向けると、貧困をなくすためにも、持続可能な食料生産を促進させるためにも、農家がどのように考え、行動するのかを理解し、必要とされる生産技術を普及させることが重要である。

　食料の生産効率を上げて農家の所得を向上させるためには、高収量品種や肥料、これまでとは違う農法など、新しい農業技術の導入が必要となる。また、環境保全型の農業を推進するためにも、生産様式の変更や採用が求められる。その際、農家は、不作になるかもしれないリスクや、生産費用の増加、販路開拓の不確実性などに直面し、導入を躊躇することもある。そうした農家の行動要因をよく理解すれば、不確実性やリスクを軽減し、新しい試みを支援するための政策を効果的に実施することができるようになる。例えば、リスク軽減のための農業保険や、新技術導入のための補助金などの政策をどのように実施すべきかを検討することができる。

　このような観点から、開発経済学や、農業経済学の分野では、農家や生産者団体、自治体などを対象とした聞き取り調査を行い、得られた情報を分析して、持続可能な農業生産を促進させるような政策提言を行っている。

⑵　消費者選好の評価

　供給面（売り手）である農家の生産様式の変容を、需要面（買い手）から引き出すことも重要である。そのような変化をもたらす仕組みとして、前述のエコラベルのような取り組みの普及が期待されている。エコラベルの意義を消費者が十分に理解し、考慮した上で認証された商品を選択することを通じて、取得を目指す生産者が増加していくと考えられる。

　経済学のアプローチでは、食料市場や小売り業の実態を調査し、消費者の購買行動や食料商品への評価に関する研究が行われている。例えば、消費者は環

境や生態系の保全のために、どれだけ追加的に代金を支払っても良いと考えるかという、「支払い意思額」を知ることは重要である。海のエコラベルや環境保全米などと、そうでない商品で、どちらを選ぶのか、いくらなら買うのか、買わないのか、といったような質問群を用いた調査（コンジョイント分析）や、仮想的な競り（実験オークション）を行うなど、消費者の支払い意思額を推計するための様々な手法を用いて、持続可能な開発の実現に資する商品への評価に関する研究の蓄積が進んでいる。

(3) 調和のとれた食・農業に向けて

　本章では、食・農業とサステイナビリティについて、持続可能な食と農業に関する政策課題を検討した。便宜的に、経済発展の段階ごとに異なる農業の役割に留意しながら述べたため、国によって取り組むべき課題が区切られているかのような印象があるかもしれない。

　しかし実際には、私たちの食と農業は、国境を越え地球規模で密接に関わっている。アフリカの農村部でとれた果物やコーヒー豆、東南アジアの海で獲れた魚介類など、国外で育てられた農畜水産物は日常的に私たちの食卓に並んでいる。そのため、例えばフェアトレード商品を購入することで途上国の生産者を支援するなど、私たち一人ひとりにできることは、地球規模で遠い国の取り組みにつながっている。

　この章で挙げた課題以外にも、食・農業と関連する取り組みは多くある。例えば、貧困問題（目標１）について、途上国の問題に焦点を当てたが、先進国の貧困問題も深刻であり、こども食堂やフードバンクの取り組みの進展が期待されている。また、農産物は食べ物であり、体の栄養源であるため、私たちの健康に関するSDGs目標にも直結する（目標３）。農業生産における女性の役割や、食料消費の家庭内分配問題は、ジェンダー平等（目標５）の課題と捉えられる。さらに、農山漁村では、太陽光、風力、地熱、バイオマス、小水力といった未利用の資源が豊富に存在し、これらを活用した再生可能エネルギーの発電にも取り組んでいる（目標７）。この他にも、農業は様々な側面から持続可能な開発とかかわっている。

　私たちは、一人の食料消費者として、農業の多面的な機能を理解し、購買行動を通じて意思表示をすることができる。まずは実態を知り、生産者の状況を想像し、よく考え、自らの行うことができる範囲で、消費者としてかかわることが、調和のとれた食・農業の実現につながると期待される。

【設　　問】
◇私たちの食がどのように途上国の貧困削減と関係するのか、具体的な食品を例に挙げて考えてみよう。
◇自分がよく買う食品の中から、生態系保全のためのエコラベルがついた商品を探して、具体的にはどのような取り組みが行われているのか調べてみよう。

〔参考文献〕
国際連合食糧農業機関（2011）「世界の食料ロスと食料廃棄」〈http://www.fao.org/ 3 /i2697o/i2697o.pdf〉
調査情報部国際調査グループ（2020）「海外情報 持続可能性（サステナビリティ）を最優先課題とする EU 農畜産業の展望：2019年 EU 農業アウトルック会議から」『畜産の情報』365号（農畜産業振興機構調査情報部）、87-100頁
農林水産省（2020）「特集＃残さずいただきます」aff2020年10月号〈https://www.maff.go.jp/j/pr/aff/2010/spe 1 _01.html〉
福井清一・三輪加奈・高篠仁奈（2019）『開発経済を学ぶ』創成社
Castañeda, Andrés et al.（2016）Who are the Poor in the Developing World?, The World Bank.〈https://doi.org/10.1596/1813-9450-7844〉

第6章

気候変動問題とサステイナビリティ

小杉　隆信

6.1　気候変動の状況と対策

(1)　気候変動から「気候危機」へ

　地球の平均気温が上昇する地球温暖化は1980年代から問題視されるように
なってきたが、その頃は、「気温上昇の傾向は一時的なものに過ぎない」、「仮
に温暖化が生じているとしても、その原因は人為的なものではない」、などの
懐疑的な議論が根強く存在していた。しかし、これまでの科学者たちの研究の
積み重ねによって、20世紀後半以降に地球温暖化が確かに生じており、二酸化
炭素（CO_2）やメタンなどの温室効果ガスと呼ばれる気体が人為的な活動によっ
て大気へ放出・蓄積されてきたのがその主な原因であることが解明されてきた。
　平均気温が数十年にわたって上昇を続けることは、気候の変動をもたらす。
すなわち、世界各地で気温・降水などの傾向が過去と比べて変化することに
よって、水の利用可能量、食料生産、生態系などの多方面に影響が生じる。特
に近年、地球温暖化が原因と思われる深刻な被害が多発し、「気候危機」とい
う表現も使われるようになってきた。政治家・実業家等が参加する世界経済
フォーラムが毎年初めに報告している「グローバルリスク」において今後人類
が直面するリスクとして「異常気象」や「気候変動対策の失敗」が上位に挙げ
られたり、世界各地で若者たちによって気候変動対策の強化を求めて学校スト
ライキなどのデモンストレーションが行われたりするなど、気候変動に対する
危機感が社会全体で高まってきている。

(2)　気候変動がもたらす影響

　気候変動問題の専門家等から構成される国際的組織として1988年に設立された気候変動に関する政府間パネル（Intergovernmental Panel on Climate Change: IPCC）は、気候変動の状況、その原因と対策に関する最新の知見を数年に一度ずつまとめて公表している。2021年8月に公表された自然科学的な知見をまとめた報告書（IPCC 2021）によれば、最近50年間の地球温暖化は少なくとも過去2000年間に前例のない速度で進行しており、2011〜2020年の世界平均気温は1850〜1900年の平均（「産業革命前」の水準として用いられる）と比べて約1.1℃上昇した。また、ある時点での産業革命前からの世界平均気温の上昇幅は、それまでの人間活動による世界全体のCO_2の累積排出量と比例的な関係にあり、このままでは2040年頃に気温上昇幅が1.5℃を超え、今後の排出量次第では今世紀末までに上昇幅が4℃に達する可能性がある。

　地球温暖化が進むにつれて世界各地で気候変動の深刻化、すなわち異常高温などの極端な気象現象の頻度や強度が増大することが懸念されている。その影響は広範囲に及ぶが、その中には、多数の生物種の絶滅、南極やグリーンランドの氷床の崩壊のように、いったん生じてしまうと取り返しがつかないような大規模な環境改変に繋がるものもある。このような状況に至るような条件は「臨界点（ティッピング・ポイント）」と呼ばれ、まだ科学的に解明されていない点もあるが、例えば図表6-1に示すように、産業革命前からの気温上昇幅が1〜3℃を超えるような状態が長く続くと極地や山岳地帯での氷（氷床、氷河、海氷）の減少が進行し、それがますます地球温暖化に拍車をかけて、様々な悪影響が連鎖的に拡大する可能性が指摘されている。

(3)　技術的対応策

　将来の気候変動による悪影響を減らすためには、気候変動の進行を緩和する方策である「緩和策」と、進行したとしても被害が少なくて済むように私たちが適応するような方策である「適応策」の両者が必要である。こうした方策を実施するための主な技術を整理すると、図表6-2のようになる。

　緩和策は、気候変動の主要因である人為起源の温室効果ガス排出量を削減す

図表6-1 「臨界点」超過が引き起こす可能性のある影響の連鎖

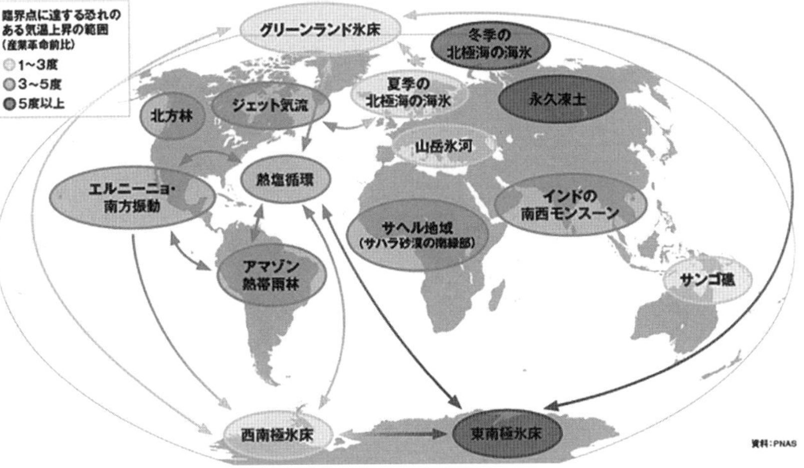

凡例:
臨界点に達する恐れのある気温上昇の範囲（産業革命前比）
● 1～3度
● 3～5度
● 5度以上

グリーンランド氷床
冬季の北極海の海氷
夏季の北極海の海氷
永久凍土
北方林
ジェット気流
山岳氷河
エルニーニョ・南方振動
熱塩循環
インドの南西モンスーン
サヘル地域（サハラ砂漠の南縁部）
アマゾン熱帯雨林
サンゴ礁
西南極氷床
東南極氷床

資料：PNAS

出典：Newsweek（ニューズウィーク日本版）2018年9月18日号、24頁

図表6-2 気候変動問題への技術的対応策

分　類	具　体　例
温室効果ガスの排出抑制（緩和策）	省エネルギー、化石燃料から再生可能エネルギーへの転換、火力発電所での CO_2 回収・貯留、植林や森林の保全管理、廃棄物埋立地での発生メタンガス回収
気候変動がもたらす悪影響の軽減（適応策）	貯水池建設等の渇水対策、防波堤建設等の洪水・高波対策、気象災害の予報・伝達・避難システム、高温耐性農作物の開発、高温化がもたらす疾病の予防・治療
人工的な気候改変（気候工学）	大気からの CO_2 の回収・貯留、海洋への鉄粒子散布等による大気中の CO_2 の吸収、成層圏への硫酸微粒子散布等による太陽入射光の抑制

出典：筆者作成

るものである。排出量の多くは、エネルギー源である化石燃料の燃焼に伴って発生する CO_2 であり、それを減らすためには省エネルギーを図るほか、化石燃料の代わりに再生可能エネルギー、すなわち太陽光、風力、バイオマス燃料（主に植物由来の燃料であり、燃焼時に発生する CO_2 は植物の成長の際に大気から吸収

した分なので差し引きでは排出ゼロ）などを使用する、どうしても化石燃料を用いる場合にはCO_2を大気中に排出しないように回収して地中などに貯留する、などの対策が有効である。CO_2を吸収する働きがある森林を人為的に伐採して減らしてしまうことも差し引きでCO_2排出量増加につながるので、それを避けるために森林を保全・管理することも重要である。また、CO_2以外のメタンなどの温室効果ガスの排出を抑えるための技術も存在する。

　他方、緩和策を駆使したとしても当面の温暖化傾向を止めることは困難と考えられるので、気候変動に私たちが適応することも重要である。そのような適応策としては、気候変動によって局地的に増加しうる干ばつ、豪雨などの気象災害への備えのほか、人間の健康や農作物の生育に対する高温化の影響を軽減するための技術などが挙げられる。

　なお、上記以外の方策として、大気中に蓄積されたCO_2を人工的に除去したり太陽からの入射光の一部を遮断したりすることによって望ましい気候に改変しようとする気候工学と呼ばれる技術も提案されている（杉山 2021）。当面は本格的に用いられる可能性が低いものと思われるが、従来の緩和策や適応策だけでは対応できないほど気候変動が深刻化してしまう場合に備えて研究開発が進められている。

6.2　気候変動問題とサステイナビリティとの関わり

(1)　持続可能な開発目標（SDGs）との結び付き

　気候変動問題は、2015年9月の国連サミットで採択されたSDGsの17の目標のうち13番目として明示的に取り上げられており、サステイナビリティの観点から重要な課題として捉えられている。目にすることの多いSDGsのロゴマーク内には「気候変動に具体的な対策を」とあるが、国連による元の文書では「気候変動及びその影響を軽減するための緊急対策を講じる」とされ、気候変動の緩和策と適応策に緊急に取り組むことが重視されている。この目標の下には5つのターゲットがあるが、気候変動に関連する自然災害に対する強靭性（レジリエンス）と適応能力を強化することが第1に挙げられている。これは、気候

変動による自然災害の大規模化・高頻度化の懸念がもはや現実のものとなり、持続可能な開発が脅かされている危機感を反映したものと言える。ターゲットにはまた、開発途上国における気候変動対策の推進を支援する趣旨も盛り込まれている。これは、開発途上国は緩和策や適応策を実施するための制度・資金等の社会基盤が弱いことや、現在までに生じている気候変動に対しては、これまでに多くの温室効果ガスを排出してきた先進国の責任が重いこと（いわゆる「共通だが差異ある責任」）によるものである。

　気候変動への対策は、SDGsの他の目標にも様々な影響をもたらす。それらについては地球環境戦略研究機関（2019）に詳しく説明されているが、大まかに言えば悪い影響よりも良い影響をもたらす場合が多い。例えば緩和策の一環として化石燃料の使用を減らせばエネルギーをクリーンにすることにつながり、森林の保全管理は陸の豊かさを守ることに直結する。適応策の実施も人々の健康や住み続けられる街づくりなどに貢献する。ただし、バイオマス燃料用の植物を栽培するために既存の農地を転用したり森林を伐採したりすることがあれば、飢餓をゼロにする、陸の豊かさを守るなどの目標に逆行するので注意が必要である。

(2)　世代間／世代内の衡平性との関連

　SDGsの採択から約3カ月後の2015年12月に気候変動問題への対応のための国際的な枠組みとしてパリ協定が採択されたが、その前文には気候正義という言葉が盛り込まれた。これは、気候変動によって、今を生きる様々な人々の間（例えば富裕層と貧困層）の衡平（公平）性のみならず、現世代と将来（子孫）世代の人々との間における衡平性を失うことのないようにという趣旨として解釈できる。この趣旨は、国連のもとに設置された環境と開発に関する世界委員会が1987年に発表した報告書『我ら共有の未来』による、「将来の世代の欲求を満たしつつ、現在の世代の欲求も満足させるような開発」という持続可能な開発の定義の原点に対応するものと言えよう。気候変動による悪影響は、現世代の中では特に適応能力が乏しい貧困層や、海面上昇の被害を受けやすい小島嶼国の住民などに対して大きく、また、対策を十分に採らなければ、将来世代が

より深刻化した気候変動の影響を受けることになる。これらの点に鑑みても、気候変動への対策を進めることは持続可能な開発の実現のために不可欠である。

　ただし、いま対策を進めることによって逆に現世代内での衡平性を損なうことも避けなければならない。対策実施に要する資金力に欠ける人々や、化石燃料に関わる産業従事者のように実施に伴って雇用が失われる人々に対する支援を行うことなどにより、気候変動の深刻化が回避されるような社会への公正な移行を図ることが望まれる。

6.3　気候変動に対する政策

(1)　科学的知見と国際交渉の進展

　気候変動への国際的な対応は、科学的な知見の蓄積とともに進められてきた。1990年に IPCC が第1次評価報告書を発表した2年後の1992年に、気候変動対策に関する初めての国際的な取り決めである気候変動枠組条約が採択されたが、この時点では人為起源の温室効果ガスの排出が気候変動を生じさせるおそれがあることは示されたものの、その因果関係などに未解明な点が多く、この条約は予防的措置として先進国に対して温室効果ガス排出削減の努力を求めたものに過ぎなかった。しかし国連のすべての加盟国が参加した気候変動対策のための国際的枠組が成立したことには大きな意義があり、この条約の発効翌年の1995年から毎年締約国会議が開催されて（ただし2020年は新型コロナウイルス感染拡大のため翌年に延期）、対応の進め方について協議されている。

　1995年に発表された IPCC 第2次評価報告書では、人間活動の影響によって気候変動が進行している根拠が強まり、進行を回避するための温室効果ガス排出削減の必要性が指摘された。これを受けて、1997年に京都市で開催された第3回締約国会議（COP3）では、先進国全体で2008年から2012年の間（第一約束期間）の年間温室効果ガス排出量（6種類計：CO_2換算値）を1990年の排出実績量よりも約5％減らすことを定め、先進各国に対して法的拘束力のある排出削減義務を課した京都議定書が採択された。

ところが米国は、会議に参加した代表団は京都議定書に賛成したが、その後の連邦議会での反対により、批准には至らなかった。カナダはいったん批准したが、その後の国内事情によって離脱した。そのうえ、開発途上国には排出削減の義務がなく、実質的に排出削減が課された主要国は欧州の先進国と日本に限られることになった。このように、京都議定書は国際的な気候変動対策を進める上での一定の道筋をつけたものの、対策の進め方に対する各国の立場の違いを浮き彫りにすることにもつながった。IPCCはその後も約6年ごとに評価報告書を発表したが国際的な交渉はしばらく停滞し、京都議定書の第一約束期間が終了する2012年に至って、以後の第二約束期間の削減義務からは日本も外れるなど、世界全体での気候変動対策としての実効性が失われてきた。

　交渉が大きく動いたのはSDGsが採択された2015年であり、その年にフランスのパリで開催された第21回締約国会議（COP21）において、先進国・途上国を問わずすべての国が排出削減を行うための取り決めであるパリ協定が採択された。各先進国の排出削減義務の水準を国際交渉で定めた京都議定書とは異なり、パリ協定では、排出削減目標を各国が自主的に決定した約束として提出し、その達成状況について国際的な検証を受けることになった。これにより、京都議定書に不参加の米国や、参加はしていたが途上国として削減義務を課されなかった中国という、世界の二大排出国が国際的な緩和策実施の取組に積極的に加わることとなった。

　パリ協定ではまた、2013年発表のIPCC第5次評価報告書が示した将来の世界気温上昇がもたらす被害の予測や、気候変動によって致命的な被害を受けることが避けがたい小島嶼国などの要望を踏まえて、産業革命前からの世界平均気温の上昇を2℃より十分低く抑え、できるだけ1.5℃までにとどめるように努めるという世界共通の長期目標が設定された。さらに、この目標を達成するために、今世紀後半には温室効果ガスの人為的な排出量を大気からの吸収・除去量との差し引きで実質ゼロ、いわゆる「カーボンニュートラル」を目指すとした。この目標設定は、CO_2の排出量を低減しようとする従来の「低炭素化」から、CO_2排出量が実質ゼロとなる社会構造にしようという「脱炭素化」へと、考え方が根本的に変化したことを意味する。

　IPCC の最近の報告書によれば、産業革命前からの世界平均気温の上昇を
1.5℃に抑えるためには世界全体でカーボンニュートラルを2050年頃までに、
2℃に抑えるためでも2070年頃までに達成し、その後は人為的に差し引きで
CO_2を大気から減らす「ネガティブエミッション」さえ必要になりうることが
示された（地球環境戦略研究機関 2019）。これを踏まえて、日本を含む主要先進
国は2050年までに、世界最大の温室効果ガス排出国である中国も2060年までに
カーボンニュートラルを達成することを表明するに至っている。

(2)　対策の実施状況

　国際的な気候変動対策の動きを受けて、国・地域レベル、自治体レベルでの
政策的対応のほか、企業など民間による自主的な取組が進められている。気候
変動への緩和策、すなわち温室効果ガスの排出削減を促すための政策手段は、
図表6-3のように、主に規制的手段、経済的手段、情報的手段、自主的取組
手段に類型化される。

　規制的手段は気候変動以外のエネルギー・環境問題への対応としても伝統的
によく用いられている手段である。例えば、様々な機器のエネルギー消費効率
に対して基準を定める政策が日本をはじめとする多くの国で採られてきてい
る。最近では技術の利用について厳しい規制が行われる例がみられ、欧州を中
心として、国によって時期は異なるものの2030〜2040年頃をめどにガソリンや

図表6-3　温室効果ガスの排出削減（緩和策）のための主な制度

手　段	具　体　例
規制的手段	機器のエネルギー消費効率基準、エンジン車販売規制、住宅太陽光発電パネル設置義務、排出総量削減義務
経済的手段	炭素税（地球温暖化対策税）、排出量取引、再生可能エネルギーの固定価格買取、非化石価値取引、エコカー補助金／減税
情報的手段	温室効果ガス排出量算定・報告・公表、エネルギー消費性能表示
自主的取組手段	産業界の自主行動計画、科学的根拠に基づく目標設定、100%再生可能エネルギー化宣言、気候関連財務情報開示

出典：筆者作成

ディーゼルエンジンの新車販売を禁止すると定めた国が増加している。さらに、米国カリフォルニア州では2020年から新築住宅への太陽光発電パネルの設置義務化を行っている。これらの結果として化石燃料の消費量が抑えられ、それがCO_2排出量の削減に貢献することになる。なお、公害対策として個々の企業などの経済主体ごとに汚染物質の排出量を規制することが行われているが、これをCO_2の排出に適用する場合には以下に示す排出量取引という形態が一般的に採用され、規制的手段ではなく経済的手段に分類される。

　経済的手段は、CO_2の排出量に応じて費用負担が生じる（あるいは排出量を多く削減すると利益が得られる）ような制度を導入することによって、規制的手段と比べて各経済主体が活動の自由度を保ちながら、市場原理によって経済全体のCO_2排出量の減少を導くものである。具体的な制度としては、税と排出量取引が挙げられる。前者は、化石燃料消費に対するCO_2の排出量に応じた課税、いわゆる炭素税であり、1990年にフィンランドで導入されて以来、欧州の多くの国で採用されている。日本では地球温暖化対策のための税という呼称で2012年から導入されている。なお、これとは別に化石燃料に対して各種のエネルギー税が課されており、これも結果的にCO_2排出量の削減に寄与している。排出量取引は、個々の経済主体に対してCO_2排出の許可量を割り当て、その遵守のために主体間の許可量の取引を認めるものである。その取引を市場で行うことにより、CO_2の排出量に対して価格が付けられる。2005年から欧州連合で実施されて以来、採用する国・地域が増加しつつある。日本では2010年から東京都が独自にこの制度を開始している。なお、義務・罰則を伴わない取引は、オフセット・クレジット制度として日本全国を対象として導入されている。最近は、炭素税と排出量取引をまとめてカーボンプライシングと呼ぶことも多い。これらのほか、CO_2排出量削減に資する技術の開発や導入に公的助成を行うことも経済的手段に含まれる。

　情報的手段は、事業者に対してCO_2排出量を算定して報告・公表するように義務付けたり、各種製品・住宅を販売する際にエネルギー消費性能を表示させたりする制度で、これらの「見える化」によって消費者や投資家にCO_2排出量を意識した取り引きを行うための情報を与えるものである。

　自主的取組手段は、法令等によらず民間が独自に実施するものであり、上記の規制的、経済的、情報的手段に類する多様な制度がある。初期の例としては、1997年に当時の経済団体連合会（現：日本経済団体連合会）が発表した環境自主行動計画が挙げられる。これは、日本全体のCO_2排出量の多くを占めるエネルギー転換部門・産業部門などから36の業種（当時）が参加し、自主的にCO_2排出削減や省エネルギーの目標を設定した取組である。その後、参加業種を拡大して引き続き排出削減に努めている。最近では、パリ協定の気温上昇抑制目標を踏まえて温室効果ガス排出量に関して科学と整合した目標の設定等を行おうとするSBT（Science Based Targets）イニシアチブ、事業活動に利用するエネルギーを100％再生可能エネルギーで賄うことを目標とするRE100イニシアチブが相次いで設立され、賛同する企業が世界的に増加している。また、特にCO_2排出量の多い石炭火力発電の新設のための投融資を行わないことなどを決めた金融機関も増えている。これらの自主的取組手段は民間が文字通り自主的に実施するのが基本だが、国によっては取組内容を政府と協議の上で決定し、取組に参加してCO_2排出量を十分に削減した企業は税を軽減されるというように政策との関連付けを行う例がみられる。

　上に示したような緩和策に加えて、行政が各国・地域の状況に応じて適応策を導入して自然災害から住民の生命・財産を守ることはもちろん、民間企業においても気候変動が事業活動に及ぼす悪影響を回避するために適応策の実施が進められている。

　気候変動対応のための各種の制度には、効果の確実性、経済効率性、即効性、公平性、その他の副次的影響などの様々な観点から長所・短所がそれぞれ存在し、複数の制度をうまく組み合わせることで短所を補い合うことが期待される。

6.4　現状のまとめと課題提示

　近年では低炭素化をさらに強化した脱炭素化が目指されているが、その実現への道のりは険しい。従来は主に省エネルギーの推進によって化石燃料の消費

量を節約することで低炭素化が図られてきた一方、化石燃料に依存する経済構造は長年にわたって維持されてきた。すなわち、化石燃料をエネルギー源とする火力発電、石炭を原料とするコークスを用いた製鉄、石油を原料とする化学工業、ガソリンスタンドとエンジン自動車、都市ガスパイプラインとガス機器など、化石燃料の利用を前提とした産業、設備・機器の稼働によって経済全体が支えられているのである。今後もさらなる省エネルギーの推進は重要であるが、上記の基本的な構造がある限り、それだけでは脱炭素化の達成は難しい。化石燃料の利用を続けながら脱炭素化を図ることは、燃料の利用により発生するCO_2を回収して地中等に貯留するか、別の物質に転換して再利用（カーボンリサイクル）することでも一定程度は可能であるが、実施のために追加的な費用が必要となるなど課題も多い。究極的には、主に再生可能エネルギーを利用して作られる電気や水素エネルギー（水素だけでなく、水素化合物であるアンモニアなども含むことがある）を活用し、CO_2の発生を伴わないような経済社会の再設計（リデザイン）が必要となる（戸田ほか 2021）。

　2020年からのコロナ禍による経済活動の停滞からの復活を意図して先進国を中心に実施されているいわゆるグリーンリカバリー政策は、脱炭素化に向けた設備投資等を拡大するものであり、上記の趣旨に沿うものであるが、一過性の動きにとどまってはならない。そのためには、消費者、有権者、労働者などの様々な立場で社会に影響を及ぼす私たち市民も脱炭素社会への移行の必要性を理解し、意識と行動の変容を進めることが求められる。

　緩和策の実施が進み、今世紀後半の早い段階で脱炭素化が達成されれば、将来の深刻な気候変動による被害を抑え、「臨界点」の超過を回避しうる。ただし、今後の世界の政治経済の動向は予想がつかず、緩和策の実施が長期的に継続される保証はない。また、仮に緩和策は順調に進展したとしても、現在の私たちの科学的知見による想定を超えて気候変動が激化してしまう可能性も排除できない。そのような場合に備えて、緩和策のみならず各種の適応策の総動員に向けて開発・実施を並行して進めるほか、気候工学についても、当面は導入しないにせよ、予防的な観点から検討を行う意義がある。気候工学の中でも大気中からのCO_2除去は技術や制度の面で緩和策の一部と共通点があり、高コ

ストという最大の課題の解決に向けた研究開発が望まれる。一方、太陽入射光を抑制するような気候工学は、科学的、倫理的、政治的な面から様々な懸念が存在しており、実施が迫られるような事態が将来訪れる可能性に備えて、その役割について今のうちに議論を深めておく必要があるだろう。

【設　　問】
◇ある国・地域において、気候変動の緩和策と適応策をどのように組み合わせて実施するのがよいか、考えてみよう。
◇SDGs目標13「気候変動に具体的な対策を」の達成に向けた行動が、その他のSDGs目標達成に及ぼしている具体的な影響について調べてみよう。

〔参考文献〕
杉山昌広（2021）『気候を操作する：温暖化対策の危険な「最終手段」』KADOKAWA
地球環境戦略研究機関（2019）『「IPCC1.5℃特別報告書」ハンドブック：背景と今後の展望（改訂版）』〈https://www.iges.or.jp/en/pub/ipcc-gw15-handbook/ja〉
戸田直樹・矢田部隆志・塩沢文朗（2021）『カーボンニュートラル実行戦略：電化と水素、アンモニア』エネルギーフォーラム
Intergovernmental Panel on Climate Change（IPCC）（2021）*Climate Change 2021: The Physical Science Basis.* 〈https://www.ipcc.ch/report/ar6/wg1/〉

第**7**章 ∷∷∷

北東アジアのエネルギー戦略とサステイナビリティ

宮脇　昇

7.1　北東アジアと化石燃料

　世界のエネルギー貿易に占める北東アジアの域内エネルギー貿易は、1％未満といわれる（進藤ほか編 2017：220）。日本、韓国、中国ともに中東依存率（後述）が高いためである。しかし域内のロシア（シベリア）、モンゴルには豊富な石油、天然ガス、石炭がある。エネルギーの生消関係が改善すれば輸送減少やそれに伴う炭素排出量の削減も期待される。接続性の向上は低炭素化にプラスとなる。

　日本では石炭火力が批判にさらされて以降、旧式の発電所の廃止とともに、高効率化の発電所への置き換えが指向されていた。いわば次善の策である。むろん化石燃料依存は長期的に減らさねばならず、再生可能エネルギーの開発・利用が北東アジア地域でも進んでいる。本章では、この2つの相対する流れを中心に北東アジアの東端に位置する日本と、西北に位置するモンゴルという対照的な事例をもとに、エネルギー協力のありかたを考える。

　日本は、2019年には32％であった石炭火力への依存率を2030年には19％に減らすことを目標としている。岸田首相は、COP26（2021年11月、グラスゴー）において、アジア・エネルギー・トランジション・イニシアティブ（AETI）を表明した。しかし日本には、2019年度に続き再び不名誉にも化石賞をノルウェー、オーストラリアと共に贈られた。水素・アンモニア燃料を用いた石炭火力発電への支援も批判された。そして、石炭火力全廃やガソリン車全廃の共同声明に参加しないことが日本批判に輪をかけている。このまま逆風が続け

ば、国際捕鯨委員会（IWC）から日本が2018年に脱退したように、気候変動防止の国際レジームから日本は退場してしまうのだろうかと心配させるほどである。

　もともと北東アジアは、日本、中国を初め化石燃料の生産と消費が多い地域であり、石炭依存度が未だ高い。それはとりもなおさず、この地域に豊富で良質な石炭が埋蔵されていた歴史に由来する。かつて日本も中国も有数の石炭産出あるいは輸出国であり、モンゴルと北朝鮮は現在でも石炭を輸出する（ただし国連安保理の経済制裁により北朝鮮との石炭貿易は現在禁止されている）。

7.2　日本の採炭・採油史と石炭・石油火力発電依存構造の形成

⑴　日本の採炭の歴史と石炭火力発電

　日本は石炭に恵まれた国であった。1959年の石炭生産量では世界 8 位にランキングされていた。炭都と呼ばれた大牟田をはじめとする九州や、夕張に代表される北海道は、かつて「黒いダイヤ」と呼ばれた石炭産業により経済発展を遂げた。実際に北海道と九州だけで日本の石炭埋蔵量の88.8％も占めていた（『日本統計年鑑』1959年版）。戦後13年が経過した1958年においても日本の動力消費は、石炭40.7％、電力30.7％、石油22.8％、薪3.5％、木炭1.8％、天然ガス0.5％であり、石炭が日本を文字通り動かしていた（『日本国勢図会』1960年版）。発電施設としても水力にならんで石炭火力発電が戦前から行われ、本土の電力網から離れた佐渡や四国では石炭は貴重な電力源であった。元来、石炭は熱量当たり単価が安く（現在の発電コストは9.5円/kWhと安価である）、また中東依存度が 0 ％である（中東依存度については7.5で後述）。

　しかし良質の石炭の減少とオーストラリアなど海外からの安い輸入炭におされ、国内では現在北海道の釧路炭田が残るのみである。旧炭鉱都市は大牟田のようにまちづくりに採炭史を活かすなど石炭への歴史的回顧がみられる。

　先述のように日本の石炭火力発電所が批判されている。しかし世界の排出量上位の「 5 ％の火力発電所」を閉鎖すれば、発電由来の CO_2 排出量の 7 割超を削減できるという研究もあり（Grant, Don *et al.* (2021) *Environ.* 16）、石炭火力自体の問題というよりは、石炭火力の技術革新の遅れのほうがむしろ問題とさ

れるべきであった。例えば、蒸気タービンの圧力や温度が超々臨界圧（USC）に達する高効率の発電施設をもつ竹原火力1号機（J-POWER）は、発電端効率が50％に近づき世界最高レベルといわれる（J-POWER「世界最高水準の発電効率」〈https://www.jpower.co.jp/bs/karyoku/sekitan/sekitan_q03.html〉）。また脱石炭の流れにしたがい、石炭燃焼時にバイオマス燃料を10％混合させることで石炭使用量の削減を図る方法や、石炭火力のタービンをアンモニア発電におきかえる戦略も検討されている。こうして技術優位にたつ発電施設輸出を通して世界の市場競争に向かい合う（2021年2月に経済産業省の有識者会議は、脱炭素社会実現に向け、燃焼してもCO_2を出さない水素やアンモニアの供給強化について議論した。化石燃料をベースにCO_2回収と組み合わせてCO_2排出量をなくす水素やアンモニアの原料としての利用も念頭に、天然ガスなどの資源国との関係を強化していく必要があるとした。さらに資源国との関係強化に加え、地政学リスクがない日本国内の資源を活用した水素やアンモニアの生産も検討された）。しかしこれらの技術革新は、21世紀の脱石炭の世界的潮流が明確になって初めて急速に進んだものである。なぜならば、石炭価格は天然ガスより安く、石油よりも安定供給を得たことに加え、旧式の技術に基づく石炭火力の設備が使えたためでもあった。石油、原子力、太陽光、など新しいエネルギー源に最新の技術と多くの予算を投入して設備を設計し稼働させるのは当然のことであり、石炭は水力発電とならび一番古い発電システムであったため発電施設に技術革新の風が届かなかったといえよう。脱石炭の世界的潮流が逆流せぬ現在、石炭の技術革新の努力も遅きに失した。

第二次安倍内閣では石炭火力をめぐる政治は、経産省主導から環境省の意向が徐々に反映される過程に変容した。焦点化されたベトナム中部の「ブンアン2石炭火力発電所」案件（JBIC融資案件）を契機に、石炭火力の輸出4要件（インフラシステム輸出4要件）が2018年に制定されたのは、その典型である。

①石炭をエネルギー源として選択せざるを得ないような国に限る（価格競争力）

②日本の高効率石炭火力発電への要請

③相手国のエネルギー政策や気候変動対策と整合的」

④原則として、日本が誇るUSC以上

　しかし、安倍内閣末期の2020年7月、経産省は新方針を提示した。CO_2を多く排出する非効率な石炭火力発電所の9割を休廃止し、環境重視のエネルギー政策に転換するというものであった。具体的には2030年度までに非効率な石炭火力100基程度を休廃止させ、石炭火力の輸出を公的支援する際の条件も厳格化する。休廃止の対象は、主に1990年代前半に建設されCO_2排出量が多い石炭火力発電所で、2018年度時点で114基もあった。そのように大胆に廃止しても石炭を基幹電源としては維持するのは、石炭火力の技術的温存・輸出産業保護の目的が失われていないためである（『福井新聞』2018年11月12日）。

　脱炭素化は早速、難題に直面している。2021年初めには天然ガスの高騰に伴い電力需給が逼迫することとなった。また社会的費用として産業界全体の人件費圧縮要因になる懸念が指摘されている。

(2)　日本の採油の歴史と石油備蓄

　日本では、特に日本海側に含油地帯が多く稚内から上越までの地域では小規模な産油が行われていた。現在でも秋田や新潟で石油・ガスの採掘が続いている。石炭や石油の採掘自体は、比較的小資本でもできる産業であり、明治期の秋田では油井が乱立した（写真7-1）。太平洋岸で唯一の油田といわれた静岡県・相良油田でも、地元の有志により当初は小規模な採掘と人力による港までの運搬により採油と輸送がなされていた。

　石油が電力源となり始めたのは、おおむね1950年代になってからである。例

写真7-1　油井が林立する秋田の八橋油田（1952年）

出典：『アサヒグラフ』1952年9月10日号

えば沖縄の離島では、風力とともに小型の石油火力発電が島の生活と経済を支えている。沖縄自体が、石油・石炭・LNG に大きく依存するかわりに原子力のない電力網を続けており、コンパクトな経済圏を火力発電が支えてきた。

この時代から中東の石油生産量が増大してきた。1950年代の石油生産はアメリカ、ベネズエラ、ソ連の3カ国で3分の2近くに達していたが、1970年代には中東諸国だけで半分以上を占めるようになった。世界の石油消費は増大し続け、それを中東原油の増産・開発が賄った。石油危機（後述）以降は、国際エネルギー機関(IEA)の合意にしたがい、日本も政府主導で石油備蓄を進めた（ただし、民間で石油備蓄が1960年代後半に喜入（鹿児島県）で先行的に始まっていた）。石油危機により苫小牧から沖縄に到るまで全国各地に石油備蓄基地が設けられ、石油輸入が止まっても数カ月の経済を維持できるようになった。

アフリカでは「資源の罠」と呼ばれるように、少数民族比率が一定の場合に鉱物資源開発の富の分配をめぐって民族紛争・内戦の種となりやすい。ただし化石燃料の場合は、必ずしもそうではない。産油と精油が経済の成長や安定に貢献するのは、アメリカ（テキサス）やイギリス（北海油田）の例を見れば明白である。

7.3 モンゴルの石炭

北東アジアの西北に位置する内陸国モンゴルは、資源に恵まれた国である。石油やガスこそロシアから輸入するが、多くの石炭、銅、ウランを埋蔵し、21世紀に入ってからは外資の進出に伴い資源バブルが生じるほど、資源は経済成長の原動力となった。同国は石炭を中国向けに大規模に輸出し、同国の輸出品の1位ないし2位を占めてきた。

ソ連の支援で建設され、民主化後に日本の ODA で修繕された4基の石炭火力発電所が、人口約150万人の首都ウランバートルの電力のほとんどを供給してきた。同市近郊では風力発電等も導入されたがまだわずかである。同国内で石炭は、低コストのため積極的に利用されてきた。

冬はマイナス20度を超える極寒となる同国では、石炭は都市の集合住宅の温

写真 7 - 2　ウランバートルの石炭火力発電所

出典：筆者撮影

水暖房にも使われている（欧州大陸部でも温水暖房が使われるが、現在はロシアからパイプラインで送られてきた天然ガスを利用した温水を多く用いている）。移動式住居のゲルの暖房にも石炭が使われる。石炭がないとゲルの中でも凍えて眠ることさえできない。しかしゲルから排出される煙は、盆地であるウランバートルの冬の大気を著しく汚染してきたため、ウランバートル市は2019年より生炭利用ではなく練炭の定価購入を義務付け、功を奏している。

　一般にエネルギー貧困層は環境よりも経済的観点から安い石炭を求める。モンゴルでは、現在でも「ニンジャ・マイニング」（忍者のような隠密＝日本語、マイニング＝採鉱の合成語）と呼ばれる違法採炭施設が点在している。

7.4　ロシアの天然ガス

　サハリンが「東洋のアルザス・ロレーヌ」と期待されたのは百年前である。ロシア革命後北樺太を占領した日本陸軍による資源調査で樺太北部に含油地帯があることを発見したことを契機とする。実際にはソ連成立後に日本軍は樺太北部から撤兵したため日本による資源開発は、ソ連崩壊後まで待たねばならなかった。ソ連時代に採掘が開始されたサハリン油田は、ソ連崩壊後、アメリカや日本企業の協力によりサハリン南部のコルサコフ（旧大泊）近くの LNG 基地までパイプラインで運ばれ、専用の港から日本などに輸出されるようになった。

　天然ガスは、化石燃料の中では最もコストが高く、かつ CO_2 排出が少ない（排出係数は0.40kg － CO_2/kWh）。天然ガスの運搬は、陸上と海底のパイプラインと、LNG として液化し専用タンカーによる海上輸送に大別される。1970年

代にソ連は西欧諸国へのパイプライン延伸を実現し、1980年代の厳しい冷戦のもとでもガスはソ連にとって貴重な外貨収入源となっていた。現在ロシアから中国にはパイプライン「シベリアの力」が延伸され、ロシア経済を潤し中国の産業に貢献している。一方でパイプラインが延びない地域にはLNG基地が増えた。液化と運搬にコストを要するにもかかわらず、グローバリゼーションによる世界経済の拡大、とりわけ新興国のエネルギー需要の増大により、LNG輸入国は2000年の10カ国から2010年代後半には30カ国にまで増加した。全世界のガス貿易に占めるLNG貿易率は、2010年代は39％であったが2040年には59％に上昇すると予想される。中国が2016年から「石炭の代わりに天然ガス」へのシフトを明確にしたことが世界の天然ガス需要と価格高騰を進めた。もともとLNGの価格は石油連動、長期契約が一般であったが、シェール・ガスを輸出できるようになったアメリカの参入により選択肢が増大し、ガスの世界市場化が進みつつある。

7.5　化石燃料の特性

　日本の石炭依存率が高い背景には、福島第一原子力発電所の原発事故（3.11）による原発一斉停止と再稼働に技術的以外に、政治的に時間を要したこともある。加えて石炭依存の原因として、石油の地政学的リスク、LNGの高価格が引き合いに出される。日本の輸入原油は、1960年代から中東依存度を高めた。その状況は、第四次中東戦争（1973年）による産油国の原油禁輸の脅しをうけ田中内閣が対中東政策をパレスチナ寄りに大転換したことに顕著に現れる。日本は、石油危機後、エネルギー安全保障の政策概念のもと、政策的にインドネシアなど石油輸入先を多角化した。それにもかかわらず、1990年代以降、インドネシアをはじめとする原油需要の増大により中東依存率が再び高まっている（2021年3月は93.7％）。しかし中東では、イラン革命以降のイランと湾岸諸国の対立がペルシャ湾を挟み40年以上にも及び、双方ともに軍備を拡大した。ホルムズ海峡が戦争で封鎖されれば、中東原油の輸送は滞り、世界経済とりわけアジア経済は大混乱する。これが中東の地政学的リスクと呼ばれるものである。

図表7-1　日露間のパイプライン構想

出典：日本パイプライン、コメルサント

これらの化石燃料はいずれも海上輸送で日本に輸入される。しかしパイプラインを建設すれば、輸送コストは安くなる。そのため、日露間でサハリンから北海道を経て関東までパイプラインをつなげる構想が浮かんでは消える。資源輸送の「接続性」が高まることにより、結果的にCO$_2$排出量は減る（稲垣・玉井・宮脇編 2020）。

　また、石油や石炭は比較的貯蔵が容易であり、日本の場合石炭は国内在庫が約30日分、可搬性が高い石油は約170日分ある。それも資源小国日本のエネルギー安全保障が脱石炭と脱石油に傾斜できない1つの理由である。

7.6　現状のまとめと課題提示

　パイプラインや電力網、海底トンネルでつながる欧州大陸に比べて、北東アジアでは国境の壁や海の壁が依然として高い（深い）。むろん欧州でもパイプライン依存が高まることによるロシアに対する政治的警戒感の存在など、接続性が高いことが単純に問題なき世界となるわけではない。しかしエネルギーの市場統合が経済格差を縮小させ、結果的にCO$_2$排出量を減らすこととなる。北東アジアのインフラとしてのパイプライン、国境を越えた電力ネットワークが求められるゆえんである。

　再生可能エネルギーの利用が未だ拡大していない北東アジアにおいて、SDGsが掲げる「貧困をなくそう」（目標1）と「エネルギーをみんなにそしてクリーンに」（目標7）を両立することは困難な政策課題である。SDGsの目標7は英語では "Ensure access to affordable, reliable, sustainable and modern energy" であり、「供給可能な、信頼できる、持続可能で、かつ近代的エネル

ギーへのアクセスを確実にする」が原意である。北東アジアにおいては、供給可能で信頼できるのは、未だ化石燃料である。日本でもエネルギー貧困層は、越冬に際して高価格の電力よりも灯油ストーブを選択する。モンゴルで電力暖房が普及するには飛躍的な経済成長が必要である。従来の同国の経済成長は、石炭等の輸出を原動力としてきたため、脱石炭は持続可能な経済循環、そして政策の長期的継続を前提とするのである。

　持続可能なエネルギーは言うまでもなく、水力を含む再生可能エネルギーである。水素やアンモニアはその中間的なエネルギー源といえよう。北東アジアの地勢を考えたとき、石炭に替わる越冬燃料の開発、天然ガスの環境負荷の小さな輸送方法、石炭を利用した水素やアンモニアによる発電も次善の策として有効である。こうした取り組みを北東アジアの地域協力の枠組みで行おうとするのが、北東アジアエネルギー共同体構想である。より短期的には、石炭火力の投資回収に20年以上かかることから、アジア開発銀行（ADB）による試みが注目される。ADBは、東南アジアで石炭火力発電所の早期廃止に向けた支援に乗り出すべく、発電所全体または運営権の一部を買い取り、運営主体として直接関与する基金を2022年にも創設し、アジアの新興国の脱石炭を後押しする（「アジア開銀、石炭火力の早期廃止支援　22年にも基金創設」『日本経済新聞』2021年11月6日）。脱石炭の道はこれからも長く、かつ多岐にわたっている。

【設　　問】
◇北東アジアのエネルギーの接続性の課題を考えてみよう。
◇本章の内容に関連して、SDGs目標間の優先順位を調べてみよう。

〔参考文献〕
稲垣文昭・玉井良尚・宮脇昇編（2020）『資源地政学：グローバル・エネルギー戦争と戦略的パートナーシップ』法律文化社
塩原俊彦（2007）『パイプラインの政治経済学：ネットワーク型インフラとエネルギー外交』法政大学出版局
進藤栄一・朽木昭文・松下和夫編（2017）『東アジア連携の道をひらく』花伝社

第 8 章

地域とサステイナビリティ

平岡　和久

8.1　グローバル化と地域

(1)　地域とは何か

　人間の生活は特定の地域を基盤として成り立っている。また、地球規模での人間社会は各国、ひいては各地域の総計である。それゆえ、サステイナビリティを考える際には地球規模でのサステイナビリティとともに、地域におけるサステイナビリティを取り上げる必要がある。

　では、地域とは何か。中村（2004）および岡田（2020）をもとに整理すると以下の点が指摘できる。第一に、地域とは地域共同体を基盤とした総合的・複合的な存在である。地域は自然、経済、社会、文化の複合体であるとともに、自然、経済、社会、文化のあり様はそれぞれの地域で異なり、それらの複合の在り方によって地域の独自性や個性が現れる。

　第二に、地域は自治の単位でもある。地域は、地域共同体（コミュニティ）を基盤としながら住民が主体となってつくりあげ、経営していく場である。地域が地域共同体を基盤とした総合的・複合的な存在であると考えるならば、そのサステイナビリティにとって、地域共同体の権力であり、地域経営の主体である自治体の役割がきわめて重要となる。

　第三に、地域の範囲を見る際には、地域は階層性があり、集落・町内会―小・中学校区―市町村―広域市町村圏域―府県―地方―日本―東アジアといった、狭域から国境を超えた範囲まで様々な階層で捉えることができる。そのなかで、足下からサステイナブルな地域をつくっていくための単位として、小・中

学校区と市町村に着目する必要がある。

　第四に、地域の開放性である。世界経済においては人・モノ・カネの移動に何らかの制約があるが、国内においては人・モノ・カネの移動は自由である。そのため、地域は市場経済や企業活動などの動向により左右されやすく、地域を単位としてサステイナビリティを実現するには困難がある。地方自治の確立を基盤とし、自治体にもとで地域共同体が自己統制力を発揮し、市場経済と賢く付き合いながら、サステイナブルな地域をどうつくっていくかが問われる。

　第五に、地域には「生活の場としての地域」と「資本の活動領域としての地域」という2つの側面がある。岡田（2020）によれば、地域は本源的に人間が生活する場であり、人間と自然との物質代謝が行われる場である。それとともに、資本主義における地域空間を形成する主体は「資本」であり、資本は、自らの活動に適合的なインフラやサービスを政府や自治体に求め、それらを活用しながら地域を形成し、さらには様々な地域をまたいで活動していく。資本の活動は「生活の場としての地域」の形成や変容に大きく影響を与える。

(2)　都市と農村

　人間と自然の物質代謝の場としての地域には、社会的分業によって歴史的に形成された都市と農村という2つの定住形態がある。

　宮本（1999）によれば、都市の素材面からの特質として以下があげられる。第一に、人口と生産手段・生活手段の狭い空間への集中、集積である。現代においては、都市への人口集中が進むとともに、都市への工業の集中・集積のみならず、大都市に中枢管理機能（本社機能、研究開発機能、商社機能、金融機能、政府機能など）が集中する。第二に、社会的分業と市場の発達である。都市への人口の集中は大規模な消費市場をもたらし、社会的分業が高度に発達する。第三に交通・通信の発達である。都市における大量生産・大量消費・大量廃棄を支える基盤として大量交通が発達する。第四に、都市的生活様式である。都市の生活においては、市場における調達とともに社会資本や公共サービスが不可欠となっている。第五に、都市の自治である。都市においては、市民の自治権を基礎とした都市自治体が成立し、市民生活に不可欠な社会資本や公共サー

ビスを供給する。

　次に、農村の素材面からの特質としては以下があげられる。第一に、農林漁業を基礎とした集落形成による分散型の定住形態である。第二に、基本的生活資料の自給自足を基礎とする農村的生活様式である。ただし、現代の農村においては市場経済と都市的生活様式が浸透しており、自給自足の要素は弱くなっている。第三に、農村共同体を基礎とした自治である。農村においては集落を基礎として農地や水路などの地域資源の共同管理が行われてきたが、さらに現代では農村自治体が形成され、農村生活に不可欠な社会資本や公共サービスを供給・維持している。

　都市の特質としては、人口や経済的資源の集中・集積による規模の経済や、様々な都市産業や都市機能が複合することによる集積の利益が生じる一方、過密や公害などの集積の不利益が生じる。それに対して、農村の特質としては、自然を享受し、自然と共生した生活が営める分散の利益とととともに、規模の経済や範囲の経済を発揮しえない分散の不利益がある。

　都市と農村はそれぞれ独自性と異なる特質を有するが、それとともに、農都不二といわれるように相互依存関係にある。都市と農村はそれぞれ単独で維持することは困難であり、サステイナブルな社会の実現にとって都市と農村の共生、連携が不可欠となっている。

(3)　グローバル化と地域

　現代においては、グローバル化のなかで国家の規制が撤廃・緩和されており、地域はグローバル経済の嵐のなかにますます晒されている。

　多国籍企業主導のグローバル化は、企業内国際分業・企業内貿易の拡大とともに、国際的な垂直的生産・流通ネットワークの形成が進むなかで進展した。交通通信手段の発達や新自由主義による規制緩和のなかでボーダレス化が進み、そのなかで多国籍企業間のグローバル競争は激化し、弱肉強食の様相を呈した。グローバル化は地域の変容をもたらし、競争優位に立つ大都市圏の世界都市化（グローバル経済のコントロールセンター化）を促進した（中村 2004）。

　製造業における海外への生産シフトは逆輸入をもたらし、ものづくり機能の

後退、中小企業の経営への影響・事業所数の減少、地場産業の衰退、雇用喪失をもたらした。規制緩和のなかで、農林漁業の衰退が進むとともにサービス経済化が進行した。サービス経済化は特に大都市で進行し、医療・福祉、情報・知識産業、金融、専門的ビジネスサービス、高級消費やレジャー、文化産業などが拡大した。サービス経済化のなかで不安定雇用が拡大した（岡田 2020）。

　こうした国内経済、地域経済の構造変化は相対的貧困率の上昇や所得格差の拡大をもたらした。労働市場における非正規労働の拡大により若者の結婚、出産の低下が起こり、将来的な人口減少傾向を加速化した。グローバル化のなかでの国内のものづくり機能の衰退とサービス経済化は東京一極集中を促進するとともに地域経済の衰退と地域間経済格差の拡大をもたらした。

　そのなかで、地域のサステナイビリティを確保するための自治体政策のあり方もますます問われている。

8.2　地域共同体の自治とサステイナビリティ

(1)　地方自治と地域自治

宮本（2016）によれば、地方自治とは以下のように定義される。

　「地方自治は住民が生産と生活のための共同社会的条件を創設・維持・管理するために、社会的権力としての自治体をつくり、その共同事務に参加し、主人公として統治すること」

　ここでいう共同社会的条件は、社会的生産手段（道路、港湾、工業用水・生産用電力など）と社会的生活手段（医療・福祉・教育・共同住宅・公園・緑地など）からなる。サステイナブルな地域を構築するためには、地域の共同社会的条件のあり方がきわめて重要となる。地域の足下から共同社会的条件をサステイナビリティの観点から見直し、再構築するためには、社会的権力としての自治体の役割が果たされなければならない。グローバル化のなかで地域経済の悪化、サステイナビリティの揺らぎが生じ、地域を維持するための自治体の役割の重要性が増大するなかで、自治体の強化および地方自治の拡充が不可欠となってい

る。

　それに対して、地域自治とは基礎的自治体の狭域エリアにおける自治を指す。地域自治は、自治体内分権と地域自治組織からなる。自治体内分権とは、自治体内の狭域における分権であり、地方自治法にもとづく制度としては地域自治区があげられる。地域自治区においては当該地区の住民に身近な行政事務を行うとともに、住民の意見をまとめる地域協議会が設置される。その他、地域自治区制度によらない協議会や地域予算等の仕組みを導入するケースもある（図表8－1参照）。

　地域自治組織は一般に基礎的自治体から独立した住民が自主的に形成した組織であり、地域振興会、地域運営組織、あるいはまちづくり委員会といった様々な名称がある。地域自治組織は地縁型の住民組織であり、小学校区あるいは中学校区において形成されることが多い。また、地縁型組織の他に、自治体のエリアにおける様々なテーマ型の住民組織がある。さらに広い意味での地域自治の担い手として、農協や商工会などの地域団体、地元に本社のある地域の企業や事業者なども入ってくる。

⑵　コミュニティと自治

　地域自治は地域共同体、あるいは地域コミュニティを基盤としている。コ

図表8－1　地方自治と地域自治のイメージ図

中央政府に対する地方自治
（自治体における住民自治と団体自治）

自治体に対する地域自治
（自治体内分権と地域自治組織）

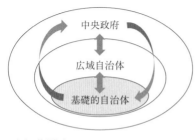

出典：筆者作成

ミュニティとは、生活している場であるとともに、生活している場の一員であるという住民の意識があり、また生活している場における住民同士の助け合い関係があり、住民が地域の課題に共同して取り組む組織、あるいは活動する場ということができる。

　コミュニティの自治とはコミュニティの活動に関する自己組織権と自己決定権を指す。それゆえ、地域自治はコミュニティの自治でもある。自治体の基盤となっているのが地域共同体（コミュニティ）である、自治体の強化のためには、その基盤となる地域共同体の活性化が求められる。そのためには地域自治組織の形成・活性化、NPOなどのテーマ型住民組織の形成と活性化、自治体への住民の学習と参加が大切であり、そうした自発的な取り組みが「自治の総量」のアップにつながることが期待される。

(3)　サステイナビリティと自治

　人類のサステイナビリティの条件としては、環境的条件（地球環境・環境容量の限界内での経済活動）、経済的条件（食料、水、エネルギー、住居、健康・医療、教育、所得、人間らしい仕事など、基本的なニーズを満たす）および社会的条件（平和、公平、人権、民主主義など）が核となる。

　人類のサステイナビリティの条件を「ドーナツ」というわかりやすい概念図で示したのがケイト・ラワースである。「ドーナツ」とは、社会経済的土台を満たすとともに環境的な上限の範囲内を指すのであり、その範囲内に人間の活動をおさめることが21世紀のコンパスとなるという（図表8-2参照）。

　ラワースは地球のなかに「社会」があり、「社会」のなかに「経済」活動があるという「組み込み型経済」の考え方を提示した。そこでは、「経済」活動のなかの「家計」、「市場」、「コモンズ（みんなで共有できる自然や社会の資源）」、「国家」の4つの供給主体が人間のニーズや欲望を満たすものとされている。従来の経済学における市場と国家の2分法が見逃してきた「家計」と「コモンズ」は、市場経済と異なり、地域の住民やそのコミュニティが自己統制できうるものである。

　地域課題を解決し、ボトムアップでサステイナブルな地域をつくっていくに

図表 8-2　ドーナツ—21世紀のコンパス

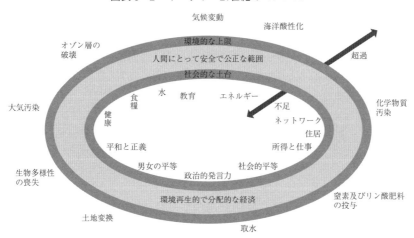

出典：ラワース（2018）

は住民による合意形成が不可欠である。しかし、コミュニティの質に問題がある場合、住民の合意形成が失敗する例が多々ある。地域課題を共有し、解決策を考え、アイデアを出し合い、新たな取り組みを進めるためには、フラットな関係性（上下関係がなく、対等平等で自由に意見が出し合える関係性）が大切となる。住民が身近な地域自治の場に当事者意識をもって参画し、地域に関わる取り組みを地域コミュニティが自己決定しながら実践し、それが基礎的自治体の政策にも反映されるようなボトムアップな場＝「共創の場」とプロセスが大切となってくる（牧野編 2015）。

8.3　自治体政策と財政

(1)　自治体政策と財政

　地域の総合性・複合性を考慮してサステイナブルな地域をつくっていくには政策も環境・社会・経済を含む総合性がもとめられる。地域の社会経済的基盤や環境保全等（共同社会的条件）は、市場に任せては形成できないことから自治

体が供給しなければならない。特に、自治体は医療・公衆衛生・福祉・教育といった普遍的基礎的な公共サービスを供給しており、住民の基本的なニーズを満たすための重要な役割を担っている。

　自治体政策を支える財政システムのあり方がきわめて重要になっている。特に、自治体が供給すべき共同社会的条件の財源を確保するための財政自主権の確立が必要となる。

(2)　日本の地方財政システム

　多様な条件と規模をもつ自治体が、住民の共同社会的条件を整備し、住民の生活権を保障するために必要なサービスを提供するために、財源保障の仕組みが不可欠である。

　財源保障の仕組みは、主に、一般財源保障システムとしての地方交付税と特定財源保障システムとしての国庫補助負担金（義務教育、生活保護、社会資本整備など）からなる。なかでもマクロの一般財源保障の仕組みとしての地方財政計画（全国的な地方歳入・歳出の見積もりと地方財源対策）、ミクロの財源保障の仕組みとしての地方交付税制度（自治体ごとの標準的な財政需要と標準収入との差額を補てん）が多様な条件と規模をもつ自治体すべてに、その独立性を保持しながらナショナルスタンダードな行政水準を達成することを保障している。

(3)　内発的な地域づくりと自治体行財政

　地域経済社会の発展は内発的発展が基本である。内発的発展とは、自治体を中心に地域の人々の学習と計画・参加により、地域の人材・資源・技術を活用し、地域内経済循環をつうじて地域内付加価値の向上を図ることを指す。内発的発展論においては総合的目標が重視されるとともに、地域住民の生活の質向上とサステイナブル（維持可能）な地域社会が目指される。内発的発展論は自力更生論とは異なり、都市との農村の連携や国家による条件不利地域維持政策が正当化されるとともに、地域内外の人材・資源やネットワークの活用も位置づけられる。内発的発展論において肝心なのは地域の自己決定権の維持・発揮であり、そのための地方自治と地域自治の重要性が強調される。

8.4　自治体の取り組み事例をみる：長野県飯田市

(1)　飯田市の取り組みと地域自治

サステイナブルな地域を目指す事例として長野県飯田市を取り上げる（牧野編 2015参照）。飯田市を取り上げるのは、飯田市は環境モデル都市であるとともに、地域自治の仕組みと取り組みが充実している自治体であり、「共創の場」づくりを進めながら地域づくりを進めている点で優れているからである。

飯田市は長野県南部に位置する人口10万人の地方都市である。飯田市は周辺の13町村とともに南信州地域を形成しており、13町村とともに南信州広域連合を構成し、圏域における自治体間連携に広く取り組んでいる。

地域の中核産業として製造業の比重は大きく、電気機械、エレクトロニクスなどの中小・零細企業が多く集積している。

飯田市は経済自立度向上を目標とした地域経済活性化プログラムを策定し、毎年度改訂している。飯田市の特徴的な取り組みを紹介すれば、第一に、飯田型グリーン・ツーリズム（体験教育旅行、ワーキングホリデイ）があげられる。第二に、文化都市づくりであり、なかでも人形劇フェスタは人形劇分野において世界的にも１、２を争うフェスタとなっている。第三に環境モデル都市・環境未来都市の取り組みであり、自然エネルギーの活用（おひさま進歩エネルギー株式会社による太陽光発電など）において先進的に取り組むとともに、エネルギー自治の推進（地域環境権条例）でも注目を集めている。

以上は飯田市の取り組みの一部であるが、飯田市において優れた自治の実践が可能になった基盤として、地域自治の仕組みをみる必要がある（図表8-3参照）。飯田市では旧町村単位の地区公民館、自治振興センター（支所）、および小学校を維持しており、20地区すべてに地域自治区とまちづくり委員会が存在する。まちづくり委員会は地域住民によって自主的に組織された地域自治組織であり、その役員は町内会（自治会）から選出される。まちづくり委員会では、各地域の実情に即して各種委員会が設置されている。例として上久堅地区をみると、執行役員委員会（そのなかに総務文教委員会、産業建設委員会、保健推進委員

図表 8-3　飯田市における地域自治のイメージ図

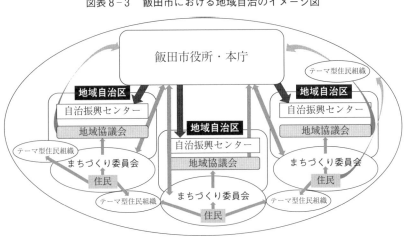

出典：筆者作成

会）、生活安全委員会、文化委員会、健康福祉委員会、空き家対策特別委員会
といった委員会が設置され、公民館もまちづくり委員会の部門として位置づけ
られている。役員総数は165名に及ぶ（2020年4月現在）。

　全20地区で基本構想が多くの地域住民が参加し、分野別の部会等での熟議の
うえで策定されている。まちづくり委員会は、地区の基本構想において合意し
た事項を根拠として、市行政と協働した取り組みを進めている。

(2) 「共創の場」づくり

　各地区のまちづくり委員会は「共創の場」として様々な取り組みが展開され
ているが、その重要な基盤となっているのが20地区それぞれに存在する地区公
民館である。地区公民館は社会教育機関として位置づけられているともに、地
域自治組織（まちづくり委員会）の一部門としても位置づけられている。地区公
民館には専門委員会制度があり、文化委員会・体育委員会・広報委員会・育成
委員会等がある。20地区を合わせるとおよそ900人の専門委員が活動してい
る。また、各地区公民館には市の職員である公民館主事が配置されている。公

民館は学び合いと文化・体育活動の場であり、交流の場である。公民館は住民主体の事業が基本であり、地域課題を学習し、住民主体で事業を企画実践するなかで住民自治力を培うことが目指されている。

　さらに飯田市における「共創の場」とし注目したいのが実行委員会方式である。飯田市においては、人形劇フェスタ、オーケストラと友に音楽祭、伊那谷芸術文化祭などの文化事業は住民主体の実行委員会が運営している。公民館における様々な文化事業も実行委員会方式をとっている。飯田市における実行委員会は団体代表からなる組織形態をとらず、住民がフラットな立場で参加し、住民同士が議論し、つくりあげていくボトムアップ方式が基本となっている。あえて強力なリーダーを置かず、いわば平場の円卓で議論を積上げていくのが飯田のやり方である。

(3)　事例から見た地域のサステイナビリティの課題

　飯田市の事例はサステイナブルな地域をつくっていくうえで、共創の場の重要性を示唆している。では、他の地域で共創の場をどうつくればよいのか。第一に、学習と地域課題の把握の仕組みづくりである。飯田市の事例に学べば、地区公民館を重視した公民館の再構築がポイントとなるが、公民館の他、広く地域課題を学習し、実践する社会教育の場づくりが期待される。学習においては、特に地元学による地域の価値の把握、共有が推奨される。

　第二に、地域課題の解決策・事業計画を話し合う共創の場づくりである。なかでも地域コミュニティを基盤とした共創の場として小学校区単位の地域自治組織の形成がポイントとなる。

　第三に、実践組織づくりであり、地域自治組織における実行組織づくりやテーマ型の実行委員会づくりが期待される。また、地域自治組織や実行委員会などで地域課題を共有し、取り組むためには、フラットでボトムアップな場とプロセスづくりが大切である。

8.5 現状のまとめと課題提示

サステイナブル社会を実現するには、社会経済的土台を満たすとともに環境的な上限の範囲内に人間の活動をおさめる必要がある。このような人間活動の自己統制は地域の足下から進めていくことが求められる。地域のサステイナビリティにとって、自治体の役割がきわめて重要である。自治体は、市場経済を制御し、コモンズや家計の役割発揮を促進し、中央政府と連携しながら地域経営を行う主体である。サステイナブル社会を地域から目指すため、自治体のもとでのサステイナブルな内発的発展を目指す取り組みが求められるのである。

自治体の取り組みを強化するためには、その基盤となる地域共同体の活性化、住民の学習と参加、および財政の確立が必要である。地域における合意形成にはコミュニティの質が影響する。コミュニティの質を高めながら地域づくりに取り組むには当事者意識をもって住民が参加する「共創の場」づくりが大切である。

【設　問】
◇地域からサステイナブルな社会をつくっていくために自治体はどのような役割を果たすことができるか、考えてみよう。
◇あなたの住んでいる地域がサステイナブルな地域となるための課題と解決策について考えてみよう。

〔参考文献〕
岡田知弘（2020）『地域づくりの経済学入門・増補改訂版』自治体研究社
小田切徳美（2014）『農山村は消滅しない』岩波新書
中村剛治郎（2004）『地域政治経済学』有斐閣
牧野光朗編著（2015）『円卓の地域主義』事業構想大学院大学出版部
宮本憲一（2016）『増補版　日本の地方自治　歴史と未来』自治体研究社
宮本憲一（1999）『都市政策の思想と現実』有斐閣
ラワース，ケイト（2018）『ドーナツ経済学が世界を救う』黒輪篤嗣訳、河出書房新
　　　社

第9章

災害・安全とサステイナビリティ

鐘ヶ江　秀彦

9.1　災害の対象である文明と都市の本質とは何か

(1)　現代の都市のサステイナビリティ概念誕生の原因となった産業革命

　城壁に囲まれた原型としてのシェルター都市は昔から存在するため、つい現在と同じ都市計画も昔からあったものだと錯覚してしまうが、実は、私たちの知る近代都市計画の成立はそんなに古いものではない。都市には時代の最先端のテクノロジーとエンジニアリングが使われるようになって導入されてきた活きた保管地である。現代の都市計画は近代の都市の原型とともに産業革命に伴って成立した。産業革命によって工場が都市の中に誕生したことによって、収入を求める農村からの移民、植民地からの移民が都市に集まり、居住することにより100万人を超える都市が世界中に誕生した。

　21世紀の現在でも近代以降の都市計画は経済発展のための空間制御系である。最初から、都市計画は都市住民の生命を脅かす毒物や環境汚染から守るためでも、あるいは都市居住者を自然災害から守るものではなかった。産業革命期のロンドンの都市計画の状況を思い起こすと、都市計画が経済発展を滞らせないための港湾や運輸網の整備といった社会基盤の整備に偏っていて、その廃棄物の系については、それまでの都市と都市周辺の環境容量の自浄作用に委ねたままで、経済発展の道具として都市計画を長らく実施してきた。ことに化石燃料というエネルギーを都市に持ち込んで人工物の大量生産の場を工場として成立させ、その人工物の生産機能を都市の空間に工業として出現し累積させて、多くの労働者を農村からあるいは移民として都市に集めた。これが都市に

居住者が集積してきた過程であり、人頭税をはじめとする種々の課税を避けるために多くの世帯がドアのまた内側のドアに窓もなく一室に3世帯とか7世帯が窓もない家屋に共に劣悪な環境下で居住していた。大気汚染と水質汚染、公衆衛生の閾値を超えた最も劣悪な都市環境において初期の工場労働者たちは都市で居住する他なかった。

　都市の公害とは、鉱業や工業などの第二次産業の生産活動の副産物や産業廃棄物により、人類のみならず動植物の生態系や自然環境へ毒性を持って破壊的に作用し続ける都市の経済活動の現象である。そこには副産物や廃棄物の回収や処理コストをこっそりと負担せずに投棄して自然界の浄化作用に任せてかまわない、あるいはその排出された毒性の高い破壊的な作用を、直接的・間接的に排出者が責任回避するフリーライドの現象である。産業革命初期のロンドンの石炭による肺疾患などの世界の様々な公害のみならず、日本では四日市喘息や水俣病、イタイイタイ病、足尾鉱毒など多くの公害紛争が起こり多数の被害者が生じた。多くの罹患者や死者という被害者が出た経験から都市の運営を経済成長のみ考えればそれでよしとすることは不可能となった。

　経済成長と環境のトレードオフの源流については、古くはマルサスやマルクスらも言及してきた。1992年にリオ・デ・ジャネイロで開催された地球サミットの源流ともなったメドウズら（1972）のローマクラブレポートとしてシミュレーションの予測結果をまとめた著書『成長の限界』を刊行した。これが産業革命によって始まった近代から現代の都市におけるサステイナビリティである。

(2) 持続可能な社会への新しい社会階級の誕生

　文明の進展とともに、同じ人類に市民と奴隷、貴族・荘園領主と農奴、そして自由都市と自由市民など、様々な社会階級が生まれてきた。図表9−1は産業革命当初、貴族と労働者階級、無限責任の保険引受人や金貸しなどの産業資本家などの旧来からの中産階級とともに、中世までの宗教家のように、医師や弁護士、そして人工物の設計製作者（エンジニア）など専門的な職能集団として卓越した職能技術が確立するとともに、資本の投資も可能なホワイトカラーとしての新興の中産階級が産業革命で台頭してきた。

図表 9－1　地球を支配する知的生命現象体の階層

時代区分	地球脳の霊長（あるいはそれを超えた進化生命体）の階級
古代	支配者階級（市民）、被支配者階級（奴隷）
中世・近世	貴族（荘園領主）階級、農奴（小作）階級、城壁の中の住人（旧ブルジョワジー）、奴隷
近代	上流階級（王族、貴族、土地所有者）、中流階級（産業資本家：ブルジョワジー）、労働者階級（含無産者階級、農民）、下層階級
20世紀生命圏（Biosphere）	富裕層、中間層、貧困層（主に資産・経済的評価によるグレーディング）（金持ち、ホワイトカラー、ブルーカラー、ホームレス）
21世紀前半（Cyber-Physical fusion sphere）	有用者階級（Useful Class）、無用者（役立たず）階級（Useless Class）、精神的報酬者、新富裕層、創造階級（文化創造産業従事者）、遊参階級（含 SNS パフォーマー）、新下流層・貧困層（感情抑制サービス従事者）［ハラリ（2016＆2019）、ランドリー（2003）、フロリダ（2008）］
22世紀情報圏（Infosphere）	進化の次の段階の始まり（有機生命体から情報生命体への進化）人類と情報生命体の一次的共生。その後、情報生命体（非有機的生命）への移行人類を含む有機生命体は、動物にとっての植物（光合成機関）という進化に不可欠な前駆体の機能を情報生命体（非有機的生命）に対して果たすアントロポセン［ラヴロック（2020）］

出典：各参考文献と鐘ヶ江（2019a ＆ 2019b）をもとに筆者作成

　20世紀は新都市開発計画こそ発展であるという基本的な右肩上がりの拡張の世界観の中、ヒッピー文化が登場した頃より、生活者の視点、つまり生産側ではなく消費者やコミュニティの視点が台頭してきた。化石燃料を用いた人類の永遠の発展の世界観は当時の技術では、政情不安もふくめて、実は永続的な発展は難しいということがオイルショックによって世界中に突きつけられた。

　化石燃料による経済成長という幻想の限界を、長く生活者を擁してきた都市の生活の場に誇りを持って、その文化の流れの中で生きるという考えこそ都市政策・都市計画には重要なのだと主張したのがジェイン・ジェイコブスである。この後、21世紀前半は有用者階級と無用者階級、創造階級が出現し、22世紀には超知能と AI、そして人類による情報圏の出現が予見されている。

9.2 頭と体の求める快適性の違いによるサステイナビリティの本質

(1) 頭脳 (理性) と身体 (遺伝子) のコンフリクト

　都市とは人類が何度も試行錯誤のチャレンジを実空間でシミュレートしてきた場である。もちろん使える科学やテクノロジーには時代の制約があり、火山噴火や地震、暴風や豪雨、豪雪といった自然災害、繰り返した黒死病やコレラ、そして MERS や新型コロナウィルスをはじめとする地球とそこに生息する生命現象や物理現象がそのテクノロジーの限界を超えて都市社会を破壊し、多くの都市居住者の命を奪ってきた。養老孟司 (1990) は、都市とは脳化社会であると提起した。そもそも、人類が感じる快適性の追求とその欲望は、脳 (理性) の中で快適なイメージとして想像されて、創造されてきた。

　都市が文明の地であることは、ジュール・ヴェルヌの名言どおり、その都市を構成する社会制度や経済活動といった社会運営技術も含めて、新しいテクノロジーをどんどん導入して古代から続くトライ&エラーのシミュレーションを現実の中で行い積み上げてきた結果である。もちろん都市は脳化社会が実体を伴って現実空間に出現している以上、実空間に構築できない場合は現実代替性を場や仮想空間に表す方法を取ってきた。これがデジタル・ツインと呼ばれる Society 5.0 (仮想現実融合社会) の基盤なのだ。

　養老 (1990) は社会に残る最後の自然は赤ちゃんだと述べている。大人は社会性を学習して時間軸のスケジュールと脳の理性に従って社会生活を営む脳化社会の構成員となっている。大人は勝手にいつでもどこでも排泄をして食事を欲しがって泣き叫ぶことはないのだ。脳化社会の構成員の行動の基本原則は事前に予定行動を確定するという計画することにあるからだ。しかし、事前に因果が判明していない VUCA (変動・不確実・複雑・曖昧性) の状況となってしまった公害問題や原子力発電所立地問題や住民の原発廃炉要求などの迷惑施設立地 (我が家の裏には建てるな：NIMBY) 問題や新興感染症に直面する時代となった。ゲームの世界がルールに従った美しい矛盾のない世界を構成しているように、現実世界も社会学習を経て失敗から学び、多様性 (ダイバーシティ) と包摂 (イ

ンクルージョン）の政策目標として各都市が掲げるような多様な体（遺伝子）を受容する快適性追求へのシフトが、SDGs の指標として明示された政策となってきた。そればかりか、新型コロナ感染症を契機に社会学習が仮想空間を通じたつながりの形成として加速しつつある。

⑵　人工物の「安全と効率性」・「レジリエンスとサステイナビリティ」

　21世紀に比べるとはるかに自然災害の件数の少ない20世紀は自然災害による強大な脅威が乏しかったが故に、産業革命後の産業が作り出した人工物である兵器・武器が20世紀の二度にわたる世界大戦で都市を破壊した。古来「矛盾」の由来の矛と盾は人工物であり、人工物が人工物を破壊する、あるいは防衛することについての人工物の強化は、内燃機関で動く目的を主とする自動車が、止まることや止まったままでいることという、動態と静態のみならず、目的の最適化を加速と移動という、燃費も含めた効率性の最大化とともに、それよりも上位に減速と停止という安全性の確保を置いたシステムとなっている。人類と機械の共生には機械という人工物と人類の共生の思想を、安全性を最優先し、効率性を次の優先順位とすることで実装してきた。しかし人類は、近代の都市計画では当初から長らくの間、効率性を優先して安全性を次にしてきた。

　ところで、心理学や医学における「レジリエンス」は回復力とも言えるほどに限定的である。一方、工学では、ある環境下における対障害性であり、復元性や自己修復性を回復性と呼ぶ。つまり船が淡水であれ海水であれ、その対象船舶が耐えられる限りにおいて、荒波や暴風・熱風や大気圧に揉まれようが、左右や水平の傾き、ピッチが耐力にある限りにおいても、安定して復元して浮かび続けられる性質を言っている。その環境下というのは、干ばつした池や湖、干上がった海では重力環境下で船舶は浮かぶことができない。つまり、サステイナビリティとレジリエンスは異なった機能からの対処法となるシステムの内部と外部の作用を定義しているに過ぎない。工学的レジリエンスはある環境下における回復性・復元性を指し、サステイナビリティはその内部システムの外部である環境の持続性と、環境があるからこそ存続できる内部システムについてのバウンダリーを通じた均衡と挙動として扱っている。

9.3 自然災害という「リスクと不確実性」

(1) リスク軽減のための計画の本質

　一般に公的計画の対象においても、不確実性は存在する。VUCA の時代と言われる21世紀において、この不確実性のうち、多くの場合単純な推計（予測）や同定しやすい想定と、想定しにくい場合であっても、確率で表すことのできるネガティブなインパクトはリスクと呼ばれている。代表例が自然であり、自然環境である。また社会システムのように人為的・人工物が複雑に絡み合い因果関係が解明されていない状況も公的計画においてリスクとして取り扱う。リスクへの対応はその発生メカニズムや条件、因果関係が判明したとしても、いつどのような状況でリスクが発生するかによっても影響が異なり、事前の予測において、全ての状況を有限時間における情報処理としての可能性例全ての試算が不可能であるため、多くの場合、ハザードマップのような最悪ケースと、最小ケースの範囲における死傷者数や崩壊・倒壊件数、経済影響予測として表すことが多い。不確実性を確実性という因果関係とその生起確率によって推計したものがリスクである。

　しかし、因果関係とその発生確率が判明したからといって、残念ながら人類は、それがいついかなる状況下で発生するかまではわかる術を未だ有してはいない。だからといって対応が不可能ではなく、因果関係が判明することで、部分的にその原因に対処したり、過程に対処したり、結果からのすばやい対処を準備したりと、可能な対処を事前に用意することになる。また天然痘やインフルエンザのように人類が管理・制御できたものはリスク対象から外される場合が多い。リスクとは人類存亡の危機に関係する出来事であり、イメージできたリスク、因果関係が判明したリスクは、そもそも不確実性ではなく管理・対処可能な計画対象へと組み込まれる。これが公的計画における『不確実なリスクを軽減する』計画の本質である。

　図表 9-2 は都市社会を破壊する「外力」と「内力」の分類である。

　また図表 9-3 は計画が扱うリスクの 4 類型である。計画が扱うリスクに

は、事前におけるリスク軽減のためにリスクを同定し事前に対処する観点から、発生確率とその人類存亡にかかわる影響度合いから大きく4類型があり、事後においてリスク発生後への対応をどう図るかという観点から、被災直後とその後の対処（復旧）の2類型がある。リスクの4類型には以下のタイプがある。ただし例はあくまでも21世紀初頭におけるリスクであって、将来の科学技術、社会管理運営の技術の進展によってはリスクとならない可能性がある。

図表9-2　都市社会を破壊する作用

分類	作用力	説明と事例
外力	自然外力 Natural Disaster	宇宙と地球が人類や社会に及ぼす作用
	人工外力 Man Made Disaster	人類が引き起こす様々な作用
人類や市民による内力	社会内力	紛争・内乱・政策の失敗
	個人内力	都市の寿命・継承断念

出典：筆者作成

図表9-3　都市社会を破壊する作用

将来の象限	発生確率大	発生確率小
影響度合大	(ⅰ)破壊的な将来の状況	(ⅱ)急性的危険の将来状況
影響度合小	(ⅲ)慢性的危険の将来状況	(ⅳ)生起確率小、かつ影響度合小のリスク最小の望ましい将来の状況

出典：筆者作成

(2)　都市のリスク・シールド

　内閣府の防災情報のページによれば1975〜2004年までの20年間において、世界全体に占める日本の災害発生割合は、日本の国土面積は世界における0.25%しかないのに、マグニチュード6以上の地震回数が20.8%、活火山数7.0%、死者数0.4%、災害被害額18.3%と高い割合を占めている。
　信玄堰や弁慶枠、輪中などは現在にも継承された伝統的な防災である。廃止

されたとはいえ幕藩体制の最大の普請（公共事業）であり続け、明治政府（日本帝国政府）が手本としたドイツの官房学を通じて、さらなる科学的行政として最大関心事であり続けた事は「治山治水は国家の要」という農山漁村の防災の考え方だった。

　第2次世界大戦後の新日本政府は、自然災害から国民を守る都市をリスクシールドとして位置づけざるを得ず、伊勢湾台風後は国家予算の12〜13％に匹敵する防災予算を充当し続けた国家は日本以外には見当たらないと梶秀樹（2012）は『都市防災学』で述べている。これだけの防災予算をかけてきたことで、幸いにも阪神淡路大震災（兵庫県南部地震）に至るまで千人以上の被災者がでることなく、日本の被災時の人的被害を低く押さえ込むことに成功してきたと言えるのである。

　その後兵庫県南部地震以後に被災者が増える激甚災害が頻出するのは、世界の人口増加と氷河期が終わり間氷期に入った20世紀の終わりからの地球環境変動に伴う海流とジェット気流の変動による熱波や干ばつ、竜巻や砂嵐、風水害やそれによって引き起こされる土砂災害といった環境激変の局地化と共に地球内部の冷却化とマントルの活発な動態による自然災害、特に火山と地震に起因する自然災害が頻出するためである。EM-DAT（2012 The international disasters database）によれば、自然災害の脅威の非常に少なかった20世紀に比べると21世紀は自然災害の件数が幾何級数的に増えて、災害の世紀に既に突入していることを示している。

　しかも全ての都市は何らかのリスクと脆弱性を抱えており、完璧な災害への備えなどはこれまでにできたためしはない。しかも何百年と続く歴史都市は大なり小なり何らかの自然災害や人為起源の災いによって、その存亡の危機があった。すなはち、都市は、形を変えつつもその都市の営みの名残が残されつつ、何度も破壊と修復、再建と復旧を繰り返してきたと言えるのである。昨今では次の災害へ向けて、その復旧や復興や減災の準備を行う、つまり、発災は避けられぬものとして災害マネジメント・サイクルの考え方を都市計画や都市の復旧に用いられるようになった。兵庫県南部地震では再建や復旧しか認められなかったが、関東大震災後に後藤新平が望んだが叶わなかった新たなテクノ

ロジーや被災から学んだ防災の知恵を復興という都市計画で置き換える再興という、これまでの都市が継承してきたものを減災や復興も含めて都市を造り変えて強靱化（レジリエント）する都市計画や都市政策がようやく東日本大震災以降の被災地では行われるようになった。

9.4　現状のまとめと課題提示

(1)　人口減少下の日本の Society 5.0へ向かう上で SDGs の意味は何か

　持続可能な都市とともに人類の70％が居住する都市居住の持続可能性を網羅した第3回国連人間居住会議（ハビタット3）における「ニュー・アーバン・アジェンダ」、第3回国連防災世界会議において採択された2015〜2030年における自然災害から都市社会を守る為の枠組みと復興準備としての「仙台防災枠組」、2016〜2030年における持続可能性の全方位をカバーする17の目標と169の指標を包括した SDGs に至るまで、多国間のみならず二国間の条約や協定などが、会議は踊る時代から根拠と論拠に基づく科学化（Evidenced Based Policy Making：EBPM）の方向へと進んできた。この根底には大学を中心とした世界の知の拠点からの成果が大きく作用している。SDGs の目標年である2030年までに、都市の地方政府（自治体）ばかりか、企業、市民ひとりひとりが自分ごととして、データの利用と設定、仮説的な目標設定と探索的なシミュレーションによる達成方法によって、目標達成から逆算的な（バック・キャスティング）を行うことが求められている。その方法論においてデジタル・テクノロジーを用いて実装するという、従来プランナー教育において、そして現在では政策系学部の人材育成に対して、50年も前から特殊な技能として習得を勧められてきたプランニング・リテラシー教育が将来に普及・波及する時代の基本リテラシーとなりつつある。SDGs のロゴをビジネスマンたちがこぞって胸に付け、そのサインを街中でよく見つけるようになったというのは、いよいよ無意識にまで作用し始め、その潜在意識に働きかける社会環境配慮や ESG 投資やエシカル消費の効果に驚かされている。

　物理空間と仮想空間が融合する Society 5.0時代の都市の基本システムはど

んどん変化するデジタル変化への対応という変化することへの受容と適応がリテラシーであると言われている。このようなデジタル大衆化とともにイノベーション・サイクルの早いSociety 5.0の時代にあって、いわゆる商品やサービスの陳腐化が非常に早いサイクルで変動するため、20世紀までの大学で学習した知識やスキルが生涯の仕事で役立ったような長期性を持たない社会となるのだ。2019年時点でもスマホやタブレットを使った業務は生産年齢人口のほとんどが誕生時には存在しなかったスキルであり、このような業務は明治生まれの人々が産業革命によって導入された様々な機械、例えば自動車やバイク、自転車の運転から機械の操作、管理、修理に設置、果ては設計と組み立てやマザー・マシンに至るまで後天的に習得したのと同様に、その連続産出といったイノベーションに至るまでもが、後天的に獲得できるスキルなのである。

(2) 都市の持続可能性と回復の鍵を握るDXと仮想空間

　現実の現世では辛く苦しく貧しい生活と人生であっても、例えば、大乗仏教では念仏を唱えることで死後に仏になれるという究極の再生産を可能にしたソフトウェアである宗教は、その死後の世界観を現世での現実代替性を表す場として神社や仏閣、寺院、聖堂や教会、モスクとして都市の中に祈りと死後の世界観を伝道する場として保たれてきた。現在ではPCやゲーム機の中に、インターネットで繋がったコネクティッド・サイバースペースに人々が快適を求めて、強く願う脳化された空間が仮想空間である。この仮想空間への窓口がディスプレイ（画面）である。現在の都市居住民は、もちろん農村の居住者も、一日中この仮想空間の窓口である画面を何時間も眺めている。既に都市は実体のある物理空間ではなく、電子政府や様々な生きることの意味をも確認できるSNSやゲームの楽しみによって生存していると言っても過言ではない。

　一方、世界的には1980年代の成熟した民主主義にインターネットとスマートフォンがもたらした市民が全員参加できる政策の議論である参加型テクノロジーアセスメント、さらには、代議士による議場での議論と意思決定を排除して、ランダムに選ばれた市民対話を基本とするミニパブリックスによる直接民主制の試みである先進的な熟議が既に先進国では重要な機能を担うようになっ

てきた。そこでは政府はトップダウンをする「お上」ではなく、賢い市民が自ら科学的なデータとシミュレーションによる試算を行い、行政やシンクタンクが唯一提示する方式から、多様な知的な市民が多元的な価値観と様々なモデルに基づきシミュレーションを用いて予測や試算を行い、エビデンスに基づくデータの解釈や理解を踏まえて政策決定を図る地方の根拠に基づく公共政策形成（EBPM）になりつつある。その一方でゲーミングを用いた統治で良質な市民とコミュニティを通じて社会の公正を担保する例も増えてきて、口コミや評価（レーティング）などでも市民の良好な参加による公正の確保が既にゲーム化された社会運営として加速しつつある。

　2014年の国連の世界都市化予測によれば、2050年には世界の総人口の66％以上が歴史を有する都市特に巨大都市に居住すると報告している。都市や社会はイノベーションや偶発的淘汰といったダーウィンの進化論とともに、文化財や博物館、美術館、記念館や石碑、時には災害遺構すらも、そして何よりも地域の文化や食、催事や祭り、言語も引き継いでいる。これは獲得形質の継承というラマルクの進化論も併存していることを示している。都市は、ダーウィン進化論のランダムな変異と淘汰圧のみに頼らず、過去の獲得形質を継承して時間を畳み込むラマルク進化論という情報現象の共進化過程を引き継いでいる。

　これから先の都市の防災と安全については21世紀が自然災害多発・多頻度の世紀に入ったという事実ばかりでなく、地球環境変動とともに、新しい技術が人類の興亡のみならず、存続すらも左右しかねないと言われている近未来のターゲットは2050年である。現在、様々な未来予測研究の成果が2050年前後を射程に入れており、カーツワイルが、"人工知能が人知を超えると指摘した2045年に「技術的特異点（Technological Singularity）」"を迎えるまでの人類とAIの関係のみならず、ポスト・シンギュラリティ（人類と「テクニウム」との共進化による共生）に対する準備のために、地球環境変動に関するIPCCの予想シナリオが温室効果ガス排出半減を目指す2050年までの都市における人類と人工物システムを包摂する総体（AIではない「超知能」）との共進化（ノヴァセン）について考えておくべき時期に来ている。しかも、繰り返し言うが、21世紀は災害の世紀なのだ。

ましてや、都市がレジリエントであるためにはサステイナブルであることが不可欠である。都市の発展段階論に基づくと、都市の人口集中サイクルと災禍は人類存亡への淘汰圧として作用しつつあり、近未来の仮想世界と現実世界の融合時代における都市の継承には新たな共生政策の構築が必要なのだ。

【設　　問】

◇高密度な都市化のテクノロジーへの依存が高まると、どのような都市の脆弱性が想定されるのか、少なくとも5つ、理由とともに脆弱性を述べてください。

〔参考文献〕

梶秀樹ほか（2007＆12）『都市防災学（2007）・改訂都市防災学（2012）』学芸出版社

鐘ヶ江秀彦（2019a）「AIの時代の都市構造急変における都市計画」講習テキスト（都市計画コンサルタント協会—都市計画まちづくりに関する講習会—）

鐘ヶ江秀彦（2019b）「新・羅針盤　21世紀の新たなパラダイム：加速するゲーミング・シミュレーション社会（前編・後編）」『ネットわーく』（公益財団法人　大阪府市町村振興協会）Vol.176、5-6頁（前編）・Vol.177、6-7頁（後編）

鐘ヶ江秀彦（2011）「第7章6歴史都市の防災コミュニティづくり」『災害対策全書　第4巻　防災・減災』ぎょうせい、266-269頁

ハラリ，Y. N.（2016）『サピエンス全史（上下）：文明の構造と人類の幸福 サピエンス全史　文明の構造と人類の幸福』柴田裕之訳、河出書房新社

ハラリ，Y. N.（2019）『ホモ・デウス（上下）：テクノロジーとサピエンスの未来』柴田裕之訳、河出書房新社

フロリダ，R.（2008）『クリエイティブ資本論：新たな経済階級の台頭』井口典夫訳、ダイヤモンド社

ベイル，L. J. ほか（2014）『リジリエント・シティ：現代都市はいかに災害から回復するのか？』クリエイツかもがわ

メドウズ，D. H. ほか（1972）『成長の限界：ローマ・クラブ「人類の危機」レポート』大来佐武郎監訳、ダイヤモンド社

養老孟司（1990）『唯脳論』青土社

ラヴロック，J.（2020）『ノヴァセン：＜超知能＞が地球を更新する』藤原朝子・松島倫明訳、NHK出版

ランドリー，C.（2003）『創造的都市：都市再生のための道具箱』後藤和子訳、日本評論社

第10章

建築・都市とサステイナビリティ

近本　智行

10.1　建築・都市における問題点と問題発生のメカニズム

(1)　部門別の CO_2 排出と地球温暖化における建築・都市の影響

　経済産業省は2020年12月「2050年カーボンニュートラルに伴うグリーン成長戦略」を策定し、内閣の成長戦略会議で報告した。更に2021年4月には2030年度の温室効果ガス排出量をそれまでの目標値26％減から大幅に増やし、2013年度比で46％削減すると表明した。地球温暖化を引き起こす CO_2 をはじめとする温室効果ガスの増加は、建物や都市の中で生活している行為そのものも影響を及ぼしている。どういった活動が温室効果ガス排出につながっているかを示すために、エネルギー起源の部門別 CO_2 排出量の推移を示す（図表10-1）。

　2019年度の日本国内の CO_2 排出量の内、最も比率が大きいのは工場などからの排出による「産業部門」であり全体の約35％を占める。しかし徐々に減少しており、1990年度比で約24％減少している。工場の徹底的な省エネに加え、生産拠点がグローバル化したことによる。これに続く「運輸部門」（自動車、トラック、バス、船などの交通機関が排出するものに起因）は1990年代、増加傾向だったものの、ハイブリッド車の普及、電気自動車の登場などで2000年頃をピークに減少傾向である。一方、比率が高くなっているのが「民生部門」である。民生部門は住宅や建物で使用されるエネルギーを起源とするもので、住宅における「家庭部門」と、住宅以外のオフィスや商業施設などにおける「業務その他部門」にわかれる。この2つを合わせた民生部門は、日本全体の約32％を占め、産業部門と肩を並べる。また1990年度に比べ約35％も増加し、温室効果ガ

図表10-1　CO_2の部門別排出量（電気・熱配分後）の推移（2019年度確報値）

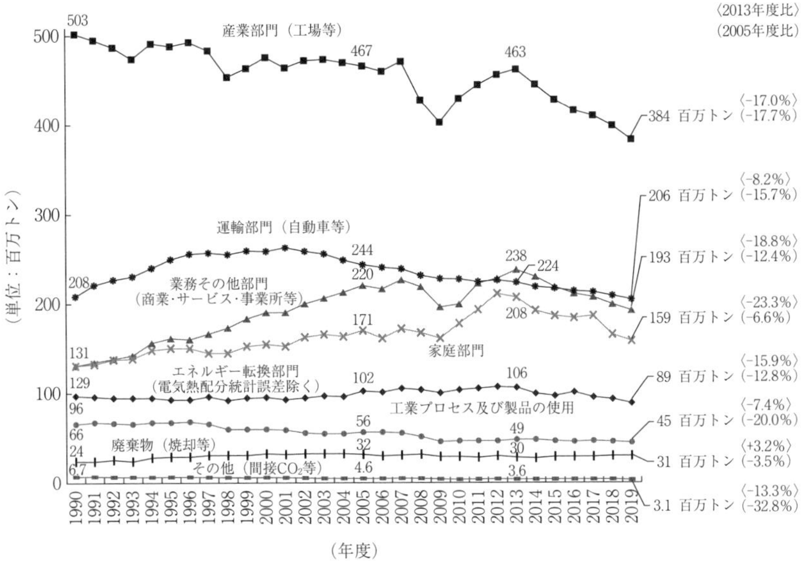

出典：環境省

スを減少させるためには、最も大きなターゲットとなる。

　海外と比べた日本のCO_2排出の特徴を知るために、日本を含むOECD主要国の1人あたりのCO_2排出量を、エネルギー消費効率、CO_2原単位で評価した結果を示す（図表10-2）。結果は0～10のスコアに変換されており、10が最も良く、5が平均値を示す。

　エネルギーの需要側の指標であるエネ消費効率では、日本は特に高い評価の家庭部門を筆頭に、運輸や産業でも評価が高い。このことは比較対象の他国に比べ、日本が温暖な気候で暖房負荷がそれほど大きくなく、LED照明やエアコンなどの高効率機器が普及している実情を反映していると考える。またハイブリッド車の普及により燃費改善が進んでいる運輸、省エネ対策が進んでいる産業部門でも評価が高い。

　一方、エネルギー供給側の指標であるCO_2原単位の評価の低さが目立つ。

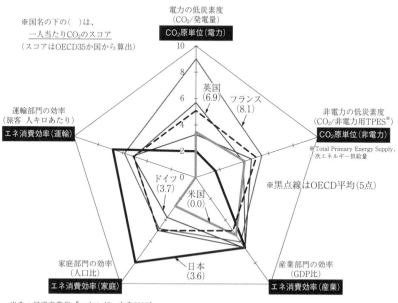

図表10-2 2016年 CO_2 排出の要因分解の主要国比較

電力の低炭素度
(CO_2/発電量)
CO_2原単位(電力)

※国名の下の( )は、
一人当たり CO_2 のスコア
(スコアはOECD35か国から算出)

非電力の低炭素度
(CO_2/非電力用TPES*)
CO_2原単位(非電力)
※Total Primary Energy Supply、
次エネルギー供給量

運輸部門の効率
(旅客 人キロあたり)
エネ消費効率(運輸)

※黒点線はOECD平均(5点)

家庭部門の効率
(人口比)
エネ消費効率(家庭)

産業部門の効率
(GDP比)
エネ消費効率(産業)

英国(6.9) フランス(8.1) ドイツ(3.7) 米国(0.0) 日本(3.6)

出典：経済産業省『エネルギー白書2019』

電力では、再生可能エネルギー（再エネ）への転換が遅れ（従来整備されている水力が7.7％、太陽光などのその他発電で9.2％）、一方で原子力発電の稼働が少なく（6.2％）、火力発電に頼る構造（天然ガス・石油など45.3％に加え、CO_2排出量の大きい石炭火力が31.6％）が原因である（以上、環境省の2018年度発電量データによる）。

　日本では、2009年から再エネの固定価格買い取り制度（FIT。太陽光発電などの再エネによる電力を、一定期間、高値で買い取る制度）で再エネ普及を図ったものの、水力発電を除く再エネによる発電量は全体の1割程度に過ぎない。これをまかなうための賦課金の総額は年間2兆円を超え、国民1人あたり2万円以上の負担が重くのしかかっている。再エネ中心の電源構成への変化や、産業の脱炭素化には時間がかかり、エネ消費効率を更に上げざるを得ない。

　2050年度のカーボンニュートラルや、2030年度に2013年度比46％減という目標の実現に向けたエネルギー政策の道筋が示されているエネルギー基本計画

（2021年）では、部門別排出量において、2030年度に向け家庭部門で2013年度比66％減、業務部門で51％減の目標が設定されており、他の部門（産業部門38％減、運輸部門35％減）に比べ、削減幅が大きく、今まで以上に民生部門の貢献が求められている。

(2)　都市におけるヒートアイランド現象

　都市の気温を上昇させる現象ヒートアイランド現象も問題となっている。地球温暖化同様、気温を上昇させ、都市部における夏の熱帯夜の増加につながる。地球温暖化と混同しやすいが、要因は異なる。ヒートアイランド現象は、都市部の気温が周辺の郊外部に比べて上昇する現象である。原因は、①自動車・冷房時の空調などによる人工排熱の増加、②土地被覆面の人工化に伴い緑地や水辺の減少により光合成による蒸散や水の蒸発熱を奪われることなく対流により空気に熱が伝わり気温が上昇、③あわせてコンクリート・アスファルトの増加により、都市に熱が蓄えられやすい、ということである（空気調和・衛生工学会 2009）。

10.2　建築・都市におけるカーボンニュートラルに向けた施策

(1)　カーボンニュートラルに向けた建築の動向

　建築においては国土交通省が2021年「建築におけるカーボンニュートラルのあり方検討委員会」を設置し、報告書を策定した。2030年、新築で ZEB（net Zero Energy Building）（後述）・ZEH（net Zero Energy House）基準とし、新築戸建住宅の6割において PV（太陽光発電設備）を導入するとしている。2050年には、ストック平均で ZEB・ZEH 基準の水準の省エネ性能を確保し、再エネ導入は一般的水準としている。同時に、事業者を含む国民一人ひとりに我がこととして取り組んでもらうための必要性や具体的取組内容の早急な周知を行い、省エネ性能の高い住宅を使いこなす住まい方の周知・普及、行動経済学の手法も活用した情報提供を行うとしている。

⑵ 脱炭素建築：ZEB

ZEBとは「建築物における一次エネルギー消費量を、建築物・設備の省エネ性能の向上、エネルギーの面的利用、オンサイトでの再生可能エネルギーの活用等により削減し、年間の一次エネルギー消費量が正味（ネット）でゼロ又は概ねゼロとなる建築物のこと」（経済産業省「ZEBの実現と展開に関する研究会報告書」2009年11月）である。

しかしいきなりZEBを達成するのにはハードルが高いため、普及に向け、ZEBに至るまでの目標が段階的に示されている。エネルギー消費量の削減レベルに応じて、①ZEB Oriented：普及のためハードルを低くし省エネ率30％以上、②ZEB Ready：ZEBを見据えた先進建築物として、外皮の高断熱化及び高効率な省エネルギー設備を備えた建築としてエネルギー消費量50％以上削減し再生可能エネルギーを導入、③Nearly ZEB：ZEBに限りなく近い建築物として、ZEB Readyの要件を満たし、省エネおよび再生可能エネルギー利用により年間の一次エネルギー消費量を75％以上削減、④ZEB：年間の一次エネルギー消費量が正味ゼロまたはマイナス、となる。

ZEB・ZEHの整備は、蓄電池やEVの普及とともに地域のエネルギー自立化にもつながり、大規模な発電設備に頼らずに地産地消のエネルギーとなり、災害時のエネルギー確保やインフラ未整備地域のエネルギー源になる可能性がある。

10.3　建築・都市のサステイナビリティに向けた取り組み

⑴　省エネルギー手法

図表10-3に代表的な省エネ対策を挙げる。対象となる建築物でのエネルギー消費特性を十分検討したうえで、効果的な手法を選択し、建築・設備計画に反映させてゆくことが重要となる。一般的なオフィスビルでは、「空調」と「照明・コンセント」がいずれも全体の4割を占める。空調では熱源機器の他、冷温水・冷温風を搬送する熱搬送の省エネが重要となる。また照明では高効率な照明器具の他、自然採光による調光制御が重要となる。住宅では、空調（冷

図表10-3　省エネ技術の例

外皮性能の省エネ	日射負荷を抑制し自然換気・自然採光が利用できる建物配置計画、高断熱材料、高断熱につながる工法、高気密化、高反射率塗料、緑化、開口部の省エネ性能向上、日射制御など
空調設備の省エネ	タスクアンビエント空調、熱源機器の高効率化、蓄熱設備利用、VAV/VWV（ファンの変風量方式／ポンプの変流量方式）・大温度差搬送・送風温度の低温化などによる搬送エネルギーの低減など
換気設備の省エネ	自然換気・通風、全熱交換器、外気取入れ制御、デシカント空調機の利用など
照明設備の省エネ	自然採光、LED照明、照明制御・タスクアンビエント照明など
給湯設備の省エネ	潜熱回収型給湯器、ヒートポンプ式給湯器、配管保温・節湯器具など
エネルギー効率化	太陽光発電・蓄電池、太陽熱温水器、コージェネレーション、未利用エネルギー利用など
その他	昇降機の省エネ、高効率変圧器、ESCO（Energy Service Company）、BEMS・HEMS（建物や住宅のエネルギーマネージメント）、機器の遠隔監視など

出典：「建築物の省エネ設計技術」編集委員会（2017）

房に比べ圧倒的に暖房のエネルギー消費が大きい）、給湯、照明がエネルギー消費の3本柱であり、これらをターゲットとした省エネが重要となる。

(2) 自然エネルギーの利用

　高効率な機器の採用などの他、自然エネルギーを有効に利用することが省エネルギーの鍵となる。中でも自然換気は涼しい外の空気で室内を冷やすだけでなく、室内に新鮮な空気を取り入れ、室内で発生する臭い、人の呼吸や器具からのCO_2等により汚れた空気、湿気等の排出につながり、健康のためにも必要不可欠である。換気不十分による空気の停滞は、感染症や化学物質過敏症（シックハウス症候群）にもつながる。しかし自然相手のため風を制御する工夫が必要となる。

　明治大学リバティタワーでは超高層ビルにもかかわらず自然換気利用を図っ

た好事例である。教室間を短時間で移動するために地上から17階までエスカレーターを設けており、その吹き抜けを利用し、また18階に風を外に排出する風穴階を設けることで、各階の窓から風を誘引し、風上のみならず風下からも風を取り入れることができる。

　外気温度や換気できる風量は絶えず変化するため、自然換気だけで必ずしも同じ快適な環境を創ることはできない。このため、外気温度が少しでも上がると窓を閉め切って冷房を行い、反対に外気温度が下がっても寒いからと言ってまた窓を閉め切ってしまうことが多い。これでは、結局利用できる時間はごくわずかな時間に限られてしまう。ここで自然換気の機能を補強する、機械換気でアシストする、更には自然換気を行いながら空調を行うといったことを指す「ハイブリッド換気」という概念がある（IEA Annex 35（2002））。ハイブリッド換気により、自然換気の可能性を引き出すことが可能となる。

　明治大学リバティタワーもハイブリッド換気の事例として IEA Annex 35（2002）に掲載されているが、アジア経済研究所も自然換気を行いながら空調を行う事例として掲載されている。アジア経済研究所では居住域（タスク域）は空調を行うことで快適性を確保し、居住域以外のアンビエント域（歩行空間や天井付近など）は、余剰熱や汚染質の排出を自然換気により実施することで、省エネ＋快適性向上を図る。ある程度の外気温度の変化にも対応して窓を開けておくことができる。更に、タスク域を対象とした空調機の吹出口が各机の上に設置され、風量や風向は居住者の好みに応じて調整できる。気流は全て新鮮な外気を供給するタイプのため、新鮮外気を拡散させることなく居住者に直接給気し、感染防止や生産性向上にもつながる。

(3)　建物を環境配慮にするだけでなく、研究・教育の教材としても活用

　立命館大学びわこ・くさつキャンパス（BKC）トリシアでは、環境配慮型キャンパス創造の一環として、環境配慮だけではない取り組みを実施した。その取り組みとは、実用化を目指した省エネ、環境負荷軽減技術、あるいは実験・実証を行ってみたい設備、建設材料を、様々な環境配慮技術を有する企業の協力を得て導入し、その効果を実際の建物で検証してゆくというものである。すな

わち、環境への配慮技術を積極的に取り込むことのできる仕掛けと同時に、建物と環境の関係を定量化するなど、研究素材としても利用できる建物としている。建物を実際に使いながら、新技術の導入と、効果の検証や改善のための研究を行う。そのプロセスも「生の教材」とすることで教育に活用する。もはや建物を建てることは目的ではなく、そこで何を行うかが重要となってきている。

10.4　サステイナブルな暮らしへ

⑴　人を中心とした環境配慮を考えるために、生活に伴う CO_2 排出量を知る

　製品の原材料調達、製造から流通・販売・廃棄・リサイクルなどのライフサイクルを通した CO_2 排出量を表す際に「カーボンフットプリント」が使われてきた。環境に配慮した製品にラベリングされるもので、以前は日清チキンラーメンやサッポロ黒ラベルビールにも記載されていた。一方、個人や企業の CO_2 排出量を示すことが増え、どの程度の CO_2 排出量があるかを算出し、個人や企業の環境配慮活動を透明化しながら、認証制度を活用したカーボンオフセット（CO_2 排出量を相殺する）の支援に使われている。

　日本の温室効果ガス排出量は、12億1200万 $t-CO_2$（2019年度確報値）で、この内、CO_2 排出量が11億800万 $t-CO_2$ に上る。日本の人口はおおむね1億2500万人なので、1人あたり年間8.9$t-CO_2$ を排出していることになる。家庭でのエネルギー消費起源（15%）、自家用車などの利用起源（5%）に限定すると全体の20%に相当するため、1人あたり年間1.8$t-CO_2$ となる。一方、暮らしを支える食料や日用品の生産、交通機関の他、多くの産業・社会活動も関わっており、1.8$t-CO_2$ 以外の分も含め、どのくらい日々の暮らしで排出しているかを算出する「カーボントラッキング」が重要となる。

　"eevie"、"Klima" といったアプリでは、簡単な質問からカーボンフットプリントを計算し、幾つかの行動から取り組みたいものを選び、それらを習慣化してゆくことで、環境に配慮した生活をサポートする。ライフスタイル改善が環境に与えるインパクトを知ることで、目標に向かうインセンティブを与え

る。また、同じような取り組みを行っている仲間とのコミュニティーで、改善の知恵や苦労を分かち合える。更に排出量を相殺するための森林資源育成や太陽光発電の建設支援などのカーボンオフセットにもつながる。

　CO_2排出量を可視化することは、個人の気づきのきっかけをつくり、普段の生活の中で見過ごされがちな個人の意識と行動を変える仕組み作りにつながる。

(2)　ナッジによる行動変容

　ナッジ（nudge）とは肘でそっと押すという意味で、行動科学の知見（行動インサイト）を活用し、自ら社会や自分にとって望まれる選択や行動を自発的に取れるよう導く政策手法を指す。具体的には「他者との比較で、同調性を促す」、「モノを得ることより損失を強調することで、これを回避する行動を促す」などである。日本でも環境省に日本版ナッジ・ユニット（BEST）が設置され、省エネやコロナ対策などでの活用が検討されている。

　ナッジを利用したサービスの例として東京電力の『でんき家計簿』が挙げられる。これは米国のエネルギー情報サービス会社 Opower と連携したサービスである。Opower では、米国のエネルギー情報局や国勢調査局が公開しているオープンデータを使用し、顧客を細かいセグメントに分け、同じ特性に分類された顧客を省エネ達成度によって1位から最下位までランキングし、ランキングを上げるための具体的な省エネ対策をアドバイスするなどして成長している会社である。でんき家計簿でも、よく似た家庭との比較で競争意識を喚起し、消費者の節電・省エネ行動に結びつける。比較することで使用量が超過していることや、省エネ上手な家庭ではもっと削減できていることを知り、自発的な行動につなげる行動科学に基づく。関西電力でも『はぴeみる電』が同様の情報サービスを実施している。

(3)　人を中心に考える

　ヒューマンファクターとは、「人的要因」あるいは「人的特性」を指し、人間のもっている物理的、生理的、心理的、あるいは行動などの特性をいう。人

は、人種・性別や文化、育った気候や地域性、または経験や学習したこと、過去の記憶や、直前にさらされた環境などによって感じ方が異なる。

　一方、建築空間では人の感じる快・不快を平均化した指標を作り出し、それを満たす物理的環境を再現するように温熱環境や光、音環境を調整するための設備をしつらえ、制御・運用を図っている。本来、空間の中心に人がいて、人の快適性や満足感を目指すのが空間づくりでありながら、現実には、物理的指標を満たすように設計・運用している。ヒューマンファクターとは、センサー技術の向上とともに、人の状態を知り、人を中心とする制御に変えようとする概念である（日本建築学会 2020）。

(4) 環境影響評価指標による建物の評価

　建物の省エネ、環境配慮を求めるため、建物を対象とした性能の評価・表示するシステムが導入されている。日本における省エネ性能表示の代表的なものが BELS（建築物省エネルギー性能表示制度）で、省エネ基準の適合義務化の流れで導入された。

　こういった省エネ性能を評価・表示するツールは、海外では米国の ENERGY STAR、英国の EPC（Energy Performance Certificate）、ドイツの Energieausweis（エネルギー証明書）などが挙げられる。

　日本の環境性能評価ツールで代表的なものは CASBEE（建築環境総合性能評価システム）である。CASBEE では評価に値するプラス要素の環境品質（Q）と抑制したいマイナス要素の環境負荷（L）の双方を BEE（建築物の環境性能効率）として同時に評価し、S（素晴らしい）から C（劣る）で表示する。実際にどの程度、環境に影響を及ぼしているかを評価している訳でなく、建物の性能そのものが評価対象である。

　建物の環境性能を評価するシステムとして国際的に活用されているのが、米国グリーンビルディング協会（US Green Building Council）による LEED（Leadership in Energy and Environmental Design）である。環境配慮性能の国際的発信、不動産価値の向上にもつながるため、国内でも環境配慮を謳っている建物での認証取得が進んでいる。LEED では、建物と敷地利用の環境性能を幾

つかのカテゴリーによる項目で評価している。それぞれは必須項目と選択（加点）項目から構成されているが、認証を取得するには、必須項目の要件を満たした上で、選択項目の得点を取得する。この点数に応じて、プラチナ、ゴールド、シルバー、サーティファイド（認証）の4つのレベルで評価される。

(5)　建物の評価も人を中心に

　建物の性能をいかに評価し、表示するかに関して記述したが、ここでも関心は人に向かう。2014年、世界グリーンビルディング協会（World Green Building Council）から、「オフィスにおける健康、ウェルビーイング、生産性。グリーンビルディングの次章（Health, Wellbeing & Productivity in Offices, The next chapter for green building）」という報告書が発表された。その中で、典型的なビジネス運営経費が示されているが、内訳は光熱費1％、オフィス賃料9％、福利厚生を含む人件費90％という。このことからもオフィスで働く人そのものを健康で幸せにすることこそ重要であると説いている。

　建物の中で過ごす人の健康や生産性を評価する新しい国際的認証制度、WELL認証（WELL Building Standard）が開発され、新築や既存の建物、インテリアを評価対象としながらも、建築環境を人の健康、ウェルビーイング（幸福といった意味）、快適性を支える手段として利用する。評価はAir（空気）、Water（水）、Nourishment（食物）、Light（光）、Fitness（フィットネス）、Comfort（快適性）、Mind（こころ）の7つのカテゴリーで102項目。それぞれの項目で、人体の心血管系、消化器系、内分泌系、免疫系、外皮系、筋肉系、神経系、生殖系、呼吸器系、骨格系、泌尿器系のいずれに寄与するかを述べている。LEEDなどのグリーンビル評価ツールとの連携も意図され、実際にLEEDの認証機関Green Business Certification Inc. が認証する。

　日本でもCASBEE－ウェルネスオフィスが開発され、建物内で執務するワーカーの健康性、快適性に直接的に影響を与える要素だけでなく、知的生産性の向上に資する要因や、安全・安心に関する性能についても評価する。

10.5　現状のまとめと課題提示

　建築や都市そのものに要求される性能・機能を考えることから、そこで生活し、働く人そのものに関心は変化している。例えば、執務者の多様化したニーズに応え自由に場所を選択し働くABW（Activity based working）では、空間の中にリラックスできるカフェテリアや、コミュニケーションできるスペースの他、個人が集中して作業できるブース、グループでミーティングや作業ができるスペースなどを設えている。更に、疲れたときに休憩・リフレッシュできる場所も準備されている。このことで、より創造性や知的生産性を高め、新たな価値創造につなげることを目指しており、シェアオフィスの拡がりや、withコロナ時代の新しいオフィスとしても増えてきている。個人が専有のデスクを持たずに自由に場所を選択できる「フリーアドレス」と似ているようにも思えるが、空いている席をなくすことでスペースを有効利用しようとする概念とは全く異なり、ABWは働き方そのものに着目し、個人のパフォーマンスを高め、快適・健康に過ごすことにつながる。

　ヒューマンファクターの解明とともに、ヒューマンファクターを活かした環境建築も、これから大きく進化してゆくに違いない。特にビッグデータを利用したAI技術の進化により、一気に進行しているように思える。人の生理現象と心理反応を明らかにしてゆくことで、快適性や満足感を得て、最終的には知的生産性や健康に価値が置き換わってゆくと考えられる。

　建築や都市のサステイナビリティはカーボンニュートラルを目指しながらも、人を中心に考える意義が高まっている。

【設　　問】
◇快適でカーボンニュートラルにつながる建築空間とはどのような空間か、またそういった空間を実現するために行う環境制御とはどういうものか、考えてみよう。
◇サステイナブルで、あらゆる世代の様々な人たちが住み続けられるまちづくりを進めるにはどういったことが必要か、具体的な「まち」や「むら」を想定して、考えてみよう。

〔参考文献〕

空気調和・衛生工学会（2009）『ヒートアイランド対策：都市平熱化計画の考え方・進め方』オーム社

「建築物の省エネ設計技術」編集委員会（2017）『建築物の省エネ設計技術　省エネ適判に備える』学芸出版社

日本建築学会（2020）『環境のヒューマンファクターデザイン：健康で快適な次世代省エネ建築へ』井上書院

IEA Annex 35: Hybrid Ventilation in New and Retrofitted Office Buildings（2002）"Principles of Hybrid Ventilation," IEA Energy Conservation in Buildings and Community Systems Programme.

第11章

高齢者介護とサステイナビリティ

大塚　陽子

11.1　進む高齢化、遅れる介護の担い手の確保

　高齢者介護は今や西洋・東洋、先進国・途上国を問わない共通の課題である。特に介護人材の確保は国際的な争奪戦となっている。日本は世界第1位の長寿大国であるにもかかわらず、介護殺人・介護離職といった特有の状況は、日本が如何に介護の家族依存から脱却できないかを示している。

　本章ではまず、介護の社会化をめぐる日本の現状を諸外国と比較し、対応策の相違を検討する。そして、サステイナブルな社会の形成のためには、ケアを通した他者とのつながりや共生に価値をおきながら、福祉・雇用・環境を好循環させる生活システムを構築することの必要性を論じていく。

(1)　高齢化スピードと健康寿命

　産業化や医療技術の発達に伴い、人口の高齢化はどの社会においても進行するが、問題は社会における高齢化のスピードと健康寿命の長さである。65歳以上の人口が総人口の7％を超えると「高齢化社会」、14％を超えると「高齢社会」、21％を超えると「超高齢社会」となるが、日本は、1970年に「高齢化社会」、1994年に「高齢社会」、2007年には「超高齢社会」に到達した。高齢化の急速な進行は、生産年齢人口バランスに影響を与え、社会システムに負担をかける。欧米諸国、例えばフランスは115年をかけて緩やかに高齢化社会から高齢社会へ移行した。しかし、日本はわずか24年という短期間で移行した。他のアジア諸国も短期間で移行しつつある（内閣府 2019）。

平均寿命が短く健康寿命が長ければ、他者による介護の必要性はそれほど生じない。しかし、日本の平均寿命は2019年で男性81.41歳、女性87.45歳（厚生労働省 2020）となり、男女共に毎年最高値を更新している。健康寿命も日本は長く、男性72.6歳、女性75.5歳（WHO 2021）である。この平均寿命と健康寿命の数値差から、男性はおよそ9年間、女性は12年間、自立した生活のできない、要介護期間が生ずる。つまり、乳幼児期間がそうであるように、人は誰でも一生において他者からのケアを受けるのは当然であるという事実を組み込んだ上で、介護を要する人口と介護を担う人口のバランスをどのように維持するのかが政策課題となる。

(2) 介護の社会化が遅れたのはなぜか

日本が高齢者の生活を支える介護政策に本格的に取り組み始めたのは、1990年代と遅く、2000年に介護保険制度が施行されて現在に至っている。日本ではなぜ介護の社会化が遅れたのだろうか。

日本の社会保障制度は、第2次世界大戦後から高度経済成長期にかけて形成された。これは性別役割分業を基礎とする戦後家族体制のもとで整備された。1955年に訪れた高度経済成長期は、妻子を扶養可能なサラリーマンが増大した時期で、高齢者介護は、妻が専業主婦となって家事・育児とともに担うのが一般的だった。ベビーブーム世代が成人して生産労働人口が増加したため、高齢者比率はまだ低く、高齢者介護施設も少なくて済んでいた。

1972年のオイルショックから始まる経済停滞期に入ると、政府は「日本型福祉社会」モデルを打ち出した。これは、公共支出を増大させる欧米型福祉国家を否定し、家族内でのケアを日本古来の美徳と強調することによって家族を「福祉の含み資産」として位置づけ、これに地域や企業の連帯を促す自助努力型の福祉モデルであった。これは例えば、北欧諸国が同時期に、公共の福祉・教育サービスを増大させて女性雇用を促進し、自立した2人稼ぎ手家族モデルを構築することによって所得税（50〜70%）などを社会保障費用に還元する体制にシフトしたのとは真逆の体制であった。

1980年代にパート主婦が増加し、1992年には「共働き」世帯数が「男性1人

稼ぎ手」世帯数を上回った。しかし、介護役割は相変わらず主婦である妻に期待され、1997年に介護保険制度が制定されたが、これもまた、家庭に主婦がいることを前提とした制度設計であった。独居高齢者世帯の増加、嫁の役割の急速な衰退といった家族の変化も予測されないまま介護の社会化がようやくスタートしたのである。

(3) 介護労働者の現状

　介護の社会化に介護労働者の存在は欠かせない。介護労働者の現状はどのようになっているのだろうか。

　「介護」が「看護」と区別して社会的に承認されたのは1970年代からである。1960年代には老人家庭奉仕員派遣事業が、社会福祉協議会や民生委員協会が中心となって、寝たきり老人家庭を対象に各自治体において実施されていたが、家庭奉仕員（ホームヘルパー）は専門職でも常勤でもなかった。1980年代には家庭奉仕員の研修制度が確立し、介護福祉士資格が導入された（森川 2015）。

　介護保険制度によって介護労働者数は施設系・訪問系ともに増加した。だが、介護労働者、特に介護職員・訪問介護員の待遇は良好とはいえず、介護報酬は介護保険から賄われているために所定内賃金は月額21万円程度と一般労働者よりも9万円ほど低い。離職率も16％前後と高い。就労形態については、非正規雇用（施設系39.8％，訪問系75.2％）に依存している。年齢構成は、施設系では30〜54歳が57.4％と主流だが、訪問系では60歳以上が38.5％を占める。男女別に見ると、施設系・訪問系いずれも女性の比率が圧倒的に高く（施設系73.3％、訪問系87.8％）、男性は40歳未満が主流である。女性は40歳以上の割合がいずれの職種も過半数を占めている（介護労働安定センター 2017、2018）。

　したがって、介護活動は1990年代には有償労働として確立したが、重度の要介護者への介護技術やケアマネジメントなど高い専門性や能力が要求される一方で、家族や地域において無償で行われてきた在宅介護の延長としてみなされてきた。そのため、特に訪問介護については、非正規雇用の中高年女性に依存する安価な労働となっており、それが深刻な労働者不足を招いている。

11.2　男性介護者の増加は女性介護の終焉か

　介護労働者不足は家族介護者に多大な負担を与える。家族介護は妻・嫁・娘といった女性が無償で行う役割とされてきたが、介護保険制度の導入後に家族介護の状況は変化したのであろうか。

(1)　配偶者間介護の現実

　65歳以上の高齢者のいる世帯は、2019年現在で、全世帯の49.4%とおよそ半数にものぼる。65歳以上の高齢者のいる世帯のうち、高齢者夫婦のみの世帯が32.3%と最も多い（厚生労働省 2020）。一方、要介護者の主な介護者の54.4%は要介護者の同居家族であり、13.6%が別居家族となっている。要介護者の同居家族の内訳は、配偶者（23.8%）、子（20.7%）、子の配偶者（7.5%）の順であり（厚生労働省 2019a）、夫婦間での介護が最も多いことがわかる。

　今や同居の主な介護者の35.0%は男性となっている。これら男性家族介護者の年齢は60〜69歳（28.5%）が最も多く、次いで80歳以上（22.8%）、70〜79歳（21.1%）、50〜59歳（18.8%）の順となる。80歳以上になっても同居家族の主たる介護者である男性が多いことは特筆すべきことである。また、50〜59歳は定年退職前のため、介護離職をしている可能性も高い。一方、女性家族介護者の年齢は60〜69歳（31.8%）、70〜79歳（29.4%）、50〜50歳（20.1%）の順となる（厚生労働省 2019a）。家族介護者の多くは、自分自身の将来を含め、先の見えない不安に直面している。育児とは異なり、男性の介護進出は女性の負担を減じるわけではない。また、それで女性の介護役割が終焉するわけでもない。介護労働者の供給は家族介護者のニーズと表裏一体を成しており、介護労働者不足は家族介護者への負担をさらに深刻にしている。

(2)　未成年者は介護しないか

　介護負担は若年層にも及んでいる。大人の代わりに家事や介護といった家族の世話を担う18歳未満の子どもを「ヤングケアラー」というが、中学・高校生

でおよそ20人に１人いることが国の実態調査で明らかになった。ヤングケアラーは親・祖父母の介護、幼い兄弟姉妹の世話をする。世話の内容は、「食事の準備や掃除、洗濯などの家事」「見守り」「世話や保育所への送迎」などであり、家族の世話に割く時間は平日１日平均４時間となっている（MUFG 2021）。

　ヤングケアラーは、家事・ケアを抱え込むことにより、学業・生活・健康に支障をきたしやすい。そして何より、誰にも相談できないことが彼らの孤立を深め、社会のなかで見えない存在とされていく。介護システムが持続しないことは、若者の未来を閉ざし、若者に貧困をもたらし、日本の将来を奪う悪循環となる恐れがある。

(3)　一人暮らし高齢者世帯はどうなる

　65歳以上の高齢者のいる世帯のうち、一人暮らし高齢者世帯は28.8％と３割近くにもなる（厚生労働省 2020）。

　内閣府（2015）の「平成26年度一人暮らし高齢者に関する意識調査」によれば、60代になって配偶者と死別した者が最も多いが、「今のまま一人暮らしでよい」と考える者が76.3％を占める。したがって、健康で自立可能な期間の一人暮らしはポジティブに選択されている。しかし他方では、「病気で何日か寝込んだ時に看病や世話を頼みたい相手」（69.5％）、「心配事や悩み事を相談したい相手」（68.6％）、「健康や介護などについて相談したい相手」（72.9％）など、頼りたい相手を必要としていることも事実である。

　特に認知症の無自覚な進行、支援・介護が必要な際の判断、亡くなっても気づかれない孤独死などは、一人暮らし高齢者にとってのリスクとなる。

　一人暮らし高齢者世帯の割合は、2040年には65歳以上の高齢者のいる世帯の45.3％を占めるであろうと推計されている（内閣府 2019）。依存する家族がいることを前提とした社会保障制度のなかで、家族に依存しなくても生活の質（QOL）を維持できる仕組みを整備することは喫緊の課題といえる。

(4)　介護役割集中のリスク分散

　介護離職・介護殺人など家族が介護によって追い詰められる背景には、介護

の担い手や多様な介護役割が社会のなかで上手く分散できていないことにある。実際に、2017年に介護・看護を理由に離職した男女は、9.9万人もいる（厚生労働省 2019b）。雇用者の4.6％が介護をしているが、50代で介護をしている割合は9.3％を占め、そのうち90.7％は老親を介護している。しかし、介護する雇用者のうち3割は雇用主に介護していることを伝えていない（リクルートワークス研究所 2018）。ここに家族介護者が介護を抱え込む傾向が見られる。

　介護・看病疲れを動機とする殺人（介護殺人）は年間40件程度生じているが、そのうち、4割が後追い心中（介護自殺）を覚悟していた。また、2007～2015年の9年間に介護・看病疲れを動機とした自殺者数は2515人で、そのうち60歳以上が全体の6割を占めていた。家族内の介護殺人には「心中未遂」「2人暮らし世帯」「介護負担が加害者に集中」「被害者が寝たきり」「加害者は男性（夫・息子）、被害者は女性（妻・母）が多い」といった特徴がある（湯原 2019）。

　介護とはいっても、食事・排泄の世話、送迎などのアレンジメント、付き添い、見守り、話し合い手、など専門性、頻度、その他に応じて要介護高齢者に対して様々な関わり方がある。また、介護の担い手には、施設や訪問による介護従事者などフォーマルなケアを行う主体（アクター）と家族・コミュニティなどのようにインフォーマルなケアを行う主体がいる。

　ところが、日本は介護の社会化が行われても特定の家族や家族メンバーに負担が集中しやすい。介護役割を一手に抱えるリスクは、社会のなかでできるだけ分散されなければならない。例えば、未成年者には家族介護をさせずに学業に専念させるのか、未成年者も家族介護者とみなした上で学業との両立支援をするのか、未成年者も含めて老若男女にかかわらず誰もがケアに関わる生活を構築していくのか、持続可能な福祉社会を目指すための政策的方向性についての議論が必要となる。

11.3　介護の家族依存からどのように脱するか

　高齢化は西洋・東洋を問わず、ある程度産業化された社会では必然的に進行するが、誰が・どこまで・どのように介護役割を担うかについては、国の体制

によって相違がある。日本では介護の社会化がなされていても、家族介護者は追い詰められる現状がある。このままでは要介護家族のいることが共倒れのリスクになりかねない。他方では、依存する同居家族のいない一人暮らし高齢者数は急増している。本節では、諸外国が高齢者介護についてどのような対応策を講じているのかを比較し、介護の家族依存を脱する仕組みについて考察する。

(1) 国によって介護を担う主体は異なる

主たる介護の担い手が誰なのかは、その国の福祉体制によって異なる。比較福祉国家論における国家・市場・家族の3つの福祉供給主体のうち、アメリカなどの「自由主義レジーム」をとる国家では、市場が中心となる。自助を社会の基本理念とするため、公共の福祉は選別された上で供給される。北欧などの「社会民主主義レジーム」国では、国家が主たる福祉供給役割を担う。理念的には普遍主義・個人主義原則に基づくために、家族に依存することは少ない。逆にドイツなどの「保守主義レジーム」では、家族の福祉的役割が強いと分類される（Esping-Andersen 1990）。

日本はこの3つの福祉レジームのなかでは、介護保険を含む社会保険制度をもち、性別役割分業を基礎とした家族主義をとる点では、「保守主義レジーム」に近いと考えられている。しかし、先に述べたように、高齢者介護をめぐる状況は高齢化スピード、健康寿命の長さ、人口構造、家族形態、雇用形態の変化などに影響される。したがって、介護を担う主体および主たる介護の担い手は社会構造とともに動態的にとらえられる必要がある。

(2) 各国における対応策の現状と相違

介護役割の社会的配分は動態的である。ここでは、家族の福祉的役割に依存しない、つまり「脱家族化」が進んでいるといわれる北欧―デンマーク、および、日本と同様に家族頼みの福祉の伝統の下で急激な高齢化が生じている、中国・台湾の現状・対応策の相違を検討する。

福祉大国といわれるデンマークでは、介護は行政の責任であることが生活支

援法で定められている。よって脱家族化は進み、高齢者は独居で訪問介護サービスを受けながら生活するのが一般的である。デンマークは働ける人は納税者として働く完全雇用社会であるため、介護労働者も自立した公務員として雇用されている。近年、福祉の合理化によって介護役割の一部（付き添い・見守り・話し合い手などの、軽度なケアや精神的ケア）が地域や家族に期待される傾向にはあるが、公的サービスの質が低下すると社会的連帯が弱まるため、介護の主たる担い手が行政であることに変わりはない（大塚・諶 2017）。

中国では、介護は家族の役割と明示されている。日本のように全国統一的な公的介護保険制度はまだ存在せず、施設も少なく、介護は在宅で行われている。今のところ介護の担い手世代には兄弟姉妹がいるため、老親の世話はできるだけ公平に分担されている。日本のように要介護者と同居の子どもの家族のみに負担が集中することは少ない。３カ月や６カ月ごとに子どもが交代で要介護者と住み替え同居するパターンもある。中国では２人稼ぎ手世帯が主流なため、農村からの住み込み家政婦をその世帯が雇っている。しかし、介護の質は高くなく、有資格者であっても低賃金・低待遇である（大塚・諶 2017）。

台湾にも老親の介護は子どもたちで公平に担う伝統がある。公的介護保険制度の実施は保留状態であるが、介護の社会化は進みつつある。しかし、施設は非常に少ない。台湾では、住み込みの外国人在宅介護労働者（主にインドネシア人）を各世帯で雇って家族介護力を補強している（大塚・頼 2020）。だが、在宅介護労働者の私的雇用は介護の社会化や脱家族化につながらず、介護の担い手をめぐる格差構造を拡大させる。

(3)　ジェンダー視点からの分析

各国におけるケアレジームをジェンダー視点から分析すると、その国における女性の地位や役割が見えてくる。日本では女性は夫に扶養され、無償で家族のケアをする主婦として位置づけられている。そして、このことが男女の賃金格差や女性の非正規雇用の多さを正当化している。

しかし他方では、例えば、デンマークでは女性は福祉・教育分野の自立した公務員として雇用されている。また、中華圏では農村女性あるいは外国人女性

が24時間住み込みの家政婦もしくは在宅介護労働者として家庭に雇われ、高齢者の世話をしている（大塚・諶 2017）。

　介護する側も介護される側も女性が多い現状は、どの国においても比較的共通することであるが、介護の脱家族化を進めるには、その国における女性の役割をどのように位置づけるかの検討も必要であろう。

11.4　誰もがケアに関われる日常の回復

　これまで見てきたように、介護保険施行後20年を過ぎた日本の高齢者介護政策は、介護の社会化を目指したものの、実際には「強家族化」の方向へ進みつつある。介護離職、配偶者間の老々介護、ヤングケアラーの増加など、これでは家族をつくることがまるでリスクとなりかねない。他方で、家族に依存できない、一人暮らしの高齢者数は増加している。

　高齢者介護問題を解決するには、介護労働者の確保と同時に、私たちの生活そのものを誰もがケアに関われる日常に再構築する必要がある。これは介護ばかりでなく、働き方、健康な暮らし方、時間の使い方、他者とのつながり方、環境への配慮の仕方など、人の様々な活動の集積である日常生活をトータルに見直すのである。市場競争がすべてという市場原理主義や労働の規制緩和を主眼においた日本では、日常生活のどこかで変化が生じた際に綻びが生じ、その綻びは別のいくつもの綻びをもたらし、負のスパイラルから抜け出せなくなる。本節では、誰もがケアに関われる日常を取り戻すための「好循環」をデンマークの研究者によるいくつかの先行研究から検討していく。

(1)　ケアを通した他者とのつながりは次世代への社会的投資

　好循環をもたらす最初のヒントは、イェスタ・エスピン＝アンデルセン（Gøsta Esping-Andersen）が提起した「女性の役割革命」「社会的相続」という考え方である。彼によれば、高学歴な女性は高学歴なパートナーを選ぶ傾向があり、家族を形成した後も自立した納税者としての社会的役割を担う。高学歴カップルは家事時間を短縮化し、労働時間を在宅化する。そこに、柔軟な働き

方の促進、良質で普遍的な公的保育サービスの提供、家族形態を問わない個人単位の公的支援政策を投入すれば、親は子どもに生活習慣や考え方など自立する力を伝えるための時間を確保できる。その時間的投資が次世代を育て、貧困の連鎖を防ぎ、安寧な社会が持続するというのである（Esping-Andersen 2009）。

　家族介護者が、自身の正規雇用と家族のケアに余裕をもてる生活を保障されることは、質の高い介護労働者の長期的な確保にもつながる。女性が自立した稼ぎ手としての役割を担うと、税財源が増える。それを教育・福祉に還元する。そして、介護労働者にもケアすべき家族がいることに配慮しながら、介護労働者の専門性向上のための教育投資をすることが、国内・国外における介護労働者の質を上げ、グローバル競争にも打ち勝つことにつながる。

　市場経済ではなく、人の生活を優先し、生涯にわたる教育や福祉に惜しみなく予算を使うことは、長期的に見ればその社会にとって効率的なのである。

(2)　働き方とエネルギーの循環

　ヨアン・S・ノルゴーとベンテ・L・クリステンセンは、1982年に執筆した著書のなかで、「環境に配慮した持続可能な発展とは、人間的な社会である」ことを既に述べている。人間らしい働き方や家族時間を素直に見つめた「そこそこの生活」は、エネルギー政策的にも持続可能な社会を生み出すというわけである。つまり、働き方を見直せば、家族時間が増える分、企業において消費されるエネルギーが節約される。また、働き方の改革によって生まれた時間的余裕は地域活動を活発にし、自分たちの周囲の環境をより良くしようとして、多くの人がエネルギー問題に興味をもつようになる。エネルギー問題への取り組みは社会的連帯を生み、成熟社会の形成につながる。

　ノルゴーらの主張から、介護をめぐる持続可能な社会の形成も、介護領域だけでなく、日常生活の時間的豊かさに価値をおきながら、雇用や環境など他の領域も射程に入れた上で追求していく必要があると思われる。

(3)　ケアをめぐる国際競争と協調

　高福祉高負担の北欧福祉国家が持続できる要因の一つとして、第2次世界大

戦後に本格的に進んだ北欧諸国内での社会政策協力がある。この国際協調によって、北欧内での社会的市民権をめぐる制度の相互互換関係が形成された。また、各国共通の社会統計資料の作成と情報共有により、北欧内比較が社会政策上の競争につながった。そして、この競争が国内で社会政策上の議論をする際の正当な根拠となった。つまり、北欧諸国は、常に北欧的なものとは何かを模索しながら北欧福祉モデルを構築し、自国の政策がこのモデルから如何にかけ離れているかを意識することによって、各国の社会政策を発展させてきたのである。そして、これらのことは、北欧外で北欧福祉モデルを推すことで強調されるようになった（ペーターセン 2017）。

　介護はドメスティックな課題であるが、介護労働者の確保はグローバルな課題である。自国のサステイナビリティのために、他国との協調と競争をシステムに組み込むことは、介護労働の質および対価を上昇させることにつながる。AI ロボットやビッグデータを活用した介護イノベーションを、国境を越えた情報共有によって模索することもまた、介護を国際的な政策課題に押し上げる。

11.5　現状のまとめと課題提示

　本章では、日本における介護の担い手をめぐる現状と課題を諸外国との比較から明らかにし、サステイナブルな介護システムへの手がかりを考察してきた。介護システムをサステイナブルにするためには、介護役割を社会で分散させなければならない。そのためには、誰もがケアに関われる日常に組み替える必要がある。つまり、介護問題は介護のみならず、人の生活を構成する雇用、環境など様々な領域を好循環させることが大切なのである。

　SDGs の17の目標には人の生活を構成する様々な領域がある。本章においては17の目標のうち、「貧困」「保健」「教育」「ジェンダー平等」「エネルギー」「働きがい」「協働」といった目標に、高齢者介護のサステイナビリティをテーマにしながら触れてきた。つまり、SDGs の各目標は個々に数値達成すればサステイナブルな社会が実現されるのではない。各目標がトータルに好循環するような、動態的な仕組みを生み出すことがキーとなるのである。

【設　問】

◇環境破壊につながる労働に高い対価が支払われ、人をケアする労働に高い対価が支払われにくいのはなぜかを考えてみよう。

◇ケアの提供はドメスティックな政策課題であるが、ケア労働のグローバル化が進展する現在、国家間で協調できることはあるかを考えてみよう。

〔参考文献〕

MUFG（2021）『ヤングケアラーの実態に関する調査報告書』三菱 UFJ リサーチ＆コンサルティング

大塚陽子（2015）「デンマークにおける介護労働とジェンダー」乙部由子ほか編著『社会福祉とジェンダー』ミネルヴァ書房、65-82頁

大塚陽子・諶齢彦（2017）「介護労働者としての女性の役割に関する国際比較」『政策科学』24巻3号（立命館大学政策科学会）、221-233頁

大塚陽子・頼心盈（2020）「台湾における高齢者介護労働と福祉レジームにおけるジェンダー課題」『政策科学』27巻3号（立命館大学政策科学会）、131-144頁

介護労働安定センター（2017、2018）「介護労働実態調査」

厚生労働省（2019a）「令和元年国民生活基礎調査」

厚生労働省（2019b）「就業構造基礎調査」

厚生労働省（2020）『令和2年版厚生労働白書』

内閣府（2015）「平成26年度一人暮らし高齢者に関する意識調査」

内閣府（2019）『令和元年版高齢社会白書』

ノルゴー，ヨアン・S．／クリステンセン，ベンテ・L．（2002）『エネルギーと私たちの社会：デンマークに学ぶ成熟社会』飯田哲也訳、新評論

ペーターセン，クラウス（2017）「北欧諸国の社会政策における連携」ペーターセン，クラウスほか編著『北欧福祉国家は持続可能か』大塚陽子・上子秋生監訳、ミネルヴァ書房、136-161頁

森川美絵（2015）『介護はいかにして「労働」となったのか』ミネルヴァ書房

リクルートワークス研究所（2018）「全国就業実態パネル調査2017」

湯原悦子（2019）「高齢者の心中や介護殺人が生じるプロセスと事件回避に必要な支援」『老年精神医学雑誌』30巻5号、513-519頁

Esping-Andersen, Gøsta（1990）*Three Worlds of Welfare Capitalism*, Polity Press.

Esping-Andersen, Gøsta（2009）*The Incomplete Revolution*, Polity Press.

WHO（2021）*World Health Statistics 2021*.

技術・社会のイノベーションとサステイナビリティ

銭　学鵬

　イノベーションは社会経済発展の原動力であり、サステイナビリティへの転換に欠かせないエンジンである。本章では、イノベーションとサステイナビリティおよびSDGsの関係性に焦点を当て、イノベーションの重要性や多面性、イノベーシに関連する動向や政策を紹介する。まず、イノベーションに関連する基礎的な概念を紹介し、サステイナビリティ視点から、イノベーションと環境およびSDGsの関係を説明する。そして、システム的視点からイノベーションの展開のメカニズムを紹介し、イノベーションシステムおよび政策および企業の視点を説明する。

12.1　イノベーションの定義と分類

　1912年、オーストリアの経済学者シュンペーターは、著書『経済発展論』で初めてイノベーションを定義した。イノベーション（innovation）の語源は、ラテン語の"innovare"（更新）（＝"in"（内部）＋"novare"（変更））である。その著書の中で、経済発展は、人口増加や気候変動等の外的な要因よりも、イノベーションのような内的な要因が主要な役割を果たすと述べられる。イノベーションとは、新しいものを生産する、あるいは既存のものを新しい方法で生産することであり、生産とはものや力を結合すること定義される。イノベーションの例として、創造的活動による新製品開発、新生産方法の導入、新マーケットの開拓、新たな資源あるいは新たな供給源の獲得、組織の改革等が挙げられる。

　1958年の『経済白書』では、イノベーションが「技術革新」と訳されていた。当時の多くの場合、経済発展の要因は技術そのものであり、イノベーションは「技術」に特化されていたと考えられる。しかし、イノベーションとは、技術の革新にとどまらず、これまでのモノ、仕組み等に対して、全く新しい技術や考え方を取り入れて新たな価値を生み出し、社会的に大きな変化を起こすことを指す。

　経営経済の視点から、イノベーションは技術面と市場面でのインパクトの度合いにより、構築的革新（これまでの技術・生産体系を破壊し、全く新しい市場を創造するもの、例えば、コンピュータ、インターネット）、革命的革新（既存の技術・生産体系を破壊するが、既存の市場との結び付きを維持していくもの、例えば、アナログからデジタルへのオーディオの技術革新）、間隙創造的革新（既存の技術・生産体系の中で、新たな市場を開拓していくもの、例えば、家庭用テレビゲーム機）、通常的革新（技術・生産手段の改良等により、より安く高品質の製品・サービスを提供するもの）に分類される。

　イノベーションの駆動力により、技術プッシュ型（technology push）とマーケットプル型（market pull）に分類される。技術プッシュ型とは、新技術の商品化による市場創出である。マーケットプル型とは、既存の顧客や社会ニーズあるいは規制の要求を満たすことである。過去の技術革新の中、約3分の2のイノベーションはマーケットプル型に属する。

　対象とインパクト範囲により、イノベーションは製品、プロセス、製品からサービスへの移行、システムに分類される。製品のイノベーションとは、最終製品やサービスの新たなデザインを指す。エネルギー効率を向上させるためのプロセスの修正や更新もイノベーションの対象である。さらに、資源を節約するために、消費者のニーズを物理的な製品ではなくサービスの形で満たすという、製品からサービスへの移行も考えられる。例えば、現在各大学に導入されているクラウドプリンターを活用する場合、学生たちは各自のプリンターを購入する必要がなく、電子ファイルを送ったら印刷物を学校で受け取ることができる。この方式の移行により、印刷機器の維持・管理も効率的になる。システムのイノベーションは、最もインパクトが強く、包括的で、システムの内外の

様々な要因や関係者が関与するものである。サステイナビリティおよびSDGs
を達成するためには、製品やプロセスの多くの技術イノベーションだけではな
く、システムのイノベーションが必要である。

12.2　イノベーションとサステイナビリティ

(1)　イノベーションと過去の環境問題

　イノベーションは、私たちが住んでいる世界の輪郭を変えて、社会を前進さ
せる力である。歴史上３つの人口の急増は、それぞれ最初の道具の利用、農業
革命、それから産業革命に伴って起きていていた。そして、現代技術の急速な
発展により、人間社会は飛躍的に成長している。技術発展は私たちの生活の質
を改善する機会を提供しており、社会のあらゆる面に影響している。同時に、
技術発展も社会的、経済的、環境的な文脈の中で考察・評価するべきである。
図表12-1で、技術発展の歴史と未来を、1785年以降の５つのイノベーション
の波（"five waves of innovation" と呼ばれる）に分けている。第１段階では、水
力発電や繊維と鉄の材料の開発が行われ、商業が出現した。その後に、蒸気機
関がシンボルとなった産業革命の段階に入った。20世紀に入ってから、電力、
化学工業、内燃機関の発展と普及によって、社会が大きく進歩し始めた。1950
年代以降、石油工業、電気産業が中心とした近代産業技術の進化、そして我々
が経験している、情報通信、ソフトウェア、ニューメディア、バイオテックの
イノベーションが急速に前進する第５段階である。これから、イノベーション
の第６段階に入ると言われている。主力になるイノベーションは、自動化、ロ
ボティクス、デジタル化、そしてサステイナビリティと考えられる。

　これらの過去のイノベーションの積み重ねによって、社会と経済が進化し続
ける。しかし、各段階の主流になった技術は、その時代に特徴的な環境問題を
引き起こした。蒸気機関の普及に連れて、石炭の使用量が増え、排気ガスに
よってロンドン型スモッグが発生した。第３段階から1980年代にかけては、化
学工業、後石油工業からの排水排ガスの問題で、工業国が重金属汚染や光化学
スモッグ等多くの公害にさらされた。また、「緑の革命」の代表的な農業技術

図表12-1　5つのイノベーション

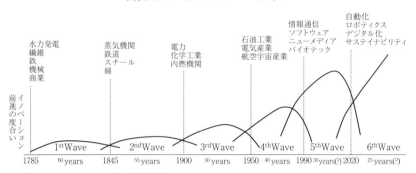

出典：Hargroves & Smith（2005）．筆者訳

である毒性の強い農薬や化学肥料の開発と普及は、農業生産量を増加させる一方で、富栄養化等の長期的な生態系への悪影響を残した。人類は地球上の資源に依存して生きている。技術は、私たちの資源の使い方を大きく変えた。特に産業革命以降は、高度な技術によって人口増加に対応した無限界に物資を作ることが可能と思われていた。しかし、資源の使用量の増加は環境への負荷を増大させ、このままでは明らかに持続不可能な道を歩むことになるだろう。

(2)　サステイナビリティを実現するためのイノベーション

　このような問題が発生し、イノベーションに常に二面性があると単純に考えることはできない。今後のイノベーションについて、総合的に評価し、問題を回避し、イノベーションの方向性と環境負荷を慎重に考慮すべきである。サステイナビリティ学分野では、下記の IPAT という方程式は、人口規模、人々が望む生活水準、技術的要因を用いて、環境への影響を説明している。

環境の影響 Impact ＝人口×（GDP／人口）×（環境影響／GDP 単位）

＝人口 Population ×富裕度 Affluence ×技術 Technology

　IPAT 方程式の 3 つの項の第 1 項は人口の伸びにあたり、社会的な問題によってきまるが、国連の世界人口の推測により、増大傾向は明らかに強い。

GDP は一国の国内総生産で、産業・経済活動の尺度であり、生活水準とも関係している。GDP の伸びは、特に途上国に期待されている。将来も引き続き伸ばしていくべきだとされる項は第2項（1人あたりの GDP）、すなわち広義にいえば生活水準（あるいは富裕度）の継続的な上昇である。第3項は単位あたりの排出量に対する環境影響の量であり、この項は社会的、経済的な背景が条件となりうるが基本的にその変動は技術・産業によるものとみなされる。環境への影響を低減するには、第3項の減少、すなわち技術・産業による環境影響を小さくすることが鍵として求められる。従って、サステイナブル産業システムへの革新を目指している産業エコロジーの専門家がイノベーションに対して、脱物質化、物質代替、脱炭素化、情報通信技術（ICT）との結合という「4つの要件」を主張している（Graedel & Allenby 1995）。「4つの要件」は、イノベーション進化の第六段階のサステイナビリティの具体方向性を示している。

(3) SDGs のためのイノベーション

SDGs は、世界各国がサステイナビリティの実現に向けて合意した共通の目標である。SDGs の達成に向けて、科学技術イノベーション（Science, Technology and Innovation: STI）が重要な役割を果たす（STI for SDGs）と認識されてきた。STI を促進するために、技術促進メカニズム（Technology Facilitation Mechanism: TFM）が設けられた。各分野の STI の相乗効果を期待し、国際応用システム分析研究所（IIASA）が、すべての SDGs とリンクした「6つの重要な変革（トランフォーメーション）」を提唱している。

①人間の能力と人口動態：教育とヘルスケアの改善を通した人間の能力の開発。教育、高齢化、労働市場、ジェンダー、格差等課題が含まれる。

②消費と生産：循環型経済を目指し、需要を抑えることで資源の利用を減らす。資源活用、循環型経済、充足性、汚染等課題が含まれる。

③脱炭素とエネルギー：エネルギーシステムを変革し、脱炭素を進める。エネルギーへのアクセス、電化、高効率化、生活水準を保証するサービス等課題が含まれる。

④食料、生物圏、水：生物圏と海洋を守りながら、すべての人に食料と水を

供給できる食料システムと土地利用を変革する。持続可能な農業集約、生物多様性、森林、海洋、健康食生活、栄養等課題が含まれる。

⑤スマートシティ：経済生産性・社会的包摂性・環境の持続可能性を兼ね備えた都市へとインフラを変革する。住居、モビリティ、インフラ、公害等課題が含まれる。

⑥デジタル革命：現在進行しつつあるデジタル革命の負の側面を抑制し、持続可能性に最大限資するよう利用する。人工知能、ビッグデータ、バイオテック、ナノテク、自律システム等課題が含まれる。

⑷　イノベーションの具体例

　上記のイノベーションの方向性の検討を踏まえて、いくつの具体例を挙げてみる。シェアリングエコノミーは、単一の技術の革新だけでなく、新しい社会・コミュニティ・ビジネスの再調整をもたらす、システム的なイノベーションとして注目されている。多くの先行研究は、シェアリングエコノミーはエネルギーの節約、排出削減、グリーンおよび低炭素の開発に貢献していると主張した。例えば、カーシェアリング調査データを使用した実証研究では、北米と西ヨーロッパでの自動車の平均使用レベルがわずか8％であると示されている。自動車の共有は、自動車の購入の削減、自動車の廃棄の遅延、および車両燃費の削減によって温室効果ガスの削減を促進できる。シェアリングエコノミーは、ニーズを満たすためのモノの所有から機能・使用に移行させることで、消費の負荷を減らす、消費者の行動を長期的なグリーンな変化を刺激することができる。さらに、モノの集中管理が、エネルギーをはじめ、循環しやすい、維持しやすい、トップランナーを導入しやすい等環境効率の向上も期待できる。一方、多くのシェアリングビジネスが新規市場として資本に狙われ操作されて、無謀な市場競争で、過剰生産・提供の悪循環に陥って、環境に大きい負荷を与える実態になってしまう。したがって、国と地方の行政がいち早く政策を調整すべき、企業の環境責任と社会責任を促し、シェアリングビジネスの事業提案の段階に、商品およびサービスのライフサイクルアセスメント等環境アセスメントを導入すべきである。今後、シェアリングエコノミーは、より成

熟・健全な段階までに進化し、地球の有限な資源利用の最大化・環境負荷の最小化に大きく寄与できると期待される。

　物質代替については、プラスチックごみ問題の対策として、竹、草、紙、木、サトウキビ等自然分解できる材料のストローが市場で増えている。このような代替は消費者の選好と生産者の採算性に大きく関わる。両者に一致しないと代替がスムーズに進めない。両者の間のギャップを埋めるスキームのイノベーションも必要である。例えば、アメリカのリサイクルベンチャー企業が「LOOP」という循環型プラットフォームを開発し、生産者と消費者の間に耐久性のある循環利用可能な容器を提供し、循環利用パッケージの導入に成功した。

　脱炭素化に関しては、Project Drawdown は先駆的にあらゆる分野の努力効果について試算を行った。その結果は図表12-2 に示している。試算の結果

図表12-2　Project Drawdown の脱炭素ランキング

順位	ソリューション	セクター	シナリオ1 CO_2削減 （GT）	シナリオ2 CO_2削減 （GT）
1	食品廃棄物の削減	食料・農業・土地利用 ／ランドシンク	90.7	101.71
2	健康と教育	健康と教育	85.42	85.42
3	植物性食品を中心にした食生活	食糧・農業・土地利用 ／ランドシンク	65.01	91.72
4	冷媒管理	産業／建物	57.75	57.75
5	熱帯林の再生	ランドシンク	54.45	85.14
6	陸上の風力発電	電気	47.21	147.72
7	代替冷媒	産業／建物	43.53	50.53
8	実用規模の太陽光発電	電気	42.32	119.13
9	クリーンクックストーブの改良	建物	31.34	72.65
10	分散型太陽電池	電気	27.98	68.64

出典：Project Drawdown（2021）. 筆者訳

は、グローバルでの排出量の影響を予測したものである。シナリオ１とシナリオ２は、2100年までにそれぞれ２℃の気温上昇と1.5℃の気温上昇にほぼ一致する。脱炭素ポテンシャルが一番高いソリューションは食品廃棄物の削減である。その他に、産業・建物・電気部分野においてのイノベーションと普及が挙げられている。技術のみならず、健康と教育、食生活の改変等分野に関わる社会イノベーションも大きく期待されている。

　情報通信技術（ICT）との結合について、日本は2016年にSociety 5.0という包括的な計画を開始した。ICTをベースに仮想空間と物理空間を集中的に統合するシステムによって、経済と社会の両方の発展を目指している。エネルギー分野では、再生可能エネルギーのポテンシャルを十分に活用するため、スマートグリッドが必要である。生産・サービス分野では、仮想空間での設計・評価・機械準備のプロセスと、物理空間での加工・検査のプロセスを相互に統合することで、短期開発と高精度な生産・サービスが期待できる。また、Society 5.0の導入により、シェアリングビジネス等の非製造業の革新・変革が加速する。生産性を高め、低炭素な生産・サービスを革命的に実現する大きな可能性を秘めている。また、都市システムへの導入例として、スマートシティの実証実験が各地で行われている。都市の計画、整備、管理運営等にICT等の新技術を活用し、経済活動・産業、教育、行政サービス、社会インフラ、物流、交通、環境・資源、安全・QOL、インクルージョンの全体最適化が図られる持続可能な都市システムの開発が目標とされている。

12.3　イノベーションの展開と政策

(1)　マルチレベル視点（MLP）理論

　SDGsの実現および長期的サステイナビリティへの転換は、イノベーションがエンジンとなっており、イノベーションの展開に伴うと考えられる。そのために、イノベーションの展開と転換のプロセスに対する理解が非常に重要である。この節でイノベーション展開に関する理論を紹介し、そしてそれに関連する政策を解釈する。

イノベーションの展開と転換に、現在最も注目されている理論の一つとして、マンチェスター大学の Geels 氏のマルチレベル視点（MLP）理論（Geels & Schot 2007）を紹介する（図表12-3参照）。MLP では、イノベーション展開と転換のシステム的に分析するため、ニッチイノベーション、社会技術レジーム、社会技術ランドスケープの３つのレベルを区別している。社会技術レジームは、工学コミュニティにおいて共有される認知的ルーチンに言及し、「技術的軌跡」に沿ったパターン化された発展を説明するものであった。さらに、この概念を拡大し、科学者、政策立案者、ユーザー、関係者団体も技術開発のパターン化に貢献している。社会技術レジームの概念は、このより広範な社会グループのコミュニティと活動の連携に対応するものである。社会技術レジームは、様々な方法で既存の軌道を安定化させる。例えば、規制や標準、技術システムへのライフスタイルの適応、機械やインフラ、能力への投資等である。ニッチイノベーションは、急進的な新しさが生まれるミクロレベルを形成し、最初はパフォーマンスの低い不安定な社会的・工学的構成である。したがって、ミクロレベルでは、主流の市場の選択からニッチイノベーションを守るインキュベーターとして機能する。ニッチイノベーションは、関連アクターの小規模なネットワークによって育成、発展していく。社会技術ランドスケープは、ニッチやレジームのアクターの直接的な影響を超えた外生的な環境を形成している。例えば、マクロ経済、深層文化、マクロ政治の発展である。ランドスケープレベルの変化は、通常、数十年単位でゆっくりと起きる。

　マルチレベルの視点では、イノベーションの展開と転換は以下の３つのレベルのプロセスの相互作用によって起こるとしている。ニッチイノベーションは、学習プロセス、価格／性能の改善、強力なグループからの支援を通じて、内部の勢いを高める。ランドスケープレベルの変化は、レジームに対する圧力を生み出す。レジームの不安定化は、ニッチイノベーションのための機会の窓を作る。これらのプロセスが整うことで、既存のレジームと競合する主流市場での新製品が躍進し、イノベーションの展開と転換が実現されるとともに、新しいレジームを構成する。

図表12-3　マルチレベル視点理論

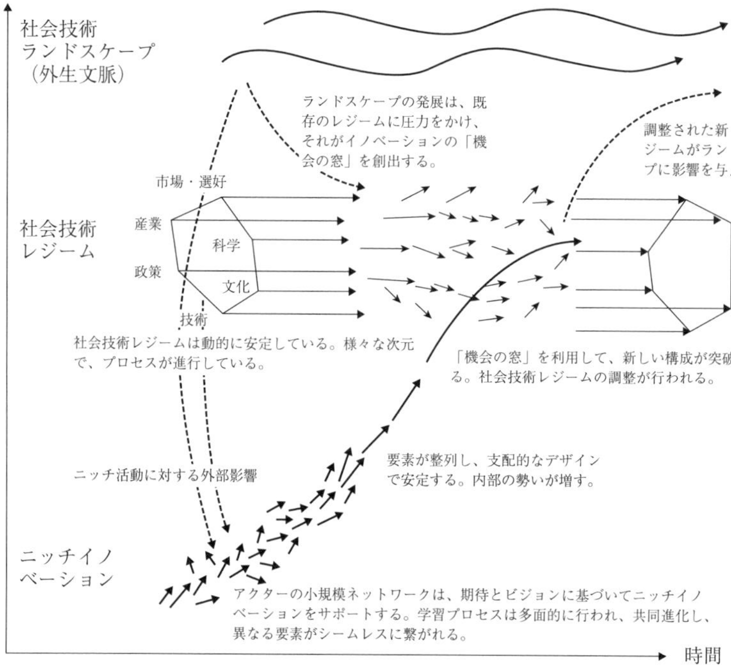

出典：Geels & Schot（2007）．筆者訳

(2)　ポーター仮説

　MLP 理論はイノベーションの展開への理解について、システム的大局観を提供してくれる。ニッチイノベーションと社会技術レジームにおいて、企業が重要な役割を果たしており、企業のイノベーションとの関わりを考察する必要がある。この分野に多数の先行研究が蓄積されている。その中、環境マネジメントに関して、ポーター仮説が非常に先見性を持って無視できない存在である。ハーバード・ビジネススクールの M.E. ポーター（Porter & Linde 1995）は、環境規制の強化によって、技術革新が促進され、規制遵守費用が相殺されるのみならず、生産性を向上させ企業の競争力増強をもたらしうると主張した

（「ポーター仮説」と呼ばれる）。その証左として、80年代において、率先して厳格な環境規制を実施していた日本やドイツがアメリカを上回る生産性の上昇率を達成したことが指摘された。サステイナビリティが求められる近年においては、環境法規制の発展と強化が企業のイノベーションに関連する戦略と活動によい刺激を与えていると見られる。今後、関連法規制と政策がより一層脱炭素化に集中すると見込まれるので、それに対する企業の動きに注目すべきである。

(3) イノベーションシステムおよび政策

　イノベーションを促進するため、イノベーションシステムおよび政策を理解しなければならない。イノベーションシステムとは、イノベーションの過程に関係する機関（主役となる企業、知識を提供する公的研究機関、大学等）の活動、これらの機関の相互間での資源（知識、人材等）の流れおよびそれぞれの活動に影響を与える外的要因（例えば、政府による規制・奨励策、金融政策、雇用政策、教育・人材育成政策等）の総体である。

　今日、世界的な競争の激化を背景に、各国においては、イノベーションを効果的に創出するため、単に研究費、研究人材等の研究開発資源の量を増加させるのではなく、イノベーションシステムが機能することを妨げ、知識と技術の流れを阻害し、研究開発努力の相対的効率を下げているようなシステム的欠陥を正していくという認識を持って、取組が行われている。その際、国全体としてのナショナル・イノベーション・システムは、企業、大学、政府といった基本的な構成要素については各国とも同様であるが、その国の文化や経済、法制度や行政機構、それらを形づくった歴史等、それぞれの要素の在り方が各国とも大きく異なることから、互いに他国のイノベーションシステムの優れた部分を取り入れつつ、それぞれの国に最も適したナショナル・イノベーション・システムを確立する必要がある。

　公害対策の重要性が顕在化した1960年代後半から1970年代にかけて、日本は環境インフラに多額の投資を行い、環境関連技術が急速に進められた。1973年のオイルショックは日本経済に衝撃を与え、エネルギー分野のイノベーション

が求められた。「サンシャイン計画」と省エネ技術開発の「ムーンライト計画」
に続いて、エネルギーと環境のためのイノベーションの推進を統合した
「ニューサンシャイン計画」が策定された。さらに、「エネルギーの使用の合理
化等に関する法律」や「経団連環境自主行動計画」等、産官学の連携によりエ
ネルギー効率を向上させ、先進国の中でも最高レベルの産業エネルギー効率を
達成している。現在、より横断的大胆な発想に基づく挑戦的な研究開発「ムー
ンショット」が進行し、基礎研究がイノベーションを生み出し、次なる基礎研
究投資を呼び込むシステム的な好循環が期待されている。

12.4　現状のまとめと課題提示

　サステイナビリティが人類共通の未来、SDGs が世界の共通目標、この未来
と目標の実現は、今までの社会経済システムを大きく転換しなければならな
い、近代科学技術の価値観と方法の変革を求めている。イノベーションは、社
会経済システムを変える原動力である。どの方向、どのタイミング、どの速度
で変えるか、イノベーションの理解と研究をより一層深めなければならない。
それに、包括的ホリスティックなアプローチが必要である。個々の社会や文化
の基本的な価値観や世界観から、相互作用の方法、制度、ガバナンス等、社会
―環境―技術の各領域に関わるダイナミクスの複雑さを考慮すべきである。

【設　　問】
　最も関心を持っているイノベーションの例を挙げて、以下の質問を考えてみよう。
◇環境負荷の低減とサステイナビリティにどのように貢献しているか？
◇このイノベーションの普及と展開をどのように促進するか？

〔参考文献〕
国立研究開発法人科学技術振興機構（2021）「SDGs 達成に向けた科学技術イノベーショ
　　ンの実践」
Geels, F.W. & Schot, J.（2007）"Typology of sociotechnical transition pathway,"
　　Research Policy, 36（3）: 399–417.

Graedel, T.E. & Allenby, B.R. (1995) *Industrial Ecology*, Prentice Hall College Div.

Hargroves, K. & Smith, M. (2005) *Natural Advantage of Nations. Business Opportunities, Innovation and Governance for the 21st Century*, Routledge.

Porter, M.E. & van der Linde, C. (1995) "Toward a New Conception of the Environment-Competitiveness Relationship," *Journal of Economic Perspectives*, 9 (4): 97-118.

Project Drawdown (2021) https://drawdown.org/

The World in 2050 (2020) "Innovations for Sustainability. Pathways to an efficient and post-pandemic future," Report prepared by The World in 2050 initiative. International Institute for Applied Systems Analysis (IIASA), Laxenburg, Austria.

第12章　技術・社会のイノベーションとサステイナビリティ

第13章

ライフサイクル思考に基づいたサステイナブルな経営

中野　勝行

13.1　ライフサイクル思考

(1)　環境負荷の低い製品とは

　私たちが使用している製品には、原料採取から製品製造、使用、そして廃棄／リサイクルといった一生（ライフサイクル）がある。そして、そのライフサイクル中において様々な環境負荷を発生させている。例えばスマートフォンであれば、液晶パネル、半導体といった部品を製造する必要がある。また、それら部品を製造するには銅鉱石から銅地金を製造するなど、環境中から鉱石を採掘し、精錬する必要がある。例えば銅鉱石採掘工程に着目すると、鉱石の品位を高める選鉱工程では大量の淡水が用いられている。しかし、世界最大の銅鉱山、チリのエスコンディーダ銅鉱山の周辺では淡水調達が困難であるため、毎秒833Lの海水を淡水化し、海抜3200mにある鉱山まで180kmもの距離をパイプラインで輸送している。当該鉱山を保有する企業は設備投資に34億米ドルを要したと報告しているが、これら設備の製造と稼働に多くのエネルギーが消費されていることが想像できるだろう。

　さらには、製品が使用済みとなり、廃棄／リサイクルする際の環境負荷も考慮する必要がある。使用済みとなったスマートフォンなどは電気電子機器廃棄物（E-waste）と呼ばれ、適切にリサイクルをすれば金などの貴金属を回収し再資源化することが可能である。しかし、一部の国では不適切な技術で貴金属だけを回収し、他の有用金属を環境中に散逸させるだけでなく、製品中に含まれる有害化学物質を環境中に拡散させている。

このように、あらゆる製品・サービスにはライフサイクルがあり、その各工程では何らかの環境負荷が発生する。この環境負荷には、天然資源・エネルギーの使用と、環境負荷物質の排出がある。例えば、気候変動へ影響を及ぼすCO_2などの温室効果ガス排出、人間健康や生態系に悪影響を及ぼす有害化学物質の排出などである。さらには、実際の意思決定には社会・経済的側面も無視できない。特定の環境問題に着目することで、他の重要な側面が悪化しないよう配慮する必要がある。

　製品やサービスの原料調達から廃棄に至るまでを多面的・俯瞰的に考えることをライフサイクル思考と呼ぶ。「環境負荷の低い製品」とはライフサイクル思考に基づき環境負荷が低い製品でなければならない。

(2)　ライフサイクルアセスメント（LCA）

　製品やサービスのライフサイクルを通じて機能あたりの環境影響を定量的に評価する技法として、ライフサイクルアセスメント（Life cycle assessment: LCA）がある。LCA は国際規格 ISO14040: 2006によって手順が示されており、企業、行政機関等によって活用されている。LCA の活用分野を図表13-1に示した。LCA は1969年に米国コカ・コーラ社が使い捨て容器とリターナブル瓶の環境負荷評価に用いたのが最初だと言われている。これ以来、企業において環境配慮した製品やビジネスモデルを検討する際にLCA が活用されている。

　また、環境政策の検討にもLCA は活用されている。例えば容器包装リサイクル法のもと、多くの自治体においては家庭から排出されるプラスチックは可燃

図表13-1　LCA の活用分野

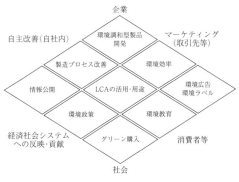

出典：SuMPO（一般社団法人サステナブル経営推進機構）資料をもとに筆者作成

ごみとは別に回収され、リサイクルされている。しかし、プラスチックの原料は原油であることから、廃プラスチックは可燃ごみと一緒に回収し、燃焼させて熱回収（ごみ発電）をすべきだという意見もある。そこで、廃プラスチック回収時の化石燃料消費量や、リサイクルされることによって節約される化石燃料などを定量評価し、各種リサイクル・処理技術の環境負荷評価がなされている。これにより、廃プラスチックのリサイクルはごみ発電よりも環境負荷低減に有効であることが確認されているため、政策的にリサイクルが推進されている。このように、LCA を活用することで環境政策の進むべき方向性を明らかにすることができる。

(3)　電気自動車の LCA 事例

　電気自動車は走行時に CO_2 を排出しないことから、ゼロエミッション自動車と呼ばれることがある。しかし、実際は走行に必要な電力を発電する際には発電所で CO_2 等が排出されている。また、電気自動車に搭載するリチウムイオン電池製造時には多くのエネルギーが必要である。

　そこで、電気自動車とガソリン自動車の温室効果ガス排出量の LCA 結果を図表13-2に示した。その結果を見ると、電気自動車はガソリン車に比べて車体製造時の影響が大きいこと、また使用時の影響は発電方法によって異なることがわかる。つまり、石炭火力発電所で発電し、その電力を電気自動車に供給するシステムでは、ガソリン車よりも温室効果ガス排出量が多くなる。一方、太陽光発電や風力発電で電力を供給すると、ガソリン車よりも大幅に排出量を削減することができる。

　実社会では様々な発電方法を用いており、その電源構成は国によって異なる。即ち、電源構成によっては温室効果ガス排出量削減に電気自動車が有効な国と、そうでない国がある。自動車に起因する温室効果ガスを削減するには、電気自動車を普及促進する政策だけでなく、電力の低炭素化を促進する政策とセットでなければいけないことがわかる。

　なお、本評価はある一時点における技術をもとに評価したもので、今後発電方法の変化や電気自動車やガソリン車の技術が向上すれば結果も変化する。政

図表13-2 ガソリン車と電源別の電気自動車の温室効果ガス排出量

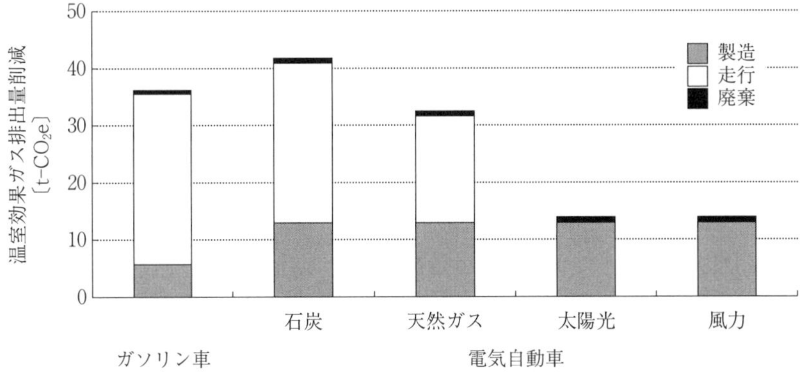

出典：Hung *et al.* (2021) および IDEA ver.3.1（産業技術総合研究所 2021）を用いて筆者作成

策を検討する際には、将来の技術変化も想定する必要がある。

(4) 組織の LCA

　製品・サービスの LCA に加え、組織の評価に LCA を用いることが近年急速に広がりつつある。日本では地球温暖化対策推進法により、一定規模以上の事業者は温室効果ガス排出量を算定し、国に報告することが義務化されている。ただし、当該法による算定範囲は、自らが直接排出するものと、購入する電力に起因するものだけである。ここで、自らが直接排出する温室効果ガスは Scope 1、また購入する電力に起因するものは Scope 2 と呼ばれる（図表13-3）。

　これに加え、購入素材や、自ら製造した製品の使用段階、廃棄処理段階といったサプライチェーンや、従業員の通勤に起因するものなど、間接的な活動に起因する温室効果ガスは Scope 3 と呼ばれる。このように、組織活動のバリューチェーン全体を通じて環境負荷を評価することを組織の LCA という。Scope 3 の算定・報告は国により義務化こそされていないが、自主的に算定し、環境報告書等で公開する企業が急増している。

第Ⅳ部 サステイナブルな経営と評価

図表13-3　組織の LCA の評価範囲と Scope 1,2,3

出典：筆者作成

13.2　ライフサイクル思考に基づいた国際的イニシアティブ

　企業の環境活動に影響を与えるものは、必ずしも各国の環境政策だけではない。民間の自主的な取り組みは無視できない影響を企業経営に及ぼしている。そこで、本節ではライフサイクル思考に基づいた代表的なイニシアティブについて述べる。

(1)　環境負荷情報の開示：CDP

　法律上の義務がないにもかかわらず、Scope 3 の算定結果を開示する企業が多いのはなぜであろうか。その答えの一つが、投資家からの圧力である。投資家は企業の環境パフォーマンスを非財務情報として投資活動で重視する傾向が強まりつつある。これは環境（Environment）、社会（Social）、企業統治（Governance）を考慮して投資活動を行う ESG 投資とも呼ばれる。

　例えば、現在化石燃料の CO_2 排出量に応じて課税される日本の地球温暖化対策税は289円 /t-CO_2である。これは実質的な炭素税であるが、ガソリンであれば0.67円 /L に相当するため、必ずしも高額ではない。しかし、フランスでは2021年時点で44.6ユーロ（約5575円）となっており、さらには2030年に100ユーロ（1万2500円）に引き上げられることが発表されている（エネルギー移行法）。このように、世界各国で炭素税の強化が進みつつあるため、CO_2を多く排出する企業にとっては収益低下のリスクがある。

148

そのため、近年投資家は企業に温室効果ガス排出量の開示を求める圧力を強めている。その主要な国際的なイニシアティブがCDPである。CDPは主要機関投資家が設立した国際NPOである。多くの企業に調査票を送付し、約1万社から温室効果ガス排出量（Scope 1、2、3）や削減活動に関する情報を収集し、投資家に情報提供している。例えば、私たちの年金を運用する年金積立金管理運用独立行政法人（GPIF）は約200兆円を株式などに投資して運用しているが、その一部は企業の温室効果ガス排出量を参考にして投資判断がなされている。具体的には、業種別に炭素効率性（売上高当たりの炭素排出量）の良い企業の株式を優先的に購入する運用を行っている。

　また、企業にとっても取引先の温室効果ガス排出量は重要な情報である。サプライチェーンの川上側に温室効果ガスを多く排出している企業があると、炭素税が引き上げられた際に購入品の価格上昇率が高くなる可能性がある。そのためマイクロソフトやGoogleの持株会社であるアルファベットなど多国籍企業がCDPに依頼して自社のサプライチェーンを構成する企業の温室効果ガス排出量を収集し、それをもとにScope 3も含めた削減目標を設定している。日本企業ではトヨタ自動車や本田技研工業、花王、味の素なども実施している。

(2) 環境対策へのコミットメント：SBTi

　2015年に合意されたパリ協定では、世界の平均気温の上昇を産業革命以前より2℃を十分に下回る水準に抑え、1.5℃に抑える努力をすることとなっている。そこで、パリ協定に合致した温室効果ガス排出削減目標を設定した企業を認定する国際イニシアティブ、Science Based Targets イニシアティブ（SBTi）が2015年に開始された。SBTiは世界資源研究所（WRI）、環境NGOであるWWF、CDP、そして国連グローバルコンパクトが共同で実施している。

　SBTiに認定されるには、企業は年2.5％以上の温室効果ガス排出量を削減する目標（パリ協定の2℃よりも温度上昇が十分に低い目標に相当）をコミットメントしなければならない。また、年4.2％以上の削減（同1.5℃目標に相当）も推奨されている。算定範囲はサプライチェーン排出量（Scope 1＋2＋3）であるが、Scope 3の割合が低い企業はScope 1と2の排出量で目標を設定してもよいこ

図表13-4 SBTiに認定されるために必要な温室効果ガス排出量削減目標値

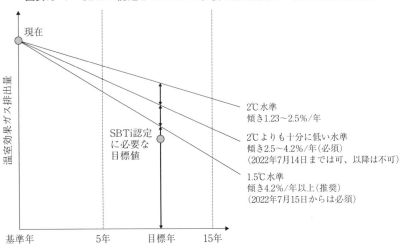

出典：SBTi Criteria and Recommendations Version 4.2及び2021年7月15日のニュースリリースに準拠。環境省（2021）を参考にして筆者一部改変

とになっている。なお、2021年7月には認定の最低基準が1.5℃目標に合致することが条件になるよう運用が改定されることが発表された（2022年7月より適応）。

2021年8月現在、世界で858社が認定済みとなっている。これには日本企業である日立製作所、イオン、住友林業、大塚製薬など125社が含まれる。前述のように、企業の温室効果ガス排出量は投資家にとって重要な情報であることから、SBTi認定を得ることは投資家に対する力強い具体的なメッセージと言えるだろう。

(3) 持続可能なパーム油のための円卓会議：RSPO

これまでは主に温室効果ガス排出量の削減に関する国際イニシアティブについて記したが、それ以外にもサプライチェーンを考慮して環境負荷を削減させるための活動が存在している。ここでは一例としてパーム油に関する活動を述べる。パーム油は調理用の植物油の他、洗剤や化粧品の原料としても用いられ

ている。また、バイオ燃料の原料として燃料用途にも利用されている。世界の８割以上のパーム油がインドネシアとマレーシアで生産されている。

　パーム油は植物由来であるため、再生可能原料であり、また再生可能エネルギーであるとも言える。しかし、パーム油を熱帯林を開墾して生産すると、熱帯林の多様な生態系に悪影響を与えるだけでなく、熱帯林に蓄えられていた炭素が放出され、温室効果ガスも放出される。特にインドネシア・マレーシアでは泥炭地が多く、開墾のために「火入れ」すると鎮火が難しく、延焼に伴う火事が発生している。また、児童労働や不適切な労働慣行など、社会的課題の存在も指摘されている。

　そこで、2002年に持続可能なパーム油のための円卓会議（Roundtable on Sustainable Palm Oil: RSPO）が設立された。RSPO はアブラヤシ生産者、製油業者、最終製品製造者、環境 NGO、社会・開発系 NGO、金融機関、小売業といった７つのステイクホルダーによって構成されている。日本企業では、ライオン、資生堂、三井化学、イオンなどが会員となっている。

　RSPO では様々な活動を実施しており、その一つが持続可能なパーム油の基準策定と認証システムの運営である。当該認証システムではパーム油が持続可能な形態で生産されていることを認証する基準と、生産されたパーム油がサプライチェーンを通じて最終製品生産まで適切に受け渡されるかを認証する基準がある。そのため川下側企業は認証油を購入することで持続可能なパーム油を調達していると宣言することができる。しかし、認証油は価格が高いため、世界市場における RSPO 認証油のシェアは２割程度（RSPO 2021）にとどまっているのが課題である。

　このような取り組みは類似の課題を抱える天然ゴムの業界にも波及し、2018年には「持続可能な天然ゴムのためのグローバルプラットフォーム」（Global Platform for Sustainable Natural Rubber: GPSNR）が設立された。GPSNR は世界の主要なタイヤメーカ、自動車会社、環境 NGO などから構成されており、天然ゴム生産に関わる環境・社会課題の解決を目標としている。

　これら活動は民間の自主的なものであるが、例えば日本の再生可能エネルギーによる電力の固定価格買取制度（FIT）では、パーム油を燃料として用い

る場合は RSPO 等の認証油を用いることを義務化している。このように、国の制度において民間組織が構築したシステムが活用されているため、企業は国の政策立案過程だけでなく、国際的な民間主導のイニシアティブについても積極的な参画が求められている。

13.3　経営におけるライフサイクル思考の実践

ライフサイクル思考は企業経営に必須なものとなっている。また、その対象範囲は環境側面だけにとどまらず、パーム油の事例からわかるように社会的側面についても含まれるようになってきた。企業においてそのような配慮が必要となる典型的な活動が調達活動である。そこで本節では持続可能な調達に焦点を当てて述べる。

(1)　持続可能な調達：ISO20400

企業の調達活動はサプライチェーン全体に大きな影響を及ぼす。そこで、長期的にみて社会、経済、環境への便益を提供する調達を持続可能な調達と定義し、実践をする企業がある。これには企業の社会的責任の一環として実施するという理由だけでなく、原料等の安定供給、コスト削減、レピュテーションリスクの回避といった理由もある。なお、調達においては従来 QCD（Quality: 品質，Cost: コスト、Delivery: 納期）が重要だと言われてきた。持続可能な調達とは、これに持続可能性（Sustainability）を加えた QCDS の考え方であり、製品・サービスの品質などを犠牲にする考え方ではない。

2017年には持続可能な調達の実践方法を示した国際規格 ISO20400: 2017が策定された。持続可能な調達の基本原則は下記の通りである。

①説明責任：自らのサプライチェーンの現状・課題を説明できるようにする。

②透明性：調達の意思決定プロセスを明確にする。

③倫理的な行動：サプライチェーンを通じて倫理的に行動する。

④利害関係者の尊重：影響を受ける利害関係者を尊重し、配慮する。

⑤法の支配と国際行動規範の尊重：サプライチェーンを通じて遵守する。

⑥変革的・革新的な解決策：持続可能な社会のため革新的な解決策を模索する。

⑦ニーズにフォーカス：調達の必要性を十分に考慮する。

⑧統合：既存の購買活動に意思決定を統合する。

⑨グローバルコスト：外部不経済（社会、環境等のコスト）を考慮する。

また、ISO20400: 2017では持続可能な調達を実践するために企業は以下の機能を有する必要があるとしている。

①調達のガバナンス：経営層、購買部門等の役割を明確にする。

②人材育成：継続的な社内教育制度を構築する。また持続可能な調達活動の実践が人事評価において適切に考慮されるようにする。

③ステイクホルダーの特定とエンゲージメント：サプライチェーン中の利害関係者を明確にし、コミュニケーションをとる。

④優先順位の設定：体系的手法を用いてリスクの高い個所を特定し、取り組むべき課題の優先順位を設定する。

⑤パフォーマンスの測定と改善：管理指標を構築し、モニタリングする。

⑥苦情処理メカニズム：窓口の開設と課題発生時の対応体制を構築する。

このように、持続可能な調達を実践するにはライフサイクルを通じて環境、社会、経済的側面の検討が必須となる。

(2) 持続可能な調達の実践

自社独自の「持続可能な調達ガイドライン」等を作成し、サプライヤへ取り組みを依頼している企業が増えつつある。また、苦情処理メカニズムを複数企業で運用することで、国内外のサプライチェーン中における人権侵害等の被害を早期発見し、対策をとる業界も出てきた。そこで、本節では模範となる活動を目指した東京オリンピック・パラリンピックの事例について記述する。

東京オリンピック・パラリンピックでは様々な物品・サービスを調達する必要があった。そこで、調達にあたり経済合理性に加え、持続可能性に配慮した調達をするための「持続可能性に配慮した調達コード」を作成した。同調達コードでは①どのように調達されたのかを重視する、②どこから採り、何を使って

作られているのかを重視する、③サプライチェーンへの働きかけを重視する、
④資源の有効活用を重視する、という4つの原則を掲げ、具体的な禁止事項や
要求事項を列挙している。また、特に調達リスクの高い物品として農作物、畜
産物、水産物、紙、パーム油を挙げ、それらについては個別に詳細な調達基準
を設定した。また、ISO20400: 2017で求められている通報窓口を設けた。同組
織委員会のホームページには、計13件の通報事案の概要とそれらへの対応結果
について公開されている。

　なお、公共調達においてはグリーン購入法や環境配慮契約法が存在してお
り、環境に配慮した製品を優先的に調達することが実践されている。しかし、
これら法において社会的側面は対象外であるため、今後の課題だと言えよう。

13.4　現状のまとめと課題提示

　国連持続可能な開発目標（SDGs）のゴール12は「持続可能な生産消費形態を
確保する」である。持続可能な消費と生産（Sustainable consumption and
production: SCP）という概念は、生産活動と消費活動は不可分であり、統合的
に変革を促す必要があることを示している。

　持続可能な消費と生産に関わる政策の歴史を見ると、まずは公害対策から始
まったと言えるだろう（図表13-5）。高度成長期、日本国内は多くの公害に悩
まされた。1967年には公害対策基本法が成立し、汚染物質の環境中への拡散を
防ぐため工場に汚染防止装置の設置が進められた（SCP 1.0）。その後、より少
ない環境負荷でより多くの製品を作る効率性（Efficiency）を重視する政策が導
入されてきた。資源有効利用促進法や省エネルギー法がそれに該当する。例え
ば、より燃費の良い自動車に移行させるための政策がこれに該当する。製品機
能あたりで環境影響を評価するLCAもこの考え方である（SCP 2.0）。

　しかし、プラネタリーバウンダリー（Rockström *et al.* 2009）の議論に代表さ
れるように、仮に効率が良くても消費活動が膨大になると人類の活動は地球の
環境容量を超過し、持続可能でない。そのため本来我々が必要とされているも
の、即ちウェルビーイング（幸福・健康な状態）を主要課題とし、充足性

図表13-5　持続可能な消費と生産（SCP）のアプローチ

	SCP 1.0	SCP 2.0	SCP 3.0
考え方	汚染防止 特定地域	環境効率性 製品ライフサイクル	充足性 宇宙船地球号
主要課題	産業公害	気候変動、廃棄物など	ウェルビーイング
対象	プロセス	製品・サービス	ライフスタイル ビジネスモデル
政策	問題への対応	予測・予防	長期目標の設定、投資、ビジネス環境 の整備、創造とコミュニケーション

出典：Hotta *et al.*（2021）をもとに筆者一部改変

（Sufficiency）を重視する政策検討の必要性が指摘されている（Hotta *et al.* 2021）。

　例えば自動車よりも自転車移動はより健康に良く、また環境負荷が低いことは明らかである。しかし、移動先が遠隔地であれば自転車の利用は難しい。都市をコンパクトにし、また快適に自転車で移動できるインフラの整備が必要になるであろう。またそのような移動を前提としたライフスタイル、社会の仕組みにする必要があるだろう。社会全体を持続可能な形態へ有機的に変革するための政策が求められている。また、企業経営においてもこのような社会の変化を想定した上で、必要な研究開発を行い、製品設計・ビジネスモデルを変革することが求められている。

【設　　問】
◇2050年にカーボンニュートラル（温室効果ガス排出量実質ゼロ）を目標に掲げる企業を見つけ、当該企業はそれに向けてどのようなビジネスモデルを検討しているか調べてみよう。また、どのようなビジネスモデルに変革する必要があるか考えてみよう。
◇企業が作成した持続可能な調達ガイドラインを2つ以上見つけよう。企業や業種が異なることで、どのような違いがあるかを分析してみよう。

〔参考文献〕
環境省（2021）グリーン・バリューチェーンプラットフォーム〈https://www.env.

go.jp/earth/ondanka/supply_chain/gvc/index.html〉

産業技術総合研究所（2021）LCA データベース IDEA ver.3.1

Hotta, Y. *et al.*（2021）"Expansion of policy domain of sustainable consumption and production（Scp）: Challenges and opportunities for policy design," *Sustainability*, 13.

Hung, C.R. *et al.*（2021）"Regionalized climate footprints of battery electric vehicles in Europe," *Journal of Cleaner Production*, 322: 129052.

Rockström, J. *et al.*（2009）"A safe operating space for humanity," *Nature*, 461: 472–475

RSPO（2021）https://rspo.org/

ESG時代の企業経営

石川　伊吹

14.1　企業経営に影響を与える新たな潮流

　近年、企業への投資行動として、「ESG 投資」が主流になりつつある。この ESG の E は、環境（Environment）を、S は、社会（Society）を、G はガバナンス（Governance）を意味し、これら ESG の要素を重視した企業への投資が「ESG 投資」である。つまり、「環境問題（E）」と「社会問題（S）」に適切に対応し、「規律を持って経営する（G）」企業に積極的に投資する、というのがそれである。これは、2006年に国際連合が提唱した「責任投資原則（Principle for Responsible Investment：PRI）」を起源に、2015年のパリ協定や MDGs を包括的に取り込んだ SDGs の取り組み、すなわち、「サステイナビリティ」への世界的な関心を受けて活発化している投資手法である。投資家の中でも極めて強い影響力を持つ年金基金をはじめ、政府系投資ファンドや共済組合などの「機関投資家（「機関投資家」とは巨額な資金を株式や債権で運用する法人を意味する）」の多くは、国連の PRI に賛同しており、年々その数は急増している。それら機関投資家は、PFI に適う企業への積極的な投資に加え、いわゆる「物言う」株主として投資先の企業に対して ESG を重視した経営を迫っている。

　もっとも、企業に ESG 重視を求めているのは機関投資家だけではない。政府をはじめ、NGO や NPO、さらには消費者も ESG を強く問うている。社会全体が気候変動問題や人権問題に対して強い関心を持ち、厳しい目で企業を評価し始めている。企業は今まさに「ESG 経営」を実践するときにあると言える。

　本章は、改めて ESG 投資とは何か、また、企業経営をめぐって「E」、「S」、

「G」それぞれの観点から、「誰が」「何を」求めているのか整理するとともに、企業がESG時代をどのように受け止め、それを企業の成長にいかに繋げていくのか吟味・検討を加えていく。

14.2　ESG投資と機関投資家の動き

(1)　「ESG投資」のアウトライン

すでに触れたように「ESG投資」とは、「環境問題（E）」と「社会問題（S）」に適切に対応し、「規律を持って経営する（G)」企業に積極的に投資することを指すが、投資家の中でも、機関投資家、とりわけ、国連の「責任投資原則（PRI）」に署名した機関投資が、その積極的な主体である。このPFIでは、投資先企業に対してESGに積極的に取り組むことや、ESGにかかわる情報を適切に開示するように働きかけることを求めている。また、このPRIの大前提には「長期的」な視点から企業を評価し、投資を通じて環境や社会全体に利益をもたらすことを狙いに置いている。2021年上半期の時点で、PRI署名機関数は約4000に近づき、我が国においては、2015年に世界最大の年金基金でもあるGPIF（年金積立管理運営独立行政法人）が署名したのを皮切りに、署名数が急増している。尚、署名機関の資産残高は、2021年上半の時点で総額120兆ドルを超え（https://www.unpri.org/ 参照）、世界の株式市場の時価総額に匹敵するという経済的な影響力を持つに至っている。

PRIに署名した機関の主な投資行動は、ESGに消極的な企業を投資対象から外す「ネガティブスクリーニング」や、すでに実施した投資を引き上げる「ダイベストメント」に加え、投資先企業に「物言う株主」として「エンゲージメント（対話や議決権行使)」の方式などがある。このとき重視するのが、「長期的」という視点である。一般な投資家は、「短期的」な視野からリターンを追求しがちであり、高配当や株価の上昇を求め、資本市場の動きに一喜一憂する。高配当を支える企業の利潤の拡大に最大の関心があり、企業の評価は、財務的なパフォーマンスによって決まるといったところである。しかし、PRIに署名した機関の投資行動は、短期のそれではなく、長期的な環境的・社会的な価値の

実現を通じて得られるリターンにある。ここでは、「非財務情報」が重視され、ESG のすべての観点に「物言う」アプローチが用いられるのが特徴である。

(2) ESG 要因とそれぞれをめぐる動き

ところで、PRI が提起している ESG 要因とは、「E」を指す「環境」であれば、主に「気候変動」、「温室効果ガス」、「資源の枯渇（食料や水資源）」、「廃棄物および汚染」などの「環境問題」を意味し、「社会」の「S」については、例えば、「労働条件（従業員との関係の改善や奴隷労働ならびに児童労働などの禁止）」、「地域コミュニティー」、「健康」や「安全」、「ジェンダー・フリー」や「雇用のダイバーシティー（女性の社会進出）」などの「社会（人権）問題」を指す。また、「G」を意味する「ガバナンス」には「不正や腐敗」、「役員報酬」や取締役会の「ダイバーシティー」、「公正な税務」などはもとより、「環境問題 (E)」や「社会問題 (S)」に適切に対応し、「規律を持って経営する」ことをその範疇としている。ただし、「環境」や「社会」、「ガバナンス」上の課題は世界共通のものもあれば、国や地域によって様々に固有のものもある。

いずれにせよ、株主としての機関投資家は、企業の最高意思決定機関である「株主総会」において、経営陣に対して ESG 要因の改善に向けてかつてないほど様々な改革を迫っている。以下、それらの動向を見ていく。

(i) 「E」をめぐる動き 「E」をめぐっては、世界最大級の資産運用会社であるブラックロックの CEO であるラリーフィンクが、企業の CEO たちに宛てたメッセージ、通称「フィンク・レター（https://www.blackrock.com/jp/individual/ja/about-us/larry-fink-ceo-letter-2020を参照）」は記憶に新しい。この中でフィンクは、気候変動がもたらすリスクや課題を直視し、そこに適切に対応することや、企業の取り組みいかんによっては、経営陣に対して反対の意を表明する用意があることを認めている。フィンク・レターの影響力は大きく、機関投資家が企業の環境政策に「もの言う」ケースは増加の一途にある。実際に企業側の提案を却下し、新たに株主側から経営陣に踏み込んだ提案をするケースは増えている。

その顕著なものにヘッジファンドのエンジン・ナンバーワンの事例を上げる

ことができる。同ファンドは、直近の2021年5月に石油メジャー大手のエクソンモービルに対して、同社が将来にわたって石油事業に留まることは長期的な経営リスクになるとの認識のもと「脱石油事業」の計画や新たな経営陣の候補を提案し、多くの機関株主の賛同を得てそれらを議決させた（https://reenergizexom.com/the-case-for-change/ を参照）。同ファンドは「脱炭素」に精通した人材を送り込むことに成功したのである。このとき特筆すべきは、同ファンドがエクソンモービル株の0.02％程度しか保有していなかったことである。本来、株主総会での議決には51％以上の株式所有が必要になるが、資金上、それは容易なことではない。一般に株主総会では大株主の意向が優先され、少数株主のそれはほとんど見向きもされないのが実態である。しかし、同ファンドの提案は過半数の株主の賛同を得たものとなった。実は、この提案に賛同したのが、大株主の一角であるカリフォルニア州教職員退職年金基金（カルスターズ）やPRI署名の機関株主であった。かつては、わずかな株式しか持たない株主にはこのようなチャンスはほとんどなかった。ところが、今や機関株主が、環境価値の実現のために互いに連携し、企業に対して喫緊の環境課題の解消を迫るという新しい投資行動の段階に入っているのである。

　(ii)　「S」をめぐる動き　　「S」に配慮した企業経営を求める声も日に日に厳しくなっている。少し前に米国の大手資産運用会社の「ゴールドマン・サックス・アセット・マネジメント（GSAM）」が「取締役会に女性のいない企業の取締役選任議案に反対する」と表明したことが大きな話題になった。GSAMは、機関投資家の中でも「ダイバーシティーの推進」や「ジェンダー格差」の解消などを中心に、広く人権問題（詳細は https://www.gsam.com/content/gsam/us/en/institutions/homepage.html を参照）に力を入れているが、この動きに共感し、追随する機関投資家は極めて多い。そのひとつに「ニューヨーク市職員退職年金基金（NYCERS）」がある。NYCERSは、株主として米国最大小売のウォールマートに対して、従業員の人種構成の開示を求めた。その狙いは、米国が直面する格差問題の解消に向けて、ウォールマートが雇用する黒人やヒスパニック系が占める割合を把握し、同企業の今後の雇用課題を探ることにあった。ウォールマートは、NYCERSの意図を踏まえ、すでに対話を通じて格差解消

に踏み出すことを約束している。

　最近では、製造元などの取引先や海外での操業地における労働条件や貧困問題の改善を求めるケースも増えてきており、（後にも触れるが）それは機関投資家からの要求に留まらない。もはや、社会全体が企業に対して、社会（人権）問題を解消していくことも企業の責務のひとつであると捉えているのである。

　(ⅲ)　「G」をめぐる動き　「G」を意味する「ガバナンス」は、かつて経営陣の「不正」や「腐敗」、に加え「報酬問題」などに焦点が当てられてきた。企業価値を損なう経営者の「機会主義」的な行動を抑制し、いかにして経営者に利潤最大化行動を追求させるのかが株主の主な関心事であった。経営者は短期の利潤に目を奪われ、得てして環境的・社会的課題を軽視していた。もちろん、株主もそうであった。

　しかし、ここでの「G」は、そうした旧態依然の経済的価値の追求のみを迫る「G」ではない。今や企業が「E」や「S」を同時に追求するように、経営陣を「規律づける」という意味での「コーポレート・ガバナンス」の「G」である。例えば、スウェーデンのセビアン・キャピタルは、経営陣の報酬を決める際に、ESG目標を定めない企業の役員の選任や報酬額に関する会社議案には反対すると表明している（https://www.ceviancapital.com/esg/ 内のpdf資料、"Cevian Capital Requires ESG Targets in Management Compensation Plans" を参照）。これは経営陣の報酬を環境的・社会的価値の実現と連動させることを提案しているのである。

　経営陣は、もはやかつてのように短期の利潤のみに焦点を当て、株主に高い配当を約束するだけでは通用しない。もっとも、これは「経済的リターンは重要ではない」と意味しているわけでない。企業と株主の双方ともに経済的リターンの確保はそれぞれが存続するための根本的な条件のひとつである。たとえESGへの取り組みに関して高い評価を受けていても、仏食品大手ダノンのCEOのように、業績低迷を理由に解任されるのはこれまで通りである。したがって、「環境（E）」や「社会（S）」の課題解消を通じて「利潤」を確保する、という複雑な舵取りを求められるのが今日の「企業経営」である（図表14-1参照）。

図表14-1　ESG とその狙い

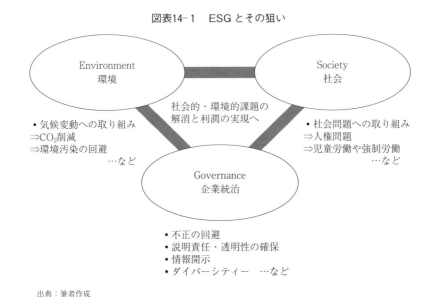

　以上、「ESG 投資とは何か」について、機関投資家の近年の象徴的な投資行動に焦点を当てて概説してきた。ESG を求めるうねりはもはや一過性のものではなく、全世界的な環境的・社会的課題を前にして、今後は個人投資家も含め定着するであろう。実際にそれを後押しし、単に投資家対策に留まらない新しい企業経営のあり方を迫る動きは社会全体にも広がっているからである。

14.3　社会全体のトレンドとしての ESG

⑴　ESG を求めるのは、もはや投資家だけではない

　企業が ESG に適切に対応することを期待しているのは、投資家だけではない。現在、国際社会全体において「サステイナビリティ」や「SDGs」の実現を試みる動きが活発化しており、企業においては ESG に取り組むことが、それらの達成の手段と見なされている。

　「サステイナビリティ」や SDGs に端を発する、「環境問題」や「社会問題」

への意識の深化は、企業の経営環境を大きく変容させている。「株主（投資家）」、「従業員」、「取引先」、「消費者」、「地域社会」といった企業の一般的なステークホルダーの意識の変化に加え、企業が生み出す「環境問題」や「社会問題」を社会が広く抱える問題として共有する「政府（規制当局）」、「NGO」や「NPO」も新たなステークホルダーとして様々な変革を企業に求めているのである。

(2) 活発化する NGO・NPO のアドボカシー活動

　企業が特定の社会的・環境的課題と向き合う必要性について、機関投資家をはじめ、他のステークホルダーがそれを強く意識するひとつのきっかけになっているのが、NGO や NPO のアドボカシー活動である。一般にアドボカシー活動とは、特定の問題に対して政治家に陳情したり、新たな政策の必要性を訴えることなどを指すが、近年では、それらに加え、企業が解消すべき社会問題や環境問題を大きく顕在化させたり、ほんのわずかな株式の取得を通じて企業に直接、それらの解消を迫る動きなどが特に目立っている。2015年に国際NGO のオックスファム（OXFAM）は、「女性や農家の権利向上」、「土地収奪ゼロ」、「水資源問題」、「気候変動問題」を広く社会に訴求し、それら問題を大きく顕在化させるために、ネスレ、コカ・コーラ、ユニリーバなどを含む世界の大手食品企業10社が「社会問題」や「環境問題」にどの程度向き合っているのか評価する「ブランドの陰で "Behind the Brands"（https://www.oxfam.org/en/press-releases/unilever-takes-top-spot-oxfams-behind-brands-scorecard を参照）」を発表している。当時この影響力は大きく、それ以降、NGO はそれぞれが独自の評価基準で「社会問題」や「環境問題」への企業の取り組みを評価する動きを活発化させている。

　一方で、企業のわずかな株式を取得し、経営陣に直接訴求するケースも増えている。例えば、オーストラリアの国際NGO「マーケット・フォース」は、パリ協定や SDGs との整合性の観点から、東南アジアでの石炭火力発電所の拡大に関与する住友商事に対して同社の株主総会おいて大きく問題視し、早急の見直しを要求した（詳細は https://sustainablejapan.jp/ を参照）。また、米国の国際

NGO「350.org」については、化石燃料の開発事業への資金の流れを絶つために、そこに携わる企業からのダイベストメントや融資の抑制を強く求めるアドボカシーを金融機関に展開している（詳細は https://350jp.org/ を参照）。

　さらには、市民訴訟という形態で NGO が連携して企業に訴訟を起こすケースもある。国際 NGO のフレンズ・オブ・ジ・アース（Friends of the earth）を始めとする、複数の環境系 NGO は、オランダの石油会社ロイヤル・ダッジ・シェルに対して、気候変動問題の不作為に対して「ビジネスモデル」の転換を求める訴訟を起こしている（詳細は https://www.foei.org/ を参照）。もちろん、これらはほんの一例であり、NGO・NPO のアドボカシーは勢いを増すばかりである。

(3)　規制当局の動き

　国・地域（EU など）の規制当局は、近年になく ESG に関連した法令を強化している。その顕著な例のひとつに、EU やイギリス、アメリカなどの規制当局が、企業に対して単に自社の範囲だけでなく、原材料の調達から販売に至る全ての取引先企業（全サプライチェーン）における ESG の取り組み状況について情報開示することを求める動きがある。その狙いは、取引網全体において強制労働や児童労働、ハラスメントなどの人権侵害を抑止するとともに、気候変動のリスクを特定し、対策を施すことを企業に促すことにある。また同時にこれによって取引先に ESG を重視することを働きかけることにも繋がる。

　現在、EU を中心に罰則規定のある形で企業に対して ESG 情報の開示を求める法整備が進みつつあるが、すでにフランスやアメリカでは、例えば、原材料の調達先に人権侵害などが認められる場合、当該企業の製品の輸入を禁止する措置を講じている。各国や地域の規制当局は、こうした動きに連動して企業に対して厳しい目を向けている。我が国でも、金融庁が主導して、気候変動リスクに対する情報開示を企業に義務付ける議論が本格化している。

(4)　SDGs 世代の消費者

　ここ数年で、企業が「社会問題」や「環境問題」といかに向き合うかで企業

の製品や企業それ自体を支持するかどうかを決めている消費者は増えている。価格だけでなく、環境負荷がなるべく少ない商品を好む、いわゆる「緑の消費者」は、実は次々と「緑の市場」を生み出しており、企業の戦略に修正に迫るものになっている。すでに環境問題がクローズアップされて久しいが、幼いときからその重要性を耳にしてきた世代をはじめ、SDGs教育を受けてきた世代は、経済効率性のみに基づく企業の利潤極大化行動には冷ややかなのである。今後も「緑の消費者」の層は拡大していくことが予想され、環境問題や社会問題への企業の取り組みへの要求水準はますます高くなっていくものと思われる。

(5) 金融機関

　ESG重視の圧力は金融機関にも向けられているが、それが企業への融資のあり方を変えている。例えば、融資の条件のひとつにESG情報の開示を求めるものがあり、企業の取り組みのいかんによって貸付の可否や金利を変動させる融資を行っている。融資先にESGへの取り組みを促すアプローチは大企業

図表14-2　ESGを求める企業のステークホルダー

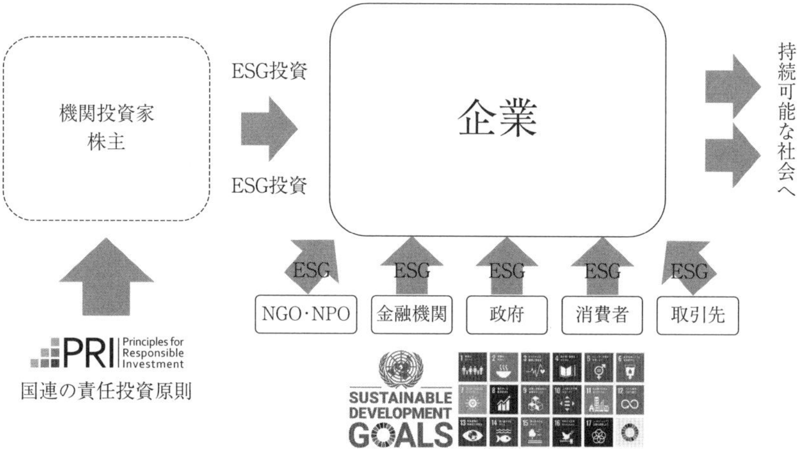

出典：筆者作成（SDGs図は国連ウェブサイト）

を融資先に持つメガバンクから中小企業を主な取引先とする地方銀行まで広く定着しつつある。企業とって、間接金融の面からも ESG は無視できないのである。

　ここまで見てきたように、ESG は企業への投資の判断で重視されるだけでなく、「環境問題」や「社会問題」を共有する様々なステークホルダーからも求められる企業の行動規範となった（図表14-2参照）。かつて企業経営において軽視されてきた「環境問題」や「社会問題」が強くクローズアップされることで、ステークホルダーは多様化し、経営環境を大きく変化させている。このことは、企業経営のあり方に、今や抜本的な修正が求められていることを意味している。それでは、多様化するステークホルダーの意識の大きな変化のうねりに対して企業はどのように向き合うべきなのだろうか。

14.4　ESG 時代の企業経営のゆくえ

(1)　経済、社会、環境の３つの合理性を同時に追求する企業経営へ

これまで企業は、短期の利潤を強く求める株主に大いに翻弄される「株主資本主義」の中にいた。企業は「株主のもの」であるという認識のもと、株主の意向を第一に、経営者はそのエージェントとして経済合理性をひたすら追求し、環境問題や社会問題には積極的に関与してこなかった。

　しかし、今や株主は、企業に対して環境問題や社会問題の解決を誰よりも求め、それらを前提の上での利潤の確保を望んでいる。また、企業の多様なステークホルダーもそれを強く求めている。つ

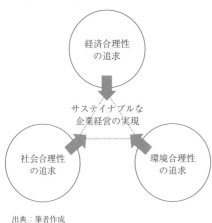

図表14-3　持続可能な企業経営の条件

経済合理性
の追求

サステイナブルな
企業経営の実現

社会合理性
の追求

環境合理性
の追求

出典：筆者作成

まり、経済合理性の追求のみならず、広く社会や環境の「サステイナビリティ」に資する「合理性」、すなわち、「社会合理的」かつ「環境合理的」な企業経営の実現が必要なのである。サステイナブルな企業経営はまさにその条件を満たすことではじめて可能になる（図表14-3参照）。

　企業はこうしたステークホルダーの潮流を不可逆的なものと受け止め、適切に対応していかなければならない。そのために、ESGの実践を基本的な行動規範とした「ESG経営」へと確実に転換しなければならない。もちろん、「ESG経営」に求められる「経済合理性」、「社会合理性」、「環境合理性」の3つの合理性を同時に追求することは容易なことではない。ときに、それら3つの合理性は相反するものだからである。それでは「ESG経営」には、どのような変革がまずもって必要になるのだろうか。

(2)　ESG重視の経営陣を配置せよ

　「ESG経営」を効果的に実践するためには、何よりも企業内の既存の「パラダイム」をESG時代に適ったものに変革していくことである。この「パラダイム」とは、企業に深く浸透した「ものの考え方」や「世界観」を意味する。企業のパラダイムは、企業の歴史や文化に根ざし、過去の成功体験を通じて「常識」として定着する。そのため、それを同じパラダイムの中から変えることは困難なことが多い。パラダイムの外の考え方は、パラダイム内から見れば、いわば「非常識」であり、その「非常識」を取り入れることには、多くの抵抗や反対が伴うからである。では、ESGはどのように推進できるのか。

　ここで有効になるのが、新たにESGを重視する経営陣を据えることである。ただし、このESG重視の人材については社外からの登用するのが最も望ましい。企業の既存のパラダイムには縛られない新しい世界観に基づきESGに取り組むことができるからである。実際に、例えば、味の素や大成建設などは、社外取締役が中心になって幅広く「ESG経営」を主導している。社外からの人材は企業内の「常識」や「しがらみ」とは無縁であり、ストレートに変革を進めやすい。すでに欧米の多くの企業では外部の人材を積極的に登用している。

　もちろん、ESG の進め方をめぐっては経営陣の間に一定の衝突が生じるかもしれない。しかし、既存の経営陣たちを ESG 重視のパラダイムに改変させることはサステイナブルな企業経営には不可欠であり、中長期的には ESG 専門の経営陣に加え、さらに全社的な教育を通じて ESG の重要性を企業全体に徹底的に浸透させなければならない。これらは難題だが、強い権限を経営陣に付与し、強いリーダーシップの発揮を通じて「ESG 経営」が実現させていく必要がある。

(3)　ESG 軽視で生じる無限大のコストを認識せよ

　ところで、ESG に取り組む必要性が社内全体に理解されても、ESG の実現のために求められる「経済合理性」、「社会合理性」、「環境合理性」の同時追求は容易ではない。利潤を確保する上で、社会的な問題解決への取り組みは逆に利潤を低下させる「コスト」、つまり「ムダ」として認識され、その「ムダ」を削減するために、やはり社会問題や環境問題の解決が疎かにされるかもしれない。

　しかし、短期的に削減したコストには、中長期的な観点で見れば、無限大のコストになるリスクが伴うだけでなく、ESG 時代に企業が持つべき発想としても明らかに正しいものではない。

　例えば、企業の資金調達の面から考えてみよう。もしも ESG を軽視すれば、今後、その企業は投資家からのダイベストメント（投資の引き上げ）に直面したり、金融機関から融資が受けれられない事態に陥るかもしれない。加えて、消費者からの支持が得られなければ、売上にも深刻な影響が生じる。もちろん、それだけではない。ESG を軽視する企業との取引を嫌煙する動きが広がれば、企業の生産活動は停止を余儀なくされるかもしれない。これでは企業の存続の道は閉ざされてしまうことになる。このように、ESG 軽視が生み出すリスクとコストは実に計り知れないのである。では、ESG にかかるコストを必要なコストとして捉えた場合、企業にはどのような経営の方向性があるのか。ずばり、ESG をビジネス・チャンスと捉えるというのがそれである。

⑷　広大な「ブルー・オーシャン」が潜む「社会問題」と「環境問題」

　現在、「環境問題」の解消が求められる中で、社会全体の意識の変化や政府による規制の強化が環境インフラの刷新、製品・サービスの新たな研究開発、さらにそのためのイノベーションや設備投資を次々と誘発している。そこには巨額の投資が動き、いち早くそれら変化を感知した企業家が新規ビジネスの創出に繋げている。

　一方、「社会問題」についても、その解消に向けてライフスタイルや価値観の変化のうねりがもたらされており、やはりそこにも新たな市場が次々と生み出されている。これら動きは一過性のものではなく、企業は今後も長期にわたってそれら変化への適応が求められるが、これは、同時に「環境問題」や「社会問題」には、実に様々な市場機会、すなわち、「ビジネス・チャンス」が広がっている、ということを意味している。

　「環境問題」や「社会問題」が生み出す新たな「ビジネス・チャンス」は手つかずの「ブルー・オーシャン」である。それは、競争によって荒らされていない「澄んだ青い海」を意味する。今や、いち早く「ブルー・オーシャン」に乗り出すことが、企業をさらなる成長に導くことになる。「環境問題」や「社会問題」の解消と企業のビジネスには親和性があり、それを追求することで、企業は社会の公器として今後も求められる存在であり続けるのである。

14.5　現状のまとめと課題提示

　かつて企業は株主の意向のもとで経済合理性の追求に明け暮れてきた。しかし、今や環境や社会のサステイナビリティに対する社会全体の意識の高まりによって、経済合理性にのみ立脚する企業の行動原則は大いに見直しを余儀なくされている。そこでは、経済合理性だけでなく、環境や社会にとっても合理性のある経営行動が不可欠になっているのである。この潮流に企業が適切に対応するためには「ESG経営」を実践する必要がある。

　ただし、「ESG経営」は容易ではない。常に、相反する合理性をいかに克服していくかが問われ続けるからである。また、社会や環境の「マテリアリティ

（重要課題）」も日々変化している。企業はそうした「ダイナミック・マテリアリティ（変化する重要課題）」をより迅速に感知・予見し、柔軟に対応する能力を組織レベルで築いていく必要がある。おそらく、それらの絶え間ない追求と試行錯誤の先にサステイナブルな社会がはじめて見えてくるのであろう。

【設　　問】

◇「ESG」を重視しない企業経営にはどのようなリスクが残るのか考えてみよう。

◇任意で企業を選び、その企業がどのように ESG に取り組んでいるのか調べてみよう。

◇「社会合理性」、「環境合理性」、「経済合理性」を同時に実現している事例を探してみよう。

〔参考文献〕

日経 ESG 編（2020）『ケーススタディーで学ぶ 実践企業の SDGs』日経 BP 社

モニターデトロイト編著（2018）『SDGs が問いかける経営の未来』日本経済新聞社出版

湯山智教編著（2020）『ESG 投資とパフォーマンス』金融財政事情研究会

第15章
サステイナビリティとSDGsの評価

周　瑋生

15.1　サステイナビリティ評価指標の構築方法

　サステイナビリティ評価指標の開発は、主に経済学理論に基づいて1970年代初期から始まっていたが、1992年の国連地球サミットで採択された「アジェンダ21」にて初めてその開発が提唱され、大きな「発展期」を迎えた。以来、国連やOECD（経済協力開発機構）などでフレームワークの構築が実施される一方で、「ローカル・アジェンダ21」の推進などを通じ、2000年の国連によるミレニアム開発目標（MDGs）を皮切りに、2002年のヨハネスブルク・サミット以後「成熟期と実践期」を迎え、また3段階目に突入し、世界各国の様々な地域でサステイナビリティ評価指標の開発が進められている（周 2013）。さらに、15.4で述べるように、近年はSDGsの達成度を評価するための大型グローバル指標などが掲げられている。

(1)　評価指標構築のための情報システム

　サステイナビリティ評価指標を構築するにあたり、確実な情報こそが基礎となる。情報システムは、原始データ、加工データから、指標と指数へとピラミッド型構造をもつ。原始データとは、収集されたあと何も加工・分析されていないもの（生データともいう）であり、加工データとは、数値間の単位の統一化、カテゴリー化や必要項目の追加、また入力ミスの訂正などといったデータの背後に潜む関連や要因を見出しやすくするための分析・加工を経て得られたものである。指標（Indicator）とは、物事の変化や政策的効果などを判断・評

171

価したりするための「ものさし」となるものである（例えば、毎年のエネルギー消費量、1人あたりのGDP、SDGsのグローバル指標など）。一方、指数とは、最も重要な指標を高度に集約化し、1つの系統、地域あるいは経済部門の性能を描き、複雑な系統を1つの数字に簡略化するものである（例えば、大気環境汚染指数など）。

(2)　サステイナビリティの評価対象

　サステイナビリティ学の評価対象は、扱う空間的尺度の大きさにより国家、地域、都市、企業、製品などに分けられ、また扱う領域や属性により社会、経済、環境、制度などの分野に大きく分けられる。例えば、サステイナビリティ学連携研究機構（IR3S）はサステイナビリティ学の主要な研究対象として、人間の生存基盤となる資源・エネルギーや、生態系などからなる地球システム、国を特徴づける経済制度、政治制度、産業構造、技術体系などからなる社会システム、個人のライフスタイル、健康、安全・安心、また価値規範などからなる人間システムなどとし、地球・社会・人間システムの再構築およびその相互関係の修復を評価対象としている。

(3)　評価指標の開発・選定の原則

　一般的に、サステイナビリティ評価指標を開発・選定する原則は以下のとおりである。

　(i)　**政策との相関性（Policy Relevance）**　　指標は、環境の現状や、環境の負荷または社会の影響に対して、代表性のある記述を行うこと、また明瞭かつ分かりやすく経時変化の趨勢を示せること、環境や人類活動の変化に敏感に反応できること、国際比較が可能であること、さらには空間的側面において、国レベル、または国レベルに相当する地域環境問題に対処できること、などの要件を満たすべきである。

　(ii)　**分析の容易性（Analytical Soundness）**　　指標は、理論上、堅実な技術と科学的な基礎を保持することや、国際的基準および有効性ある国際的共同認識を基礎とすることであり、また指標そのものが経済モデルや、未来予測およ

び情報システムとリンクできること、などの要件を満たすべきである。

(ⅲ) **測定の可能性（Measurability）**　指標を支えるデータは、すぐに入手できるか、または合理的な費用便益比を通じて取得できること、適正に保存しデータの質（信頼度）を確保できること、一定の手順でデータの更新ができること、などの要件を満たすべきである。

それ以外に、重要性（その指標が必要不可欠か）、実現可能性（現実性があるか）、理解可能性（誰にでも分かりやすいか、身近に感じられるか）なども原則として求められる。

以上の諸原則は、理想的な指標開発を実施するにあたり必要不可欠な条件であり、また指標選定の指針であるといえる。しかし実際は、各方面からの条件制約により、選定された指標は上述の条件をすべて満たすことができない場合がある。

⑷　評価指標のフレームワーク

サステイナビリティを評価する際、特定の問題に対して如何に指標を選定するか、またどれだけの指標を必要とするのかを確定する必要がある。

社会と環境との相互作用を表す評価指標づくりのフレームワークの1つとして、国連持続可能な開発委員会（CSD）が1993年に OECD（経済協力開発機構）により提案された PSR 枠組みモデルに基づいて提唱されている DPSIR モデルがある（図表15-1）。

Dは経済活動などの駆動力や、環境の変化をもたらす潜在的要因（Driving Force）であり、Pは環境への圧力（Pressure）、Sは環境の状態（State）、Rは反応や環境対策など

図表15-1　DPSIR モデルの概要

出典：筆者作成

図表15-2　DPSIR モデル中の指標例

課題	駆動力 D	圧力 P	状態 S	影響 I	反応 R
気候変化	人口増加、化石燃料消費量	温室効果ガス排出量	濃度	気候変化、海面上昇	省エネ、エネルギー構造改善、環境手段など
オゾン層破壊	エアコンや冷蔵庫生産量	フロン排出量	塩素濃度、オゾン濃度	放射変化、皮膚がん発病	条約履行、フロン回収、代替など

出典：筆者作成

（Response）、Ⅰは人体や生物への影響（Impact）である。人間の活動が資源基盤に圧力を加えることで環境と自然資源の状態を変え、社会はこれらの変化に対して環境、総合経済、セクターに関する対策で対応し、各種の対策を通じて人間による圧力と環境の状態を変えることができる。さらに、図表15-2の事例で示すように、圧力の背後にある駆動力（D）と、人間の活動が引き起こす環境への影響並びに変化した環境状態（I）という２つの重要な要因を加えることで、因果関係を明示し、科学的評価と具体的な政策のアクションに結びつけることが可能となる。DPSIR モデルは、駆動力—圧力—状態—影響—反応の５断面で捉え、人類活動と自然環境に同時に対応できる総合性や、幅広く環境問題の記述に適応できる柔軟性、また因果関係概念に基づいているということから広範に応用されている（CSD 2007）。

(5) 評価指標の計算

　サステイナビリティ評価指標の計算方法は、指標の標準化、重み付け、合成の３部分に分けられる。

　(i) **指標の標準化**　　指標の標準化とは、異なる次元の指標を無次元化し、互いに比較分析と計算を可能にすることである。

　(ii) **指標の重み付け**　　指標の重み付け（加重）は、指標計算の主要な内容であり、重み付け方法が合理的かどうかで、あとの合成でできる指数の正確性と適用性に対し直接的な影響を及ぼすためである。現在、主な重み付け方法には、デルファイ法、加重平均法、主成分分析、階層分析法 、因子分析法など

が挙げられる。

　(iii)　**指標の合成**　　指標の合成とは、複数の指標を組み合わせることや高度な集約によって、サステイナビリティに関する幅広い分野を総合的に評価する指標を構築することであり、サステイナビリティ評価指標計算において、不可欠な部分である。よく使われる合成方法には、総和、加重総和、算術平均、幾何平均、主成分分析と回帰分析などが挙げられる。

(6)　指数の検証

　原始データから、あるフレームワークによって構築された指標・指数は、一定の合理性と有用性を検証する必要がある。データの質、フレームワーク選択の科学性、重み付けの合理性などはサステイナビリティを図る指標の的確性を確保する鍵となる。データの質とは、データの出所、データの選別、データの完成度、データの信頼度、欠落データの補欠方法などを指す。サステイナビリティを的確に評価・測定するためには、指標・指数を実践で応用しながら検証し、絶えず校正と改善を図る必要がある。

(7)　評価結果の可視化

　サステイナビリティ戦略を策定し、的確に実行し、洞察と進化を生み出すパフォーマンス管理を実現するためには、サステイナビリティの取り組み現状や指標による評価結果を可視化する必要がある。例えば、1つの商品における原料の採掘や栽培、製造、加工、包装、輸送、および購買・消費、さらにはあとの廃棄に至るまでのそれぞれの段階で排出されたCO_2などの総合計を重量化し、商品に表示するカーボンフットプリント（Carbon footprint: CFP）や、カーボンラベリング（Carbon labellng）方法によるCO_2の可視化である。例えば、ミレニアム開発目標の実現に役立つことを目的として開発された「サステイナビリティのダッシュボード（Dashboard of sustainability）」と呼ばれる指標・指数の視覚モデルがある。これは「環境」「経済」「社会」のいわゆるトリプル・ボトムラインの各側面を個別に評価し、ダッシュボードとして分かりやすく表現したものである（周 2013）。

15.2　サステイナビリティ評価指標の代表事例

　サステイナビリティ評価指標は数多く開発されたが、ここでは、いくつかの代表的な指標を紹介しよう（周 2013）。

⑴　人間開発指数（HDI）

　「人間開発指数（Human Development Index：HDI）」とは、国連開発計画（UNDP）の人間開発報告書（Human Development Report：HDR）のなかで提示されているのは、1990年より毎年公表されている経済的尺度では測れない豊かさを数値化するための指標である。また経済（国民1人あたりの国民総所得（GNI））、健康（平均寿命）と教育（識字・就学率など）の3指標を組み合わせて算出し、人間としての尊厳が保持される生活を送れているか、いわば社会的サステイナビリティに重きをおいた評価指標であり、絶対値で比較できることから、簡潔であるが故に長い間広く使用されてきた。0と1の間の数値で表され、1に近いほど開発レベルが高いとされており、0.55以下を人間開発低位国、0.55〜0.70を中位国、0.7〜0.79を高位国、0.8〜1.0を最高位国と4つのグループにランク分けされている。日本は1991年と1993年に世界一となったが、その後、長らく景気後退と不登校などによる総就学率の低下により、順位が落ちていった。2020年版 HDR によれば、2019年の順位は1位ノルウェー（0.957）、2位アイルランドとスイス（0.955）、17位米国（0.926）、19位日本（0.919、2010年は11位）、23位韓国（0.916）、85位中国（0.761、2010年は89位）である。

⑵　エコロジカル・フットプリント（EF）

　人類の活動が地球の「環境収容力」内で営まれているのか、それともすでに地球の能力を超過しているのか、地球のサステイナビリティについて、様々な論議が展開されている。ここでは、サステイナビリティ、エコロジー経済学、環境政策学、自然保護運動などの絡みにおいて、世界的に注目されている評価指標「エコロジカル・フットプリント（Ecological Footprint：EF）」を紹介する。

EF は、地球の環境容量を表す指標であり、一人の人間が持続的な生活を営むために地球生態系に与える負荷の大きさを、資源の再生産および廃棄物の浄化に必要な土地・水域面積（gha/ 人：グローバルヘクタール）で示したものである。WWF（World Wide Fund for Nature）の「生きている地球レポート2012」（Living Planet Report 2012）によれば、2008年時点で、地球の生産可能な土地面積（生物生産力、Biocapacity）が1.78gha/ 人であるのに対し、EF は2.70gha/ 人で、地球1.52個分（＝2.70÷1.78）を消費し、約52％のオーバーシュート（需要過剰）を起こしている。国別にみると、アメリカが EF7.19で地球4.04個分（＝7.19÷1.78）、EU は2.65個分（＝4.72÷1.78）、日本は2.34個分（＝4.17÷1.78）を消費している。さらに、2020年レポートによれば、1年間に生産できる範囲を約60％超過し、今の生活を維持するには地球1.6個分の自然資源が必要となる。

　欧州・北米、日本を中心に中国などの発展途上国（新興国）においても、EFの認知度が高まっており、環境教育や政策目標への応用例が増加している。また、実際の政策変更にも適用され始めるなど、政治・行政にも影響を与えている。

(3)　カーボンフットプリント（CFP）

　CFP は前述の EF の由来と同じく、「人間活動が（温室効果ガスの排出によって）地球環境を踏みつけた足跡」という比喩からきており、一般的に1つの商品が生産から消費、さらにはあとの廃棄に至るまでのライフサイクルにおいて、それぞれの段階で排出された温室効果ガスを LCA（Life Cycle Assessment、第13章参照）などの方法により算出され、CO_2 に換算した総合計を重量で商品に表示される。

(4)　企業のサステイナビリティ評価指標（DJSI）

　企業のサステイナビリティは、顧客に製品／サービスを供給し続けるだけの収益力を維持することのみならず、環境負荷の低減や地域への貢献といった社会的責任（CSR）を全うする上で、重要な指標になりつつある。企業価値を計る新たな尺度として注目されるサステイナビリティおよび CSR や ESG（第14

章参照）の実態把握を支援する世界の代表的な指標としてダウ・ジョーンズ・サステイナビリティ・インデックス（Dow Jones Sustainability World Index：DJSI）が挙げられる。

　DJSIは、米国のダウ・ジョーンズ社とスイスの社会的責任投資（Socially Responsible Investment：SRI）に関する調査専門会社SAMグループが、1999年に提携・開発した指標であり、「経済性」「環境への取り組み」「社会的活動」の３つの側面から企業を分析し、総合的に企業のサステイナビリティに優れた企業を毎年選定するものである。

　また、製品の環境影響などサステイナビリティを評価する手法として定着しつつあるLCA手法は、環境以外の経済や社会を対象とした評価手法開発も各国が活発に展開している。

(5)　幸福度指標

　幸福度指標とは、生活満足度などのような幸福度も計量で捉えられる（幸福度の可視化）ように各種指標で表した比較可能な物差しであり、評価のためのツールである。サステイナビリティを追求することは、地球と人類の繁栄を追求し、また人々の幸福を追求することである。「幸福」の視点は経済、社会、環境などの領域におけるサステイナビリティ評価の重要な判断基準の一つとなりつつある。従来のGDPを超えようとする指標である幸福度指標の作成は、欧州、北米、オセアニア、そして日本や中国などアジアの国々、および国連で進められている。以下に、国連が進めている世界幸福度を紹介する。

　国連による世界各国と地域の幸福度ランキングを示す「世界幸福度調査」（World Happiness Report）は、世界の150以上の国や地域を対象に、2012年からほぼ毎年実施されている。この調査における幸福度とは、自身の幸福度が０から10までの11段階のどの段階にあるかを答える世論調査によって得られた主観的な数値の平均値である。この幸福度ランキングは、①１人あたりGDP、②社会保障制度などの社会的支援、③健康寿命、④人生の選択自由度、⑤他者への寛容さ、⑥国への信頼度の６つの指標（説明変数）を用いて回帰分析し、各説明変数の寄与を求めて分析し選出される。「世界幸福度調査」レポートは

https://worldhappiness.report/ を参照する。

15.3　SDGs 指標と達成度評価

(1)　SDGs のグローバル指標

　以上の各章では、SDGs 時代におけるサステイナビリティの理論、実践活動や具体的な対策と課題を述べてきた。第 1 章で述べたように、SDGs には、経済、社会、環境の 3 つの側面を含む形で構成される17の目標にそれぞれぶら下がるようにして、より具体的な達成年限や数値目標を含む合計169の「ターゲット」がある。さらに、これらの目標、ターゲットの達成度・進捗状況を評価するために全247（重複を除くと231）のグローバル指標が「SDG 指標に関する機関間専門家グループ（IAEG-SDGs）会合」などでの議論を経て、2020年 3 月の国連統計委員会国連総会において承認されている。この「目標」、「ターゲット」と「グローバル指標」は SDGs を構成する 3 層構造となる（外務省 2021；UNSD 2021）。ただし、SDGs のグローバル指標は、これですべてを網羅したというわけではなく、今後も改定作業が継続されると想定する。

(2)　SDGs の計測・評価方法

　SDGs への取り組みや目標達成にあたり、各国では自主的にターゲット・ルール作りなどを実施し、グローバル指標を自国で使えるようにローカライズして、データ収集や使用指標、算出方法などを設定している。そして、算出した数値がそれぞれのターゲットの内容を満たしているかで目標達成度を測る。一方、国連ではターゲット・ルールを決めず、グローバル指標による SDGs の進捗（「横」の比較でなく「縦」の比較により、目標にどれだけ近づいたか）を評価・レビューするのが唯一のメカニズムとなる。

　SDGs の進捗は毎年の国連事務総長報告（持続可能な開発目標（SDGs）報告、The Sustainable Development Goals Report）でグローバル指標による計測結果を主として評価されている（国際連合広報センター 2021）。さらに、国連はこの「SDGs 報告」に加えて、2019年を皮切りに 4 年に一度「グローバル持続可能

な開発報告書」（Global Sustainable Development Report：GSDR）を公表している。

　以下は、日本を事例にグローバル指標のローカル化、目標達成度を測るためのデータ収集と算出方法について、いくつか紹介する（外務省 2021）。

　●ゴール1：　あらゆる場所のあらゆる形態の貧困を終わらせる。

　ターゲット1.5：　2030年までに、貧困層や脆弱な状況にある人々の強靱性（レジリエンス）を構築し、気候変動に関連する極端な気象現象やその他の経済、社会、環境的ショックや災害における暴露や脆弱性を軽減する。

　グローバル指標1.5.1：　10万人当たりの災害による死者数、行方不明者数、直接的負傷者数

　日本におけるデータの収集方法と算出方法：　人口10万人あたりの災害によって死亡した、行方不明になった、または直接被害を受けた者の数を測定する。消防庁「災害年報」における「死者」「行方不明者」「負傷者」の合計数を、直近の人口データ（国勢調査）で除したものに100,000を乗ずることによって算出する。

　●ゴール7：　すべての人々の、安価かつ信頼できる持続可能な近代的エネルギーへのアクセスを確保する。

　ターゲット7.3：　2030年までに、世界全体のエネルギー効率の改善率を倍増させる。

　グローバル指標7.3.1：　エネルギー強度（GDP 当たりの一次エネルギー）

　日本におけるデータの収集方法と算出方法：　エネルギー強度（EI）＝（一次エネルギー国内供給量（ペタジュール））÷（実質 GDP（1 兆円））で算出する。一次エネルギー国内供給量は総合エネルギー統計を参照し、実質 GDP は EDMC エネルギー・経済統計要覧を参照にする。

　●ゴール17：　持続可能な開発のための実施手段を強化し、グローバル・パートナーシップを活性化する。

　ターゲット17.1：　課税および徴税能力の向上のため、開発途上国への国際的な支援などを通じて、国内資源の動員を強化する。

　グローバル指標17.1.1：　GDP に占める政府収入合計の割合（収入源別）。

　日本におけるデータの収集方法と算出方法：　国民経済計算より、GDP に

占める政府収入合計の割合（収入源別）＝政府収入（収入源別）÷ GDP ×100を算出する。

　なお、日本や世界各国における SDGs の達成度・進捗状況に関しては、持続可能な開発ソリューション・ネットワーク（SDSN）と独ベルテルスマン財団が発行する「持続可能な開発レポート」（Sustainable Development Report）が一例として参考になる。このレポートは2030年に向けて実施が進んでいる分野と今後より多くの行動が必要な分野を強調している。

15.4　現状のまとめと課題提示

　SDGs 時代におけるサステイナビリティ学は、経済、社会、環境など各分野を跨る複雑な系統である。サステイナビリティの評価にあたり、多くの理論と方法を有するものの、主観的な要素による影響が大きいため、これまで開発された評価指数の多くが応用されていない。そこで、サステイナビリティの評価は、多分野を総合的に考慮し、できる限り系統のダイナミックな変化を記述し、人為的で主観的な要素を排除できるようなフレームワークの選択、指標群の取捨、重み付けの確定、データ品質と完備度の確認などを行うと同時に、指標に対する感度解析や不確定性分析などを的確に行い、実践と応用を通じて、指標と指数の適用性と透明性を検証し確保する必要がある。

　人類自身が自らのニーズを満たす方式は、絶えず変化している。また、新型コロナウイルス（COVID-19）のような災害による人類の生存環境も絶えず変化している。そこで、サステイナビリティも、不変な状態ではなく、絶えず模索する過程であり、絶えず変化する目標である。すなわち、サステイナビリティは最後の状態が存在しない。評価は終点との距離を測るものではなく、人類社会とエコシステムにおいてどれだけ進歩と成績を取得できたかを測るものである。

　SDGs は、17目標と169ターゲットといったあるべき理想像からスタートし、かつ未来の姿を基準に現在に至るロードマップを描き、グローバル指標を用いた達成度評価を実施することで課題解決を図る、バックキャスティングの

アプローチをとっている。SDGs でのグローバル指標の大きな特色は、指標そのものが年度ごとに深化・改善される点である。

　SDGs は2030年までの目標であり、人類社会がサステイナビリティ（持続可能な開発）を実現する１つの短い中間状態にすぎなく、サステイナビリティの終点でも、十分条件でもない。そこで、政策の立案と決定に信頼できる根拠（ローカルからグローバルまでの自然社会複合系統における短期または長期的な進行情報）を提供するため、合理的な評価指標と評価方法を設定し、サステイナビリティの水準と能力を定量的に測定することが不可欠である。

　すべての国や地域が自らの SDGs の達成状況を可視化し、目標達成を図るためには、適切な指標による計測を継続的に行い、定期的な成果評価と対策の改善を行う必要がある。

【設　　問】
◇サステイナビリティ評価指標の HDI と EF から、私たちの進むべき望ましい方向性について事例を挙げて述べよう。
◇SDGs のターゲットの中から１つを選び、それに対応するグローバル指標のうち１つを用いて、その達成度を算出してみよう。

〔参考文献〕
外務省（2021）『SDG グローバル指標（SDG Indicators）』〈https://www.mofa.go.jp/mofaj/gaiko/oda/sdgs/statistics/goal1.html〉
国際連合広報センター（2021）『持続可能な開発目標（SDGs）報告2021』（The Sustainable Development Goals Report 2021）
周瑋生（2013）「サステイナビリティの評価」周瑋生編『サステイナビリティ学入門』法律文化社
CSD（2007）"Indicators of Sustainable Development: Guidelines and Methodologies," Third Edition.
UNSD（2021）SDG Indicators〈https://unstats.un.org/sdgs/indicators/indicators-list〉

執筆者紹介 （執筆順、＊は編著者）

＊周　瑋生　立命館大学政策科学部教授　　　　　　　　　　　　　第1章・第15章
　　　　　　国際エネルギー環境政策学、政策工学

仲上　健一　立命館大学名誉教授　　　　　　　　　　　　　　　　第2章
　　　　　　水資源・環境政策、サステイナビリティ評価

西村　陽造　立命館大学政策科学部教授　　　　　　　　　　　　　第3章
　　　　　　国際金融論

小田　尚也　立命館大学政策科学部教授　　　　　　　　　　　　　第4章
　　　　　　開発経済学、南アジア地域研究

高篠　仁奈　立命館大学政策科学部准教授　　　　　　　　　　　　第5章
　　　　　　開発経済学、農業経済学

小杉　隆信　立命館大学政策科学部教授　　　　　　　　　　　　　第6章
　　　　　　環境・エネルギーシステム論

宮脇　昇　　立命館大学政策科学部教授　　　　　　　　　　　　　第7章
　　　　　　国際公共政策、エネルギー安全保障

平岡　和久　立命館大学政策科学部教授　　　　　　　　　　　　　第8章
　　　　　　財政学、地方財政論

鐘ヶ江秀彦　立命館大学政策科学部教授　　　　　　　　　　　　　第9章
　　　　　　計画理論、防災計画

近本　智行　立命館大学理工学部教授　　　　　　　　　　　　　　第10章
　　　　　　建築・都市環境工学、ヒューマンファクター・デザイン

<ruby>大塚<rt>おおつか</rt></ruby> <ruby>陽子<rt>ようこ</rt></ruby>　立命館大学政策科学部教授　　　　　　　　　　　　　　第11章
　　　　　　　福祉政策、ジェンダー論

<ruby>銭<rt>せん</rt></ruby> <ruby>学鵬<rt>がくほう</rt></ruby>　上智大学大学院地球環境学研究科教授　　　　　　　　第12章
　　　　　　　都市・地域計画、産業エコロジー

<ruby>中野<rt>なかの</rt></ruby> <ruby>勝行<rt>かつゆき</rt></ruby>　立命館大学政策科学部准教授　　　　　　　　　　　　第13章
　　　　　　　環境経営、ライフサイクル評価

<ruby>石川<rt>いしかわ</rt></ruby> <ruby>伊吹<rt>いぶき</rt></ruby>　立命館大学政策科学部教授　　　　　　　　　　　　　第14章
　　　　　　　経営戦略論、組織論

〔編著者紹介〕

周 瑋生 （しゅう いせい）

　1960年生まれ。82年浙江大学熱物理工学部卒業、86年大連理工大学機械動力工学研究科修士課程、95年京都大学物理工学専攻博士後期課程修了、工学博士号取得。専門は国際エネルギー環境政策学、政策工学。

　95年国立研究開発法人新エネルギー・産業技術総合開発機構（NEDO）産業技術研究員、98年（公財）地球環境産業技術研究機構（RITE）主任研究員を経て、99年立命館大学法学部准教授、02年政策科学部教授に。

　これまで RITE 研究顧問、立命館サステイナビリティ学研究センター（RCS）初代センター長、大阪大学サステイナビリティ・サイエンス研究機構特任教授、東京大学大学院工学研究科国際原子力工学専攻客員研究員、浙江大学、北京大学等複数大学の客員教授を歴任。

〔主な著書〕

『地球を救うシナリオ：CO₂削減戦略』（日刊工業新聞社、共著）、『都市・農村連携と低炭素社会のエコデザイン』（技報堂出版、共著）、*East Asian Low-Carbon Community*（Springer、共著）など多数。

Horitsu Bunka Sha

SDGs 時代のサステイナビリティ学

2022年4月15日　初版第1刷発行

編著者	周	瑋生
発行者	畑	光
発行所	株式会社	法律文化社

　〒603-8053
　京都市北区上賀茂岩ヶ垣内町71
　電話 075(791)7131　FAX 075(721)8400
　https://www.hou-bun.com/

印刷：西濃印刷㈱／製本：㈱藤沢製本
装幀：仁井谷伴子

ISBN978-4-589-04211-8

仲上健一著

水をめぐる政策科学

A 5 判・116頁・2310円

世界が直面する水問題の克服と持続可能な水供給社会システムをめざし、水再生循環システムを地域に展開するためのマネジメントと水資源環境政策につき論究。日本および中国の事例を通じ統合的な水ビジネスモデルの構築も考察する。

北川秀樹・増田啓子著

新版 はじめての環境学

A 5 判・222頁・3190円

日本と世界が直面しているさまざまな環境問題を正しく理解したうえで、解決策を考える。歴史、メカニズム、法制度・政策などの観点から総合的に学ぶ入門書。好評を博した初版および第 2 版(2012年)以降の動向をふまえ、最新のデータにアップデート。

高柳彰夫・大橋正明編

ＳＤＧｓを学ぶ
―国際開発・国際協力入門―

A 5 判・286頁・3520円

SDGsとは何か、どのような意義をもつのか。目標設定から実現課題まで解説。第Ⅰ部はSDGs各ゴールの背景と内容を、第Ⅱ部はSDGsの実現に向けた政策の現状と課題を分析。大学、自治体、市民社会、企業とSDGsの関わり方を具体的に提起。

妹尾裕彦・田中綾一・田島陽一編

地 球 経 済 入 門
―人新世時代の世界をとらえる―

A 5 判・230頁・2640円

地球と人類の持続可能性が問われる人新世時代。地球上の経済活動を人類史的・根源的観点から捉えた世界経済論。経済事象の説明だけでなく、事象に通底する論理や構造、長期的趨勢の考察により〈世界〉を捉える思考力を養う。

縄田浩志編著

現代中東の資源開発と環境配慮
― SDGs 時代の国家戦略の行方―

A 5 判・252頁・3190円

SDGs 時代における中東の資源開発について、学際的視点から課題と将来像を考察。自然環境と天然資源に焦点をあて、資源開発とガバナンス、経済成長と環境影響、地域生態系と資源管理などに取り組むための見取り図を示す。

―法律文化社―

表示価格は消費税10%を含んだ価格です